Klassische Texte der Wissenschaft

Herausgeber
Prof. Dr. Dr. Olaf Breidbach
Prof. Dr. Jürgen Jost

http://www.springer.com/series/11468

Die Reihe bietet zentrale Publikationen der Wissenschaftsentwicklung der Mathematik und Naturwissenschaften in sorgfältig editierten, detailliert kommentierten und kompetent interpretierten Neuausgaben. In informativer und leicht lesbarer Form erschließen die von renommierten WissenschaftlerInnen stammenden Kommentare den historischen und wissenschaftlichen Hintergrund der Werke und schaffen so eine verlässliche Grundlage für Seminare an Universitäten und Schulen wie auch zu einer ersten Orientierung für am Thema Interessierte.

Uwe Hoßfeld · Lennart Olsson
Herausgeber

Charles Darwin

Zur Evolution der Arten und zur Entwicklung der Erde

2., überarbeitete Auflage

kommentiert von Uwe Hoßfeld und Lennart Olsson

 Springer Spektrum

Herausgeber

Uwe Hoßfeld
AG Biologiedidaktik
Friedrich-Schiller-Universität
Jena, Deutschland

Lennart Olsson
Institut für Spezielle Zoologie
Friedrich-Schiller-Universität
Jena, Deutschland

1. Auflage „Charles Darwin: Zur Evolution der Arten und zur Entwicklung der Erde. Frühe Schriften zur Evolutionstheorie". Suhrkamp Studienbibliothek 13, erschienen bei Suhrkamp Verlag, Frankfurt am Main, 2009.

ISBN 978-3-642-41960-7   ISBN 978-3-642-41961-4 (eBook)
DOI 10.1007/978-3-642-41961-4

Die Deutsche Nationalbibliothek verzeichnet diese Publikation in der Deutschen Nationalbibliografie; detaillierte bibliografische Daten sind im Internet über http://dnb.d-nb.de abrufbar.

Springer Spektrum
© Springer-Verlag Berlin Heidelberg 2014

Gedruckt auf säurefreiem und chlorfrei gebleichtem Papier.

Springer Spektrum ist eine Marke von Springer DE. Springer DE ist Teil der Fachverlagsgruppe Springer Science+Business Media
www.springer-spektrum.de

Danksagung

Danksagung zur ersten Auflage

An dieser Stelle möchten wir uns bei einer Reihe von Kolleginnen und Kollegen bedanken, ohne deren Mithilfe der Band nicht in dieser Qualität hätte vorgelegt werden können: dem Reihenherausgeber Olaf Breidbach, Rita Schwertner und Dominic Borchert danken wir für die Mithilfe bei der Kommentierung der Originaltexte, Florian Thümmler hat gewissenhaft zu den Biographien von Darwin und Wallace recherchiert sowie bei der Umsetzung der Autorenrichtlinien mitgewirkt.

Eva Gilmer und Horst Brühmann vom Suhrkamp Verlag haben schließlich zu jeder Zeit und mit großer Geduld das gesamte Projekt unterstützt. Rita Reuß hat in ausgezeichneter Qualität die Übersetzung der Texte aus dem Englischen vorgenommen, wofür ihr besonders gedankt sei.

Danksagung zur zweiten Auflage

Nach dem Darwin-Jahr 2009 (150 Jahre *Origin of Species,* 200. Geburtstag) folgte 2013 ein sog. „Wallace-Jahr", anlässlich des 100. Todestages des britischen Gelehrten. Aus diesem Anlass war es uns möglich, eine leicht überarbeitete, ergänzte Auflage unseres Buches von 2009 vorzulegen. Wir danken dem Springer-Verlag für sein Interesse an diesem Projekt, insbesondere Clemens Heine und Agnes Herrmann. Dem Suhrkamp-Verlag sei für die reibungslose Übergabe unserer Autorenrechte an Springer gedankt, den Reihenherausgebern der „Klassischen Texte der Wissenschaft", Olaf Breidbach (Jena) sowie Jürgen Jost (Leipzig), für die Aufnahme des Bandes in ihr Editionsvorhaben sowie den Mitarbeitern des Laboratory of Science Studies (Nationale Forschungsuniversität ITMO, St. Petersburg) für die Unterstützung bei den Recherchen.

Inhaltsverzeichnis

Teil I
Charles Darwin

Zur Evolution der Arten und zur Entwicklung der Erde

Die hier versammelten Texte sind entnommen aus *The Collected Papers of Charles Darwin,* herausgegeben von Paul H. Barrett, erschienen 1977 bei Chicago University Press. »Extracts from Letters Addressed to Professor Henslow« wurde verlesen vor der Cambridge Philosophical Society am 16. 11. 1835 und ist 1960 im Privatdruck der Cambridge Philosophical Society erschienen. »On Certain Areas of Elevation and Subsidence in the Pacific and Indian Oceans, as Deduced from the Study of Coral Formations« erschien erstmals in *Transactions of The Geological Society of London,* 5 (1840), S. 505-509. »Observations on the Parallel Roads of Glen Roy, and of other Parts of Lochaber in Scotland, with an Attempt to Prove that They Are of Marine Origin« wurde erstmals veröffentlicht in *Transactions of the Royal Society of London,* Teil 1, 1839, S. 39-81. »On the Tendency of Species to Form Varieties; and on the Perpetuation of Varieties and Species by Natural Means of Selection« erschien im Erstdruck in *Journal of the Proceedings of the Linnean Society (Zoology),* 3 (1859), S. 45-62. Sämtliche Texte wurden von Rita Seuß übersetzt. Zusätze des Herausgebers in den Primärtexten stehen in eckigen Klammern. Die in den Originaltexten grau hinterlegten Passagen sind im Stellenkommentar (S. 157–175) unter Nennung der Seitenzahl ausführlich beschrieben.

Auszüge aus Briefen an Professor Henslow

Zum privaten Gebrauch

Die folgenden Seiten enthalten Auszüge aus Briefen Ch. Darwins, Esq., an Professor Henslow. Wegen des großen Interesses, das einige der in ihnen enthaltenen geologischen Mitteilungen weckten, als sie während einer Sitzung der Gesellschaft am 16. November 1835 verlesen wurden, wurden die Briefe gedruckt, um an die Mitglieder der Philosophischen Gesellschaft von Cambridge verteilt zu werden.

Die hier geäußerten Ansichten dürfen lediglich als die ersten Gedanken eines Reisenden über das verstanden werden, was ihm vor Augen tritt, bevor er noch Zeit hatte, seine Notizen mit der für die wissenschaftliche Genauigkeit notwendigen Aufmerksamkeit zu überprüfen und seine Sammlungen auszuwerten.

Cambridge, 1. Dez. 1835

Auszüge &c.

Rio de Janiero, 18. Mai 1832

Wir verließen Plymouth am 27. Dezember 1831 – Auf St. Jago (Kapverdische Inseln) verbrachten wir drei Wochen. Die Geologie war in hohem Maße interessant, und ich glaube, ziemlich neu: Es gibt hier einige Fakten großen Ausmaßes von einer emporgehobenen Küste, die Mr. Lyell interessieren würden ... St. Jago ist unvergleichlich kahl und bringt nur wenige Pflanzen oder Insekten hervor, so daß gewöhnlich der Hammer mein Begleiter war ... An der Küste habe ich zahlreiche Meerestiere gesammelt, hauptsächlich Gastropoden (ich glaube, einige neue). Ziemlich genau habe ich eine Caryophyllia untersucht, und wenn mich meine Augen nicht täuschten, haben frühere Beschreibungen nicht die geringste Ähnlichkeit mit dem Tier. Ich fing mehrere Exemplare eines Oktopus, der die höchst staunenswerte Fähigkeit besaß, seine Farbe zu wechseln, daß er einem Chamäleon gleichkam, und sich offensichtlich der Farbe des Bodens anzupassen vermochte, über den er sich bewegt ... Wir segelten weiter nach Bahia und erreichten den Felsen St. Paul. Das ist

U. Hoßfeld, L. Olsson (Hrsg.), *Charles Darwin*, Klassische Texte der Wissenschaft,
DOI 10.1007/978-3-642-41961-4_1, © Springer-Verlag Berlin Heidelberg 2014

eine Serpentinformation ... Nachdem wir auf den Abrothos angelegt hatten, trafen wir am 4. April hier ein ... Ein paar Tage nach unserer Ankunft brach ich zu einer Expedition von hundertfünfzig Meilen an den Rio Macao auf, die achtzehn Tage dauerte ... Ich sammle jetzt Süßwasser- und Landtiere: Wenn es wahr ist, was man mir in London sagte, daß sich nämlich in den Sammlungen aus den Tropen keine kleinen Insekten finden, so sage ich den Entomologen, sie sollen sich vorsehen und ihre Feder zum Beschreiben bereithalten. Ich habe so kleine gefunden wie in England (wenn nicht noch kleinere), Hydropori, Hygroti, Hydrobii, Pselaphi, Staphylini, Curculiones, Bembidia, &c. &c. Es ist äußerst interessant, den Unterschied der Gattungen und Arten gegenüber denen zu beobachten, die ich kenne; er ist jedoch viel geringer, als ich erwartet hatte ... Ich bin eben von einem Spaziergang zurückgekehrt, und als Beispiel dafür, wie wenig die Insekten bekannt sind, nenne ich Noterus, der dem Dic. Class. zufolge nur drei europäische Arten umfaßt. Ich jedoch habe mit einem einzigen Zug meines Netzes fünf verschiedene Arten gefangen ... In Bahia hatten die Pegmatit- und Gneisschichten dieselbe Richtung wie die von Humboldt im dreizehnhundert Meilen entfernten Kolumbien beschriebenen.

Monte Video, 15. Aug. 1832

Meine Pflanzensammlung von den Abrothos ist interessant, da sie vermutlich nahezu die gesamte blühende Vegetation umfaßt ... In Rio habe ich eine riesige Sammlung von Arachnidae zusammengetragen. Auch recht viele kleine Käfer in Pillendosen; aber für letztere ist dies nicht die beste Jahreszeit ... Von den niederen Tieren hat nichts mich mehr interessiert als der Fund von zwei Spezies elegant gefärbter Planarien (?), die den Trockenwald bewohnen! Ihre trügerische Verwandtschaft mit den Schnecken ist das Außergewöhnlichste dieser Art, das ich je gesehen habe. Einige marine Arten derselben Gattung (oder, richtiger, derselben Familie) besitzen eine so erstaunliche Organisation, daß ich kaum meinen Augen traue. Jedermann hat schon von den verfärbten Streifen Wasser in den Äquatorialregionen gehört. Einer, den ich untersuchte, verdankte sich so winzigen Oscillatoria, daß in jedem Quadratzoll Oberfläche mindestens hunderttausend von ihnen vorhanden gewesen sein müssen ... Ich könnte eine weit größere Zahl an Exemplaren wirbelloser Tiere sammeln, wenn ich nicht so viel Zeit mit jedem einzelnen zubringen würde. Ich bin jedoch zu dem Schluß gekommen, daß es für die Naturforscher weit aus wertvoller ist, wenn ich zwei Tiere in ihrer ursprünglichen Farbe und Form beschreibe, als wenn ich sechs von ihnen lediglich mit Datum und Fundstelle versehe ... In diesem Moment liegen wir in der Flußmündung vor Anker; und es ist ein so fremd anmutender Anblick. Alles steht in Flammen der Himmel von Blitzen erhellt das Wasser von leuchtenden Partikeln selbst die Mastspitzen tragen eine blaue Flamme.

Monte Video, 24. Nov. 1832

Nach unserer ersten Fahrt entlang der Küste Patagoniens nördlich des Rio Negro kamen wir am 24. Oktober hier an ... Zur Ehre von Mutter Natur hatte ich gehofft, daß ein Land wie letzteres gar nicht existiere; die traurige Realität war, daß wir zweihundertvierzig Meilen nur an kleinen Sandhügeln entlangfuhren. Bis dahin wußte ich nicht, was für ein abscheuliches häßliches Ding ein Sandhügel ist: Das berühmte Land des Rio Plata ist meiner Ansicht nach nicht viel besser; ein gewaltiger brackiger Fluß, umgrenzt von einer endlosen grünen Ebene, genügt, um jeden Naturforscher aufstöhnen zu lassen ... Ich hatte sehr großes Glück mit fossilen Knochen; ich habe Überreste von mindestens sechs verschiedenen Tieren; da viele davon Zähne sind und zerbrochen und abgeschliffen wurden, kann ich nur hoffen, daß man sie erkennen wird. Ich habe meine ganze Aufmerksamkeit auf ihre geologische Fundstätte gerichtet; freilich aber ist diese Geschichte zu lang für einen Brief. 1. die ganz vollständigen Tarsi und Metatarsi einer Cavia; 2. Oberkiefer und Kopf eines sehr großen Tieres mit vier dicken hohlen Backenzähnen und länglichem Vorderschädel. Mein erster Gedanke war, daß sie vom Megalonyx oder Megatherium stammten. Zur Bestätigung fand ich in derselben Formation gewaltige polygonale Knochenpanzer, die »neueren Beobachtungen« zufolge (was besagen sie?) vom Megatherium stammen. Als ich sie sah, dachte ich sofort, daß sie von einem Riesengürteltier stammen mußten, einer Gattung, von der es hier so viele lebende Arten gibt. 3. Den Unterkiefer eines großen Tieres, den Backenzähnen nach zu urteilen den Edentata zugehörig; 4. große Backenzähne, die in mancher Hinsicht von einer Riesenspezies der Nagetiere zu stammen scheinen; 5. auch einige kleinere Zähne derselben Ordnung, &c. &c. – Sie sind vermischt mit Meeresmuscheln, die mir mit heute existierenden Spezies identisch zu sein scheinen. Aber da sie in deren Schichten abgelagert waren, haben in dem Gebiet mehrere geologische Veränderungen stattgefunden ... Ich habe das armselige Exemplar eines Vogels, das meinem ornithologisch ungeschulten Auge wie die gelungene Mischung einer Lerche, einer Taube und einer Schnepfe vorkommt. Selbst Mr. MacLeay hätte sich eine derartig zusammengesetzte Kreatur niemals vorstellen können ... Ich habe ein paar interessante Amphibien gefangen; eine schöne Bipes; einen neuen Trigonocephalus, in seiner Lebensweise eine wunderbare Verbindung aus Crotalus und Viperus: sowie zahlreiche, (meines Wissens) neue Echsen. Eine kleine Kröte, die, wie ich hoffe, neu ist, könnte »diabolicus« getauft werden. Milton muß genau dieses Individuum gemeint haben, wenn er sagt: »geduckt wie eine Kröte« ... Unter den pelagischen Krebstieren ein paar neue und merkwürdige Gattungen. Unter den Zoophyten einige interessante Tiere. Eine Flustra zum Beispiel, deren höchst anormale Beschaffenheit mir niemand glauben würde, wenn ich nicht das Exemplar zum Beweis hätte. Aber als Neuheit ist all dies nichts im Vergleich mit einer Familie pelagischer Tiere, die auf den ersten Blick wie Medusen aussehen, in Wirklichkeit aber hochorganisiert sind. Ich habe sie mehrfach untersucht, und von ihrer Beschaffenheit her passen sie gewiß in keine bestehende Ordnung. Vielleicht ist Salpa ihr nächster Verwandter, obgleich der durchsichtige Körper fast das einzige gemeinsame Merkmal ist ... Wir waren eine Woche lang in Buenos Ayres. Eine schöne große Stadt; aber was für ein Land; überall nur Morast; man kann nirgendwohin ge hen und nichts anfangen vor lauter Morast. In der Stadt erhielt ich viele Auskünfte über die Ufer des Uruguay. Ich höre von Kalkstein mit Muscheln und Muschelschichten in jeder Richtung ... Ich habe Überreste riesiger Knochen gekauft, die, wie man mir versicherte, von den einstigen Giganten stammen!!

11. April 1833

Wir sind jetzt auf dem Weg von den Falklandinseln zum Rio Negro (oder Colorado) ... Es ist nun schon einige Monate her, seit wir in einem zivilisierten Hafen gewesen sind; fast diese ganze Zeit haben wir im südlichsten Teil von Feuerland zugebracht. Ein abscheulicher Ort; Sturm folgt auf Sturm, und zwar in so kurzen Abständen, daß es schwierig ist, irgend etwas anzufangen. Wir waren dreiundzwanzig Tage lang vor Kap Horn und konnten auf keine Weise nach Westen vorwärtskommen. – Schließlich liefen wir in den Hafen ein und gelangten mit den Booten auf den landeinwärts gelegenen Kanälen nach Westen. – Mit zwei Booten legten wir etwa drei-hundert Meilen zurück; und so hatte ich die ausgezeichnete Gelegenheit, zu geologisieren und viel von den Wilden zu sehen. Die Feuerländer leben in einem elenderen Zustand der Barbarei, als ich je ein menschliches Wesen zu sehen erwartet hätte. In diesem klimatisch so unfreundlichen Land sind sie vollkommen nackt, und ihre behelfsmäßigen Häuser sind denen ähnlich, die Kinder im Sommer aus Baumzweigen bauen ... Das Klima ist in mancher Hinsicht eine eigenartige Mischung von Strenge und Milde; in bezug auf das Tierreich herrscht ersteres Merkmal vor; infolgedessen konnte ich meinen Sammlungen nicht viel hinzufügen. Die Geologie dieses Teils von Feuerland war für mich sehr interessant. Das Land ist nicht fossilführend und bietet eine gewöhnliche Aufeinanderfolge von Granitund Schiefergestein: Der Versuch, die Spaltneigung, Schichtung &c. &c. zu ermitteln, war mein hauptsächlicher Zeitvertreib ... Der südliche Ozean ist fast so unfruchtbar wie der Kontinent, den er umspült. Krebstiere haben mir am meisten Beschäftigung gebracht ... Ich fand eine Zoea von höchst merkwürdiger Form, deren Körper nur ein Sechstel so lang ist wie die beiden Körperfortsätze. Wegen ihrer Beschaffenheit und auch aus anderen Gründen bin ich überzeugt, daß es sich um einen jungen Erichthus handelt. Ich muß erwähnen, daß sie teils wie ein Dekapode beschaffen ist, sie ist so höchst anomal: Das hintere Beinpaar ist kurz und dorsal, aber statt wie die anderen in eine Klaue überzugehen, läuft es in drei gekrümmten, borstenartigen Fortsätzen aus; diese sind fein gezackt und mit Näpfen versehen, die irgendwie denen der Cephalopoden ähneln. Da es sich um ein pelagisches Lebewesen handelt, ermöglicht diese wunderbare Beschaffenheit es dem Tier, sich an leichten treibenden Objekten festzuhalten. Ich habe etwas über die Fortpflanzungsweise dieses nicht eindeutig zuzuordnenden Tribus der Korallentiere herausgefunden ... Von Feuerland segelten wir zu den Falklandinseln ... Hier hatte ich das ausgesprochen große Glück, in dem höchst primitiv wirkenden Gestein eine Schicht Glimmersandstein zu entdecken, in dem Terebratula und ihre Untergattungen sowie Entrochiten in reicher Zahl vorhanden waren. Da dieser Ort so weit entfernt von Europa ist, halte ich es für äußerst interessant, diese Abdrücke mit denen der ältesten fossilführenden Gesteine Europas zu vergleichen. Freilich sind es nur Modelle und Abdrücke, aber viele von ihnen sind absolut vollständig.

Rio de la Plata, 18. Juli 1833

Den größeren Teil des Winters verbrachten wir an diesem Fluß in Meldonado ... Wir haben fast alle Vögel dieser Gegend (Meldonado), rund achtzig an der Zahl, und fast zwanzig Vierfüßer gefangen ... In ein paar Tagen gehen wir an den Rio Negro zur

Vermessung der Ufer ... Die Geologie muß sehr interessant sein. Es ist unweit des Schnittpunktes der Megatherium- und der patagonischen Kliffe. Nach dem zu urteilen, was ich in einer halben Stunde in der St.-Josephs-Bucht von letzteren gesehen habe, wären sie wohl einer genaueren Untersuchung wert. Über der dicken Schicht Austernmuscheln liegt eine Kiesschicht, die die Ungleichmäßigkeiten in deren Innern ausfüllt; und darüber und somit hoch über dem Wasser aufragend ist eine Schicht so moderner Muscheln, daß sie ihre Farbe bewahrt haben und beim Verbrennen einen üblen Geruch verströmen. Patagonien muß eindeutig erst in jüngerer Zeit aus dem Wasser emporgestiegen sein.

Monte Video, 12. November 1833

Ich verließ die *Beagle* am Rio Negro und zog auf dem Landweg nach Buenos Ayres. Hier findet derzeit ein blutiger Vernichtungskrieg gegen die Indianer statt, der es mir ermöglichte, diese Route zu nehmen. Aber bestenfalls ist sie ziemlich gefährlich und wird bis heute nur sehr selten benutzt. Es ist das wildeste, trostloseste Flachland, das man sich vorstellen kann, ohne siedelnde Bewohner oder Viehherden. In großen Abständen liegen militärische »postas«, entlang deren ich reiste. Tagelang lebten wir von Rehen und Straußen, und ich mußte auf freiem Feld schlafen ... Zu meiner Zufriedenheit konnte ich die Tierra de la Ventana besteigen, eine zwischen dreiund viertausend Fuß hohe Bergkette, von deren Existenz man jenseits des Rio Plata kaum Kenntnis hat. Nach einer Woche Ruhepause in Buenos Ayres brach ich nach St. Fé auf. Die Geologie unterwegs war interessant. Ich entdeckte zwei große Fundstätten mit gewaltigen Knochen, die jedoch so morsch waren, daß man sie unmöglich wegschaffen konnte. Einem Stück Zahn nach zu urteilen, stammten sie vom Mastodon. Im Rio Carcarana fand ich einen Zahn, der mir gerade Rätsel aufgibt. Er sieht aus wie von einem riesigen Nagetier. Da ich mich in St. Fé nicht wohlfühlte, segelte ich per Boot herrliche dreihundert Meilen diesen majestätischen Fluß Parana hinunter. Bei meiner Rückkehr nach Buenos Ayres fand ich das Land von Revolutionen auf den Kopf gestellt, was mich in große Schwierigkeiten brachte. Schließlich reiste ich ab und begab mich an Bord der *Beagle*.

Östliche Falklandinsel, März 1834

Ihre Formulierung, »alle Knochen säubern«, hat mich aufgeschreckt, da ich befürchte, die Zahlenbeschriftungen könnten verlorengegangen sein. Der Grund für meine Sorge ist, daß ein Teil dieser Fossilien in Kies mit jüngeren Muscheln, andere dagegen in einer gänzlich anderen Schicht gefunden wurden. In letzterer nun waren die Knochen eines Aguti, einer, wie ich glaube, Amerika eigentümlichen Tiergattung, und es wäre daher bemerkenswert, wenn man beweisen könnte, daß eines aus derselben Gattung zur gleichen Zeit lebte wie das Megatherium; bei diesem und vielen anderen Punkten kommt alles darauf an, daß die Zahlen sorgfältig erhalten bleiben ... An der Küste Patagoniens, in Port Desire und St. Julian, habe ich sämtliche blühende Pflanzen gesammelt; und auch in den östlichen Teilen Feuerlands, wo sich das Klima und die Besonderheiten von Feuerland und Patagonien verbinden ... Der Boden Patagoniens ist sehr trocken, kiesig und

leicht. Im östlichen Feuerland ist er kiesig, torfig und feucht. Seit dem Aufbruch vom Rio
Plata hatte ich reichlich Gelegenheit, die große südpatagonische Formation zu studieren.
Ich habe eine ganze Menge Muschelschalen; dem wenigen zufolge, was ich über diesen
Gegenstand weiß, vermute ich, daß es sich um eine Tertiärformation handelt, da einige
der Muscheln (und Korallen) heute im Meer leben. Andere dagegen nicht, wie ich glaube.
Über dieser Schicht, die hauptsächlich durch eine große Auster charakterisiert ist, liegt
eine sehr merkwürdige Schicht Porphyrkiesel die ich über eine Länge von mehr als sie-
benhundert Meilen verfolgt habe. Das merkwürdigste Faktum jedoch ist, daß die gesamte
Ostküste des südlichen Teils Südamerikas aus dem Ozean emporgehoben wurde, und seit
der Zeit haben die Muscheln ihre blaue Farbe nicht verloren. In Port St. Julian fand ich
einige gänzlich vollständige Knochen eines großen Tieres, ich nehme an, eines Mastodon:
die Knochen einer hinteren Extremität sind sehr vollständig und fest. Das ist interessant,
da die geographische Breite zwischen 49° und 50° beträgt und die Fundstätte weit entfernt liegt von den großen Pampas, wo so häufig Knochen des Mastodon mit seinen
schmalen Zähnen gefunden werden. Übrigens habe ich keine Zweifel, daß dieses Mastodon und das Megatherium in dem alten Flachland einst Zeitgenossen waren. Relikte des
Megatheriums habe ich in einer Entfernung von fast sechshundert Meilen auf einer
Nord-Süd-Linie gefunden. In Feuerland habe ich im Schiefer bei Port Famine interessanterweise eine Art Ammonit entdeckt (wie ihn, glaube ich, auch Capt. King gefunden hat);
und an der Ostküste gibt es merkwürdige alluviale Ebenen, die das Vorkommen bestimmter Vierfüßer auf den Inseln klar belegen. Es gibt einen Sandstein mit dem Abdruck
von Blättern wie denen der gemeinen Birke; auch neuzeitliche Schalen &c., und auf der
Oberfläche des Tafellands gibt es, wie üblich, Muscheln von blauer Farbe &c. ... Ich war
hauptsächlich damit beschäftigt, mich auf die Südsee vorzubereiten und die Polypen der
kleineren Korallen dieser Breiten zu untersuchen. Viele sind an sich sehr merkwürdig
und ich glaube auch unbeschrieben: Eine geradezu erschreckende war mit einer Flustra
verwandt, von der ich meines Erachtens schrieb, sie nördlich gefunden zu haben und
deren Zellen ein am Rand befestigtes bewegliches Organ besitzen (ähnlich einem Geierkopf mit einem sich weit öffnenden Schnabel). Von größerem allgemeinem Interesse
jedoch ist die (wie mir scheint) unbestreitbare Existenz einer weiteren Straußenart neben
Struthio ostrea. Alle Gauchos und Indianer sagen, genau dies sei der Fall: Und ich setze in
ihre Beobachtungen größtes Vertrauen. Ich habe den Kopf, Hals, ein Stück Haut, Federn
und Beine von einem. Die Unterschiede liegen hauptsächlich in der Farbe des Gefieders
und der Schuppen; die Beine unterhalb der Knie sind gefiedert; unterschiedlich sind auch
das Brutverhalten und die geographische Verbreitung.

Valparaiso, 24. Juli 1834

Nachdem wir die Falklandinseln verlassen hatten, begaben wir uns zum Rio Santa Cruz
und folgten dem Fluß zwanzig Meilen die Kordilleren hinauf; bedauerlicherweise zwan-
gen uns die knappen Lebensmittelvorräte zur Rückkehr. Diese Expedition war für mich
von größter Bedeutung, da sie einen Querschnitt der großen patagonischen Formation
bot. Ich vermute (eine genaue Untersuchung der Fossilien wird wohl Klarheit bringen),

daß die Hauptschicht ungefähr aus dem Miozän stammt (um Mr. Lyells Ausdruck zu verwenden), den heutigen Schalentieren Patagoniens nach zu urteilen, die ich gesehen habe. Diese Schicht enthält eine *gewaltige* Menge Lava. Das ist von einigem Interesse, da ihr Alter grob gerechnet demjenigen des vulkanischen Teils des großen Gebirgszugs der Anden entspricht. Lange vorher war sie eine Bergkette aus Schiefer- und Porphyrgestein. Ich habe eine ziemliche Menge an Informationen über die verschiedenen Perioden und Formen der Anhebung dieser Ebenen zusammengetragen. Ich denke, das wird Mr. Lyell interessieren. Die Lektüre seines dritten Bandes hatte ich mir bis zu meiner Rückkehr aufgehoben; Sie können sich vorstellen, was für ein Vergnügen sie mir bereitete; einige seiner Holzschnitte waren so treffend, daß ich lediglich auf sie zu verweisen brauche, statt ähnliche neu zeichnen zu müssen ... Das Tal von Santa Cruz erscheint mir sehr merkwürdig; anfangs war es mir direkt ein Rätsel. Ich kann, denke ich, gute Gründe dafür anführen, daß es einmal eine nördliche Meerenge ähnlich der Magellanstraße war ... In Feuerland sammelte und untersuchte ich einige Korallen: Dabei stellte ich etwas fest, was mich sehr überraschte. Bei der Gattung Sertularia nämlich (in ihrer strengsten Form wie von Lamouroux gefunden) und bei zwei Arten, die ich, da sich Vergleiche verbieten, nur sehr schwer als unterschiedlich werde beschreiben können, waren die Polypen in sämtlichen wichtigen und auffälligen Teilen ihrer Struktur vollkommen und grundlegend unterschiedlich. Ich habe bereits genügend viele gesehen, um überzeugt zu sein, daß die von Lamarck, Cuvier &c. vorgenommene Klassifizierung der heutigen Korallenfamilien ausgesprochen künstlich ist. Sie scheinen mir in derselben Lage wie die Schalen zu sein, in der sie Linné belassen hatte, bevor Cuvier sie neu klassifizierte ... Es ist höchst außergewöhnlich, daß ich in meinen Büchern nirgendwo eine Beschreibung des Polypen einer einzigen Koralle entdecke (ausgenommen Lobularia [Alcyonium] von Savigny). Ich fand eine merkwürdige kleine steinartige Cellaria (eine neue Gattung), bei der jede Zelle eine lange gezahnte Borste hat, die verschiedenartige und schnelle Bewegungen ermöglicht. Diese Bewegungen finden oft gleichzeitig statt und können durch Reizung hervorgerufen werden. Dieses Faktum ist, soweit ich sehe, in der Geschichte der Zoophyten durchaus einzigartig (mit Ausnahme der Flustra, die ein Organ ähnlich einem Geierkopf hat). Das deutet auf eine sehr viel engere Verwandtschaft zwischen den Polypen hin, als Lamarck zuzugeben bereit ist. Ich habe vergessen, ob ich schon erwähnte, daß ich etwas über die Fortpflanzung jener klassifikatorisch höchst uneindeutigen Familie der Korallen herausgefunden habe: Ich bin ziemlich fest davon überzeugt, daß es keine Zoophyten sind, wenn es sich nicht um Pflanzen handelt: Die »Gemmula« einer Halimeda enthält mehrere miteinander verbundene Segmente, die in der Lage sind, ihre Hülle aufzubrechen und sich auf irgendeinem Untergrund festzusetzen. Ich glaube, daß bei den Zoophyten generell die Gemmula einen einzigen Polypen produziert, der später oder gleichzeitig mit ihrer Zelle oder einzelnen Segmenten wächst. Die *Beagle* verließ die Magellanstraße mitten im Winter; sie fand ihren Weg durch einen wilden, unbefahrenen Kanal; Sir J. Narborough nennt die West küste völlig zu Recht South Desolation, »weil das Land einen so trostlosen Anblick bietet«. Wir wurden von sehr schlechtem Wetter nach Chiloe getrieben. Ein Engländer gab mir drei Exemplare jenes sehr schönen Insekts aus der Familie der Lucanidae, das in den *Cambridge Philosophical Transactions* beschrieben ist, zwei Männchen und ein Weibchen. Chiloe besteht aus Lava und jüngeren Ablagerungen. Die Lava ist merkwürdig, da sie sehr viel Pechstein enthält oder vielmehr daraus besteht ... Wir kamen vorgestern hier an; der Anblick der fernen Berge ist geradezu erhaben und das Klima angenehm: Nach unserer langen Reise durch die feuchten düsteren Klimagebiete des Südens klare trockene Luft zu atmen und richtigen warmen Sonnenschein zu spüren und gutes frisches Roastbeef zu essen, ist wohl das summum bonum des menschlichen Lebens. Den Anblick des Gesteins mag ich nicht halb so gern wie Rindfleisch, es gibt zu viel von diesen ziemlich faden Bestandteilen Glimmer, Quarz und Feldspat ... Kurz nach unserer Ankunft hier brach ich auf zu einer geologischen Exkursion und unternahm einen sehr wohltuenden Streifzug am Fuße der Anden. Das ganze Land scheint aus Brekzien (und vermutlich auch Schiefer) zu bestehen, die durch die Einwirkung von Feuer überall modifiziert und oft komplett verändert wurden; die hierdurch entstandenen Porphyr-Varietäten sind unendlich, aber noch nirgends entdeckte ich Gestein, das als Lavastrom geflossen ist; Grünsteingänge finden sich sehr zahlreich. In den zentralen Abschnitten der Kordilleren (wegen des Schnees derzeit unzugänglich) ist vulkanische Einwirkung in moderner Zeit völlig ausgeschlossen. Südlich des Rio Maypo untersuchte ich die tertiären Ebenen, die M. Gay zum Teil schon beschrieben hat. Die fossilen Schalen scheinen sich von den jüngeren stärker zu unterscheiden als in der großen patagonischen Formation; es wäre bemerkenswert, ließe sich beweisen, daß nicht nur in Europa, sondern auch in Südamerika eine Formation aus dem Eozän und Miozän existiert (aus jüngerer Zeit gibt es viele). Interessanterweise fand ich zahlreiche jüngere Schalentiere in einer Höhe von dreizehnhundert Fuß; das Land ist an vielen Stellen mit Schalen übersät, aber es sind alles *litorale!* Daher vermute ich, daß die dreizehnhundert Fuß hohe Erhebung auf eine Aufeinanderfolge kleinerer Hebungen zurückgeht, wie sie sich 1822 ereigneten. Mit diesen sicheren Belegen dafür, daß die niedrig gelegenen Teile Chiles unlängst noch vom Ozean bedeckt waren, sind die Konturen jedes Bergs und die Form jedes Tals von großem Interesse. Wurde diese Schlucht durch die Kraft des fließenden Wassers oder durch das Meer gebildet? Diese Frage stellte ich mir immer wieder, und die Antwort fand ich in der Regel, indem ich ganz unten eine Schicht jüngerer Schalen fand. Ich habe zwar nicht genügend Argumente, glaube aber nicht, daß mehr als ein kleiner Bruchteil der Andengipfel im Tertiär entstanden ist.

Valparaiso, März 1835

Wir liegen jetzt in einer Flaute vor Valparaiso, und ich werde die Gelegenheit nutzen, Ihnen ein paar Zeilen zu schreiben. Das Ende unserer Reise steht endlich fest. Wir verlassen die Küste Amerikas Anfang September und hoffen, England im selben Monat des Jahres 1836 zu erreichen ... Von dem schrecklichen Erdbeben am 20. Februar werden Sie schon gehört haben. Ich wünschte, die Geologen, die der Ansicht sind, heutige Erdbeben seien Bagatellen, könnten sehen, wie zersplittert das feste Gestein ist. In der Stadt ist kein einziges Haus mehr bewohnbar; die Ruinen erinnern mich an Zeichnungen verlassener Städte im Osten. Wir waren zu der Zeit in Valdivia und bekamen die Erschütterung sehr heftig zu spüren. Es war ein Gefühl, als würde man über sehr dünnes Eis gleiten; das heißt, es gab merkliche Wellenbewegungen. Ganz Concepcion und Talcahuano bieten den interessantesten Anblick, seitdem wir England verlassen haben. Seit unserem Aufbruch aus Valparaiso habe ich mich auf dieser Fahrt fast ausschließlich mit Geologie beschäftigt. In den modernen Tertiärschichten habe ich vier Bänder von Störungen untersucht, die mich im kleinen an den berühmten Landstrich der Insel Wight erinnern. An einer Stelle gab es schöne Beispiele dreier unterschiedlicher Formen von Hebungen. In zwei Fällen kann ich, glaube ich, zeigen, daß die Neigung auf ein System paralleler Gänge zurückzuführen ist, die den tieferliegenden Glimmerschiefer durchziehen. Die gesamte Küste von Chiloe bis in den tiefsten Süden der Halbinsel Tres Monres besteht aus letzterem Gestein; es ist von sehr zahlreichen Gängen durchzogen, deren mineralogische Beschaffenheit sich, wie ich vermute, als sehr bemerkenswert herausstellen wird. Ich habe einen mächtigen querlaufenden Gebirgszug aus Granit untersucht, der unverkennbar durch den darüberliegenden Schiefer gebrochen ist. Auf der Halbinsel Tres Monres gibt es einen alten Vulkanherd, dem ein weiterer im nördlichen Teil Chiloes entspricht. Auf Chiloe war meine Freude groß, eine dicke Schicht jüngerer Austernmuscheln zu finden &c., welche die Tertiärebene bedeckte, aus der große Waldbäume emporwuchsen. Ich kann jetzt beweisen, daß beide Seiten der Anden in dieser jüngeren Periode auf eine beträchtliche Höhe emporgestiegen sind. Hier lagen die Muscheln dreihundertfünfzig Fuß über dem Meer. In der Zoologie habe ich nur sehr wenig gemacht bis auf eine große Sammlung von winzigen Diptera und Hymenoptera aus Chiloe. An einem einzigen Tag fing ich Pselaphus, Anaspis, Latridius, Leiodes, Cercyon und Elmis und zwei wunderschöne echte Carabi; ich hätte mir fast einbilden können, in England zu sammeln. Eine neue und hübsche Gattung nacktkiemiger Mollusken, die auf einer glatten Oberfläche nicht krabbeln können, und eine Gattung aus der Familie der Balanidae, die kein eigentliches Gehäuse besitzen, sondern winzige Hohlräume in den Schalen der Concholapas bewohnen, sind so gut wie die einzigen Neuheiten.

Valparaiso, 18. April 1835

Ich bin eben aus Mendoza zurückgekehrt und habe über zwei Pässe die Kordilleren überquert. Diese Reise hat mein Wissen über die Geologie des Landes beträchtlich erweitert ... Ich werde die Struktur dieser gewaltigen Berge ganz kurz skizzieren. Am Portillo-Paß (dem südlicheren) beschrieben Reisende die Kordilleren als eine Doppelkette von annähernd gleicher Höhe und getrennt durch einen beträchtlichen Abstand. Das ist der Fall: Und dieselbe Struktur setzt sich Richtung Norden zum Uspellata fort. Die kleine Hebung der östlichen Linie (hier nicht mehr als sechstausend oder siebentausend Fuß) hat dazu geführt, daß man ihn übersieht. Beginnen wir mit der westlichen, der Hauptkette, wo die Schnitte am besten zu sehen sind; wir haben hier die gewaltige Masse eines porphyrischen Konglomerats, das auf Granit ruht. Dieses letztere Gestein scheint den Kern der gesamten Masse zu bilden, und es findet sich in den tiefen Seitentälern, beinahe hineininjiziert, wo es die darüberliegenden Schichten auf höchst außergewöhnliche Weise emporhebt und umdreht. An den kahlen Bergflanken durchziehen komplizierte Gänge und Keile verschiedenfarbigen Gesteins in allen möglichen Formen und Gestalten diese Formationen, deren Überschneidungen belegen, daß hier gewaltige Kräfte am Werk gewesen sein müssen. Die Schichtung all dieser Berge ist sehr schön ausgeprägt und dank der Vielfalt ihrer Färbung auch aus großer Entfernung zu erkennen. Ich kann mir keinen anderen Teil der Welt vorstellen, er ein außerordentlicheres Bild vom Aufbrechen der Erdkruste bietet als diese zentralen Gipfel der Anden. Die Hebung entlang vieler (nahezu) nord-südlich verlaufender Linien,[1] was zumeist zur Bildung zahlreicher antiklinaler und synklinaler Schluchten führte. Die Schichten der höchsten Gipfel sind fast alle in einem Winkel zwischen 70° und 80° geneigt. Ich kann Ihnen gar nicht sagen, wie sehr ich einige dieser Anblicke genoß; es lohnt sich, aus England hierherzukommen, um einmal eine so intensive Begeisterung zu spüren. Auf einer Höhe zwischen zehnund zwölftausend Fuß herrscht eine solche Klarheit der Luft, ein solches Verschwimmen der Distanzen und eine solche Stille, daß man in einer anderen Welt zu sein glaubt; nimmt man das so klar gezeichnete Abbild der gewaltigen erdgeschichtlichen Kräfte hinzu, entsteht im Geist ein höchst seltsames Konzentrat von Gedanken. Die Formation, die ich als porphyrische Konglomerate bezeichne, ist die wichtigste und am deutlichsten entwickelte Chiles. Aufgrund zahlreicher Querschnitte halte ich es für ein echtes grobes Konglomerat oder eine Brekzie, die sich in langsamer Abstufung Schritt für Schritt zu feinkörnigem tonigem Porphyr wandelt; die Kieselsteine und Gips werden porphyrisch, bis sich schließlich alles zu einem kompakten Gestein ineinanderfügt. Porphyrgesteine sind in dieser Gebirgskette reichlich vorhanden, und ich bin sicher, daß mindestens vier Fünftel davon in dieser Weise aus Sedimentschichten in situ gebildet wurden. Es gibt auch Porphyrgestein, das von unten zwischen die Schichten injiziert wurde; anderes wiederum, das als Strom floß, wurde hochgeschleudert; und ich könnte Proben dieses Gesteins zeigen, das auf diese drei verschiedenen Arten entstanden, dennoch aber ununterscheidbar ist. Es ist ein großer Fehler, die Kordilleren (hier) als nur aus Gesteinen zusammengesetzt zu betrachten, die als Strom flossen. Auf diesem Gebirgszug entdeckte ich nirgendwo ein Fragment, von dem ich einen solchen Ursprung annehme, obwohl die Straße nur in geringer Entfernung der aktiven Vulkane verläuft. Porphyrgestein, Konglomerate, Sandstein, Quarzsandstein und Kalkgestein wechseln miteinander ab und gehen vielfach ineinander über (und überlagern Tonschiefer, wo nicht von dem Granit durchbrochen). In den oberen Schichten wechseln Sandstein und Gips, bis wir schließlich diese Substanz von erstaunlicher Dicke haben. Ich glaube wirklich, die Formation ist an einigen Stellen (die Unterschiede sind groß) fast zweitausend Fuß dick. Vielfach ist hier auch grüner (Epidot?) kieseliger Sandstein und schneeweißer Marmor zu finden: Er ähnelt dem der Alpen, denn er enthält große Konkretionen eines kristallirren Marmors von schwarzgrauer Farbe. Die oberen Schichten, aus denen einige der höheren Gipfel gebildet sind, bestehen aus Lagen schneeweißen Gipses und roten kompakten Sandsteins, teils papierdünn, teils mehrere Fuß dick und endlos alternierend. Das Gestein

---

[1] Von Gängen?

sieht höchst merkwürdigerweise aus wie bemalt. Am Puquenas-Paß, der in dieser Formation liegt und statt aus rotem Sandstein aus schwarzem Gestein (ähnlich dem Tonschiefer ohne viele Schüppchen) und hellem Kalkstein besteht, fand ich zahlreiche Muschelabdrücke. Die Erhebung muß zwischen zwölftausend und dreizehntausend Fuß hoch sein. Eine Muschelgattung, vermutlich eine Gryphaea, kommt am häufigsten vor. Es finden sich aber auch Ostrea, Turritella, Ammoniten, kleine Bivalven, Terebratula (?). Ein guter Muschelkundler wird gewiß Vermutungen darüber anstellen können, mit welcher großen Abteilung des europäischen Kontinents diese organischen Überreste die größte Ähnlichkeit besitzen. Sie sind außerordentlich unvollständig erhalten und gering an der Zahl; die Gryphaea sind am perfektesten erhalten. Die Jahreszeit war schon fortgeschritten und die Situation wegen der Schneestürme besonders gefährlich. Ich wagte es nicht, länger zu bleiben, sonst hätte ich eine gute Ernte eingefahren. So viel zu der westlichen Linie. Auf dem Portillo-Paß stieß ich in östlicher Richtung auf die gewaltige Masse eines Konglomerats, das in einem 45°-Winkel gegen eine sehr große Masse Protogen (große Quarzkristalle, roter Feldspat und etwas Chlorit) nach Westen geneigt ist und auf Glimmersandstein &c. ruht, emporgehoben, in Quarzgestein verwandelt und von Gängen durchzogen. Dieses Konglomerat nun, das auf dem Protogen ruht und zu diesem in einem 45°-Winkel ge neigt ist, besteht aus dem eigentümlichen Gestein der zuerst beschriebenen Kette – Kieselsteine des schwarzen Gesteins mit Muscheln, grünem Sandstein &c. &c. Hier zeigt sich auch, daß die Hebung (und, wenigstens teilweise, auch die Senkung) der gewaltigen östlichen Kette später stattfand als die der westlichen. Im Norden, beim Uspellata-Paß, finden wir ein Faktum derselben Art. Vergessen Sie das nicht; es wird Ihnen helfen, das nun Folgende zu glauben. Ich sagte, der Uspellata-Gebirgszug sei, wenngleich nur sechstausend oder siebentausend Fuß hoch, geologisch eine Fortsetzung der großen östlichen Kette. Er hat einen Kern aus Granit, bestehend aus mächtigen Schichten verschiedenen kristallinen Gesteins, für mich zweifelsfrei submarine Lava, abwechselnd mit Sandstein, Konglomeraten, weißen Alaunsteinschichten (wie verwitterter Feldspat) und vielen weiteren merkwürdigen Varietäten von Sedimentablagerungen. Lava und Sandstein wechseln sich sehr oft ab und sind ziemlich gleich ausgeformt. In den ersten zwei Tagen meiner sorgfältigen Untersuchung sagte ich mir mindestens fünfzigmal wie groß die Ähnlichkeiten dieser Schichten mit denen der oberen tertiären Schichten von Patagonien, Chiloe und Concepcion sind – bis auf ihre größere Härte –, ohne daß es mir je in den Sinn gekommen wäre, sie könnten identisch sein. Am Ende drängte sich mir diese Schlußfolgerung geradezu auf. Ich konnte keine Muscheln erwarten, denn sie kommen in dieser Formation niemals vor; kohleführender Schiefer müßte zu finden sein. Zuvor war ich über die Maßen verwirrt, als ich im Sandstein dünne (ein paar Zoll bis ein paar Fuß dicke) Schichten eines brekzierten Pechsteins entdeckte. Jetzt habe ich den starken Verdacht, daß der darunterliegende Granit solche Schichten in diesen Pechstein eingebettet hat. Das verkieselte Holz (besonders typisch für diese Formation) fehlte jedoch; meine Überzeugung aber, daß ich es mit tertiären Schichten zu tun hatte, war inzwischen so stark, daß ich am dritten Tag, inmitten von Lava und Granitanhäufungen, eine scheinbar aussichtslose Jagd danach begann. Und wie, glauben Sie,

war ich erfolgreich? In einer Schichtstufe aus kompaktem grünlichem Sandstein entdeckte ich ein Wäldchen aus senkrecht stehenden versteinerten Bäumen, oder vielmehr,
die Schichten waren zwischen 20° und 30° in eine Richtung geneigt, die Bäume um 70°
in die Gegenrichtung; das bedeutet, daß sie tatsächlich senkrecht standen, bevor sie
kippten. Der Sandstein besteht aus vielen horizontalen Schichten und trägt die konzent-
rischen Linien der Rinde (ich habe eine Probe). Elf sind vollständig verkieselt und ähneln dem Holz der Dicoryledonen, das ich in Chiloe und Concepcion gefunden habe; die
anderen, dreißig bis vierunddreißig an der Zahl, erkannte ich nur aufgrund ihrer Ähnlichkeit in Form und Position als Bäume; es sind schneeweiße Säulen (wie Lots Frau) aus
grob kristallisiertem Kalziumkarbonat. Die längste mißt sieben Fuß. Sie stehen alle dicht
nebeneinander auf einer Fläche von hundert Yards und ungefähr auf derselben Ebene;
nirgendwo anders fand ich welche. Es kann kein Zweifel bestehen, daß sich die Schichten aus feinem Sandstein unmerklich inmitten einer Ansammlung von Bäumen ablagerten, die durch ihre Wurzeln gefesselt waren. Der Sandstein ruht auf Lava und wird von
einer großen, etwa tausend Fuß dicken Schicht schwarzer augitischer Lava bedeckt, und
darüber liegen mindestens fünf mächtige Schichten dieses Gesteins, alternierend mit
Sedimentablagerungen aus vormaligen Gewässern, insgesamt mehrere tausend Fuß dick.
Ich fürchte mich regelrecht vor der einzigen Schlußfolgerung, die ich aus diesem Faktum
ziehen kann: daß nämlich eine derart starke Absenkung der Oberfläche des Landes stattgefunden haben muß. Aber wenn ich diese Überlegung beiseite schob, war es eine höchst
befriedigende Bestätigung meiner Vermutung des tertiären Alters dieser östlichen Kette.
(Mit tertiär meine ich, daß die Muscheln dieser Periode eng miteinander verwandt und
zum Teil mit denen identisch waren, die heute in den unteren Schichten Patagoniens
liegen.) Ein großer Teil des Beweises bleibt nach wie vor mein *ipse dixit* einer mineralo-
gischen Ähnlichkeit mit jenen Schichten, deren Alter bekannt ist. Dieser Ansicht zufolge
war der Granit, der Gipfel einer Höhe von wahrscheinlich vierzehntausend Fuß bildet,
im Tertiär flüssig: Durch die Hitze haben sich Schichten jener Periode verändert und
sind von Gängen der. Masse durchzogen: Sie sind jetzt in steilen Winkeln geneigt und
bilden regelmäßige oder komplizierte antikline Linien. Obendrein sind dieselben Sedimentschichten und Lavamassen von außerordentlich zahlreichen echten metallführenden Adern mit Eisen, Kupfer, Arsen, Silber und Gold durchzogen, die sich bis zu dem
darunterliegenden Granit verfolgen lassen. Unweit der Gruppe der verkieselten Bäume
wurde eine Goldmine in Betrieb genommen. Wenn Sie meine Exemplare und Schnitte
sehen und meinen Bericht lesen, werden Sie zustimmen, daß es ziemlich überzeugende
Indizien für obige Fakten gibt. Sie erscheinen mir sehr bedeutsam; denn die Struktur
und Größe dieser Kette wird dem Vergleich mit jeder anderen weltweit standhalten:
Und daß all das in einer so jungen erdgeschichtlichen Periode stattgefunden haben soll,
ist in der Tat bemerkenswert. Ich selbst bin vollkommen davon überzeugt. Jedenfalls
kann ich mit reinstem Gewissen sagen, daß keine vorher gebildete Mutmaßung mein
Urteil verfälscht hat. Wie ich es beschrieben habe, konnte ich diese Fakten selbst beobachten ... Auf mehreren großen Feldern ewigen Schnees entdeckte ich den berühmten
roten Schnee der arktischen Regionen. Zusammen mit diesem Brief sende ich meine

Beobachtungen und ein Blatt Papier, auf dem ich versucht habe, einige Proben zu trocknen ... Ich schicke auch ein Fläschchen mit zwei Eidechsen: Eine ist lebendgebärend, wie Sie beiliegender Notiz entnehmen können. M. Gay, ein französischer Naturforscher, hat in einer Zeitung dieses Landes eine ähnliche Behauptung geäußert und wohl auch einen Bericht nach Paris geschickt ... In der Kiste befinden sich zwei Beutel mit Samen, einer mit der Beschriftung »Täler der Kordilleren fünftausend bis zehntausend Fuß hoch«: Boden und Klima äußerst trocken; Boden leicht und kräftig; extreme Temperaturschwankungen; der andere »vorwiegend aus der trockenen sandigen ›Traversia‹ von Mendoza, dreitausend Fuß, mehr oder weniger«. Sollten einige der Sträucher gedeihen, aber nicht gesund sein, versuchen Sie, sie leicht mit Salz und Salpeter zu besprühen. Die Ebene ist salzhaltig ... Der Mendoza-Beutel enthält die Samen oder Beeren von etwas wie einer kleinen Kartoffelpflanze mit einer weißlichen Blüte. Sie wachsen viele Wegstunden entfernt von jeder möglichen Behausung, denn es gibt kein Wasser. Unter den getrockneten Pflanzen aus Chonos finden Sie ein schönes Exemplar der wilden Kartoffel, die in einem höchst widrigen Klima gedeiht und unstreitig eine echte wilde Kartoffel ist. Es muß eine andere Spezies sein als die von den unteren Kordilleren.

Über bestimmte Gebiete der Hebung und Senkung im Pazifischen und im Indischen Ozean, abgeleitet vom Studium der Korallenformationen

Eingangs äußerte sich der Verfasser zu einigen höchst bemer-kenswerten Aspekten der Struktur von Laguneninseln. Anschließend legte er dar, daß die lamellenförmigen Korallen, die als einzige Organismen Riffe bauen, nicht in großer Tiefe wachsen; und daß in einer Tiefe von mehr als zwölf Faden der Boden in der Regel aus kalkhaltigem Sand oder aus Massen toten Korallengesteins besteht. Solange die Laguneninseln als die einzige noch zu lösende Schwierigkeit betrachtet wurden, erschien die Auffassung, Korallen errichteten ihre Bauten (oder richtiger, ihre Skelette) auf den Rändern submariner Krater, plausibel und sehr sinnreich; auch wenn ihre gewaltige Größe, ihre gewundenen Konturen und ihre große Zahl jeden stutzig machen mußte, der diese Theorie übernahm. Mr. Darwin bemerkte, daß eine Klasse von Riffen, die er »umschließend« nennt, zum mindesten ganz außerordentlich sei. Sie bilden zwei und drei. Meilen von der Küste entfernt einen Ring um bergige Inseln, erheben sich an der Außenseite aus den tiefsten Tiefen des Ozeans und sind vom Land durch einen Kanal getrennt, der oft 200 und manchmal 300 Fuß tief ist. Die von Balbi beobachtete Struktur ähnelt einer Lagune oder einer Laguneninsel und umgibt eine andere Insel. In diesem Fall kann man infolge der Beschaffenheit der Masse im Innern unmöglich davon ausgehen, daß das Riff auf einem externen Krater oder einer Anhäufung von Sedimenten ruht; denn solche Riffe umschließen die submarine Küstenlinie von Inseln wie auch die Inseln selbst. Neukaledonien ist dafür ein außerordentliches Beispiel; die doppelte Rifflinie liegt hier 140 Meilen von der Insel entfernt. Das Barriereriff wiederum, das fast 1000 Meilen parallel zur Nordostküste Australiens verläuft und einen breiten und tiefen Meeresarm einschließt, bildet eine dritte Klasse und ist die größte und außergewöhnlichste Korallenformation der Welt.

Die Riffe dieser drei Klassen selbst – das umschließende Riff, das Barriereriff und die Laguneninsel – weisen große Ähnlichkeiten auf; der Unterschied liegt einzig und allein im Fehlen oder Vorhandensein benachbarten Landes und in der Lage des Riffs im Verhältnis dazu. Der Verfasser verweist insbesondere auf eine Schwierigkeit beim Verständnis der Struktur der Klassen ›Barriereriff‹ und ›umschließendes Riff‹: Das Riff liegt hier nämlich so weit von der Küste entfernt, daß eine Linie, die lotrecht von seinem äußeren Rand bis hinunter zum festen Gestein gezogen wird, auf dem das Riff ruhen muß, die

U. Hoßfeld, L. Olsson (Hrsg.), *Charles Darwin*, Klassische Texte der Wissenschaft,
DOI 10.1007/978-3-642-41961-4_2, © Springer-Verlag Berlin Heidelberg 2014

geringe Tiefe, in der Korallen wachsen können, bei weitem überschreitet. Es gibt jedoch noch eine weitere Klasse von Riffen, die der Verfasser ›Saumriffe‹ nennt. Sie liegen in einer so geringen Entfernung von der Küste, daß ihr Wachstum nicht schwer zu verstehen ist. Die Theorie, die Mr. Darwin nun vortrug und die alle denkbaren Strukturformen berücksichtigt, lautet schlicht und einfach, daß sich das Land samt der mit ihm verbundenen Riffe durch die Wirkung unterirdischer Kräfte ganz allmählich senkt und damit die korallenbildenden Polypen ihre festen Massen schon bald erneut auf das Niveau des Wasserspiegels emporheben; dasselbe geschieht jedoch nicht mit dem Land; jeder verlorene Zoll ist unwiederbringlich dahin. – Während das Ganze allmählich absinkt, geht das Wasser Fuß um Fuß weiter die Küste hinauf, bis schließlich auch der letzte und höchste Gipfel im Wasser versunken ist. Bevor der Verfasser diese Ansicht im einzelnen darlegte, trug er Überlegungen zur Wahrscheinlichkeit genereller Senkungen vor – zum Beispiel der geringe Anteil von Land im Pazifik, wo viele Kräfte die Bildung von Land begünstigen, ein Gedanke, der erstmals von Mr. Lyell vorgetragen wurde; oder (da man weiß, daß Korallen nur in geringer Tiefe wachsen) die extreme Schwierigkeit, das Vorhandensein einer so großen Zahl von Riffen auf ein und demselben Niveau zu erklären, ohne eine Senkung anzunehmen, so daß also ein Berggipfel nach dem anderen im Wasser versinken muß; die Zoophyten tragen ihre steinigen Gebilde immer bis hinauf zur Wasseroberfläche. Nachdem der Verfasser die Senkung als fast zwingende Notwendigkeit dargelegt hatte, zeigte er anhand von Querschnitten, daß sich ein einfaches Saumriff durch das Emporwachsen der Korallen zwangsläufig in ein Riff der umschließenden Gruppe verwandelt und sich dieses wiederum durch das Verschwinden des in der Mitte befindlichen Landes im Zuge derselben Bewegung in eine Laguneninsel verwandelt. Auf diese Weise wandelt sich das eine Küste säumende Riff in ein Wallriff, das parallel zum Festland verläuft, wenn auch in einiger Entfernung von diesem.

Mr. Darwin legte sodann dar, daß es zwischen einem einfachen, deutlich ausgeprägten umschließenden Riff und einer Laguneninseln alle möglichen Zwischenformen gibt; daß Neukaledonien ein Mittelding zwischen einem umschließenden und einem Barriereriff darstellt; daß die durch dieselben Bewegungsprozesse entstandenen unterschiedlichen Riffe immer nebeneinander auftreten; ein gutes Beispiel dafür ist das australische Barriereriff samt der eingeschlossenen Inselchen und echten Lagunen. Weiter legte er dar, daß in der Lagune von Keeling Island zahlreiche umgefallene Bäume und ein zerstörter Schuppen als Beweis für die Senkung gelten können; diese Bewegungen scheinen in einer Zeit schwerer Erdbeben stattgefunden zu haben, von denen auch das 600 Meilen entfernt gelegene Sumatra betroffen war. Folglich wurde es als wahrscheinlich abgeleitet, daß mit dem Anstieg Sumatras (für den es bekanntlich Beweise gibt) das andere Ende des Hebels nach unten sinkt; Keeling Island ist somit ein Gradmesser für die Bewegung des Grundes des Indischen Ozeans. Und auf Vanikoro, dessen Struktur der Theorie zufolge auf eine Senkung in jüngerer Zeit hindeutet, fanden in letzter Zeit heftige Erdbeben statt.

Der Verfasser widerlegte sodann einen naheliegenden Einwand gegen diese Theorie, daß nämlich eine Senkung eine Korallenscheibe, nicht aber eine schalenförmige Masse oder Lagune hervorbringe, indem er zeigte, daß die Korallen in ruhigem Wasser ganz anders aussehen als jene an der Außenseite und weniger kräftig wachsen; und daß sie, wenn das Becken seichter wird, vielfältigen Verletzungsgefahren ausgesetzt sind. Die Lagune füllt sich nichtsdestoweniger fortwährend immer bis zur Höhe des niedrigsten Wasserstands bei Springflut (der Obergrenze für lebende Korallen), und dieser Zustand hält lange an, denn es gibt keine Möglichkeit, den Aufbau des Riffs [in diesem Bereich] fortzuführen. Mr. Darwin ging sodann zum Hauptthema seiner Abhandlung über. Da kontinentale Hebungen über weiträumige Gebiete hinweg stattfinden, so legte er dar, können wir davon ausgehen, daß für kontinentale Senkungen dasselbe gilt; und daß dementsprechend der Pazifik und der Indische Ozean symmetrisch in Gebiete dieser beiden Arten eingeteilt werden können; ein absinkendes, wie es aus dem Vorhandensein von umschließenden Riffen, Barriereriffen und Laguneninseln abgeleitet werden kann; und ein ansteigendes, wie man es von emporgehobenen Muscheln und Korallen und von Saumriffen kennt. Das Nichtvorhandensein von Laguneninseln in bestimmten weiträumigen Gebieten wie den West- und Ostindischen Inseln, dem Roten Meer &c. konnte auf diese Weise leicht erklärt werden, da Belege für Hebungen in jüngerer Zeit hier reichlich vorhanden sind. Auf ähnliche Weise wurden in sehr vielen Fällen, wo Inseln nur von Riffen gesäumt werden, die sich der Theorie zufolge nicht abgesenkt haben, direkte Beweise für eine Hebung erbracht. Lehnt man die Theorie der Riffbildung durch diese Bewegungsprozesse ab, so Mr. Darwin, beschreibt der Umstand, daß bestimmte Klassen, die in einigen Teilen des Meeres typisch und universell sind, in anderen dagegen niemals gefunden werden, eine Anomalie, ohne daß jemals der Versuch unternommen worden wäre, sie zu erklären.

Unter Verweis auf die oben genannten Gebiete im Pazifischen und im Indischen Ozean leitete Mr. Darwin sodann die folgenden Hauptresultate ab: 1. Daß auf linearen Flächen von großer Ausdehnung erstaunlich gleichförmige Bewegungen stattfinden und daß die Zonen der Hebung und Senkung einander abwechseln. 2. Daß nach eingehender Prüfung sämtliche Punkte mit Eruptionen in Gebiete der Hebung fallen. Der Verfasser betonte nachdrücklich die Bedeutung dieser Gesetze, da sie die Vermutung zulassen, daß dort, wo Vulkangestein existiert, auch in erdgeschichtlich alter Zeit Niveauänderungen stattfanden. 3. Daß, da sich bestimmte Korallenformationen Monumenten gleich über abgesenktem Land erheben, die geographische Verbreitung organischer Wesen (infolge geologischer Veränderungen, wie es Mr. Lyell dargelegt hat) durch die Entdeckung einstiger Zentren erklärt werden kann, von denen aus Keime hatten ausgestreut werden können. 4. Daß somit einiges Licht auf die Frage geworfen werden könnte, ob bestimmte Gruppen von Lebewesen, wie sie für kleinere Orte typisch sind, die Überreste einer ehemals großen Population sind, oder ob sie nicht vielmehr als eine neue, gerade entstehende gelten müssen. Und zuletzt: Wenn wir nicht nur die eine Erdhalbkugel betrachten, aufgeteilt in symmetrische Gebiete, die in einem gewissen Zeitraum bestimmte bekannte Bewegungen vollzogen haben, gewinnen wir Einblick in ein System, durch das sich die Erdkruste im endlosen Kreislauf des Wandels verändert.

Beobachtungen zu den Parallelstraßen des Glen Roy und anderer Teile von Lochaber in Schottland nebst dem Versuch zu beweisen, daß sie marinen Ursprungs sind

Nach den beiden detaillierten Abhandlungen über die Parallelstraßen des Glen Roy und seiner Nachbartäler, die fast gleichzeitig vor der Royal Society in Edinburgh und der Geological Society in London von Sir Thomas Lauder Dick und Dr. MacCulloch verlesen wurden, könnte sich jede weitere ausführliche Beschreibung der physischen Beschaffenheit dieses bemerkenswerten Gebiets erübrigen. Die Vortrefflichkeit der beiden Aufsätze und das hohe Ansehen ihrer Verfasser machen es jedoch notwendig, die in ihnen vorgetragenen Theorien sorgfältig zu erwägen – und diese Notwendigkeit empfinde ich um so stärker, als ich in den ersten Tagen meiner eigenen Untersuchung des Gebiets von der Unanfechtbarkeit ihrer Schlußfolgerungen überzeugt war. Überdies sind die Ergebnisse, zu denen ich gelangt bin, sofern beweisbar, in geologischer Hinsicht so viel bedeutsamer als die bloße Erklärung des Ursprungs der *Straßen,* daß ich um die Erlaubnis bitten muß, das Thema im Detail erörtern zu dürfen.

Teil I. Beschreibung der Schelfe

Die Parallelstraßen, -schelfe oder -linien, wie sie unterschiedslos genannt wurden, sind im Glen Roy am deutlichsten ausgeprägt. Sie verlaufen in absolut horizontalen Linien über die steilen grasbewachsenen Bergflanken, die mit einem ungewöhnlich dicken Mantel leicht tonhaltiger alluvialer Ablagerungen überzogen sind. Sie bestehen aus schmalen Terrassen, die jedoch nie ganz eben verlaufen wie künstlich angelegte, sondern zum Tal hinunter sanft abfallen und im Durchschnitt etwa sechzig Fuß breit sind. Nur vier dieser Schelfe heben sich aufgrund ihrer beträchtlichen Länge *deutlich* heraus; der niedrigste liegt MacCulloch zufolge 972 Fuß über dem Meer; der nächste erwa 212 Fuß höher und der dritte zweiundachtzig Fuß über dem zweiten oder 1266 Fuß[1] über dem Meer; der vierte findet sich nur im Glen Gluoy und ist zwölf Fuß höher als der dritte.

---

[1] Grobe Messungen, die ich mit einem Höhenbarometer durchführte, wecken in mir den Verdacht, daß diese Angaben mindestens hundert Fuß zu hoch sind. Für die Theorie vom Ursprung der Schelfe ist dies zwar ohne Bedeutung, ich bedaure aber, daß ich deren Höhen nicht mit mehr Sorgfalt verifiziert habe.

U. Hoßfeld, L. Olsson (Hrsg.), *Charles Darwin,* Klassische Texte der Wissenschaft, DOI 10.1007/978-3-642-41961-4_3, © Springer-Verlag Berlin Heidelberg 2014

Auf sie werde ich im folgenden immer wieder zurückkommen, entweder mit Bezug auf ihre absolute Höhe oder auf ihre Lage als der obere bzw. untere Schelf in dem jeweils beschriebenen Teil, nicht jedoch als erster, zweiter oder dritter Schelf; denn nachfolgend wird sich zeigen, daß es noch weitere Schelfe gibt, die jenen in jeder Hinsicht ähnlich, nur eben weniger deutlich ausgeprägt sind.

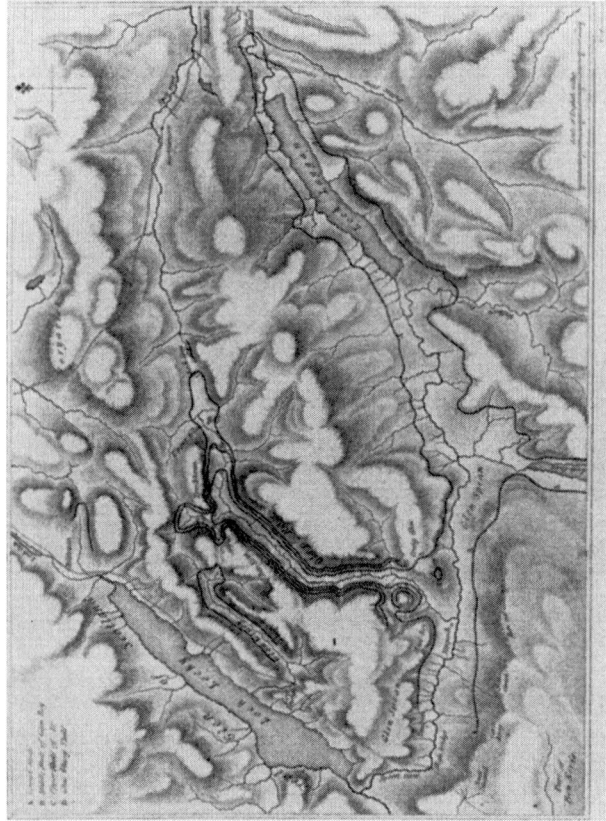

Tafel 1: Parallelstraßen oder Schelfe des Glen Roy samt der benachbarten Täler.

Tafel 2: Ansicht der Parallelstraßen des Glen Roy.

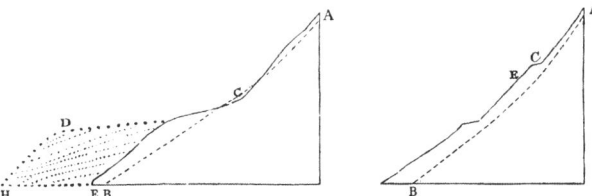

Abb. 1 und 2: Ursprüngliches und heutiges Schelfprofil. AB: die vermutliche ursprüngliche Gesteins-
oberfläche; CE: die Schelflinie; CDH: die Schelflinie dort, wo sie sich zu einem Vorsprung oder einer
Terrasse erweitert.

Es herrscht Einigkeit darüber, daß diese Linien in einem so weiträumigen Gebiet durch keine andere Ursache als die Einwirkung von Wasser auf die steilen Berghänge über einen längeren Zeitraum hinweg entstanden sein können. Die dunkle Linie des beigefügten Holzschnitts (Abb. 1) zeigt das tatsächliche Profil eines Schelfs und ist MacCulloch entnommen. Ich habe zwei gedachte Linien hinzugefügt, von denen die gestrichelte die vermutlich ursprüngliche Form des darunterliegenden Gesteins zeigt. Die Bildung des Schelfs verdankt sich, wie hier zu sehen, hauptsächlich der leicht hügelförmigen Anlagerung von Material, welche kaum sichtbare, erhabene Strukturen auf der geneigten Bergfläche ausgebildet hat, sowie teilweise auch der Abtragung oder Korrosion des festen Gesteins. Letztere ist zwar an bestimmten Stellen deutlich sichtbar, kann aber nicht als ein generelles Merkmal gelten; die Schelfe verdanken sich in erster Linie zweifellos der Anlagerung und nicht der Abtragung von Material. Auf demselben Schaubild (Abb. 1) ist der Mantel aus alluvialen Sedimenten unterhalb des Schelfs etwas dicker dargestellt als in gleicher Entfernung darüber. Ich glaube, das ist generell der Fall, und es ist auch der Grund dafür, daß der Schelfvorsprung oft kaum zu erkennen ist; und wenn zwei oder drei vorhanden sind, einer unterhalb des anderen, ähneln ihre Konturen stark denen auf dem Holzschnitt (Abb. 2). MacCulloch wird gewiß nicht gelten lassen, daß ein Schelf überhaupt eine erhabene Struktur bildet; doch damit liegt er mit Sicherheit falsch und wird durch seine eigenen Feststellungen sowie durch Feststellungen widerlegt, die sich aus dem Vergleich der Schelfe mit den Stränden plötzlich ausgetrockneter Seen ergeben: Da, wo die Schelfe einen Abschnitt der Berge durchziehen, wo der nackte Fels zutage liegt, verschwinden sie vollständig; denn unverfestigtes Material kann sich hier nicht ansammeln, und das Gestein selbst wird aufgrund seiner geschichteten Struktur nicht leicht zu einer regelmäßigen Form abgeschliffen. Die Schelfe verschwinden auch da, wo sie einen leicht geneigten Abschnitt durchziehen; denn dann fällt ihre eigene Neigung mit der des Mantels alluvialer Sedimente zusammen und ist von diesem ununterscheidbar.

Die *gepunktete* Linie des Holzschnitts (Abb. 1) veranschaulicht die breiteren Terrassen oder sogar Ebenen aus geschichtetem grobem Strandkies, Sand und Schlamm, mit denen sich die Schelfe oftmals verbinden. Diese Terrassen unterscheiden sich zwar von den Schelfen in keinem wesentlichen Aspekt ihrer Struktur, sind aber sehr viel breiter; und weil das Material, aus dem sie bestehen, sehr viel reichlicher vorhanden ist, kann für gewöhnlich eine grobe Schichtung festgestellt werden. Sie treten nur dort auf, wo der allmählich ansteigende Talboden fast das Niveau eines Schelfs erreicht, oder an den Stellen der Bergflanken, wo die Bäche mit hoher Wahrscheinlichkeit vorzeiten viel Geröll zu den einstigen Stränden hinuntertransportierten. Sir Lauder Dick stellte fest,[2] daß der Schelf den Kopf solcher Terrassen oder Vorsprünge unfehlbar schneidet. Bei allen schmaleren Schelfen ist dies mit Sicherheit der Fall (wie Schaubild 1 zeigt); daraus können wir folgern, daß die Bildung dieser Schelfe aus der Zeit datiert, als sie noch Strände

---

[2] *Transactions of the Edinburgh Royal Society*, Bd. IX, S. II.

waren. Am Anfang der größeren Täler jedoch, wo ein Nachschub an Material sehr viel reichlicher vorhanden gewesen sein muß und das Gefälle dessen Akkumulation in hohem Maße begünstigte, läuft die Schelflinie darüber hinweg und geht in eine Ebene über, die oberhalb und unterhalb dieses Niveaus gleichmäßig an- und absteigt. Wenn daher das Wasser das Niveau eines dieser Schelfe erreichte, entstanden viele kleine Deltas, die dieses Niveau nicht überstiegen, aber auch einige größere, durchgehend verlaufende mit einer steil ansteigenden Böschung aus grobem Kies, der auch den Boden der Haupttäler ausfüllte.[3]

Die Schelfe bestehen in der Hauptsache aus denselben alluvialen Sedimenten, mit denen die gesamte Bergoberfläche bedeckt ist; und sie scheinen, wie MacCulloch vermutet, dadurch entstanden zu sein, daß die Abwärtsbewegung des gewöhnlichen sowie des von Sturzbächen transportierten Gerölls auf dem Niveau des einstigen Wasserspiegels gebremst wurde; ich konnte zwischen den alluvialen Sedimenten ober- und unterhalb des oberen Schelfs keinen Unterschied feststellen, den es Sir Lauder zufolge gibt.[4] Sie enthalten in größerer Höhe sehr viel weniger gut gerundete Kiesel, als eine Theorie über den Ursprung der Schelfe erwarten ließe; in den tiefer liegenden und breiteren Talabschnitten sind sie dagegen reichlich vorhanden. Trotzdem wird man gut gerundete Kiesel in der Regel an jeder horizontalen Stelle in Höhe der oberen Schelfe finden, etwa auf dem Gipfel eines gerundeten Bergs oder in einem flachen kleinen Streifen, der kleine Erhebungen von der Schelflinie trennt (beispielsweise bei Craigdhu auf dem Gipfel des Meal Roy sowie zwischen dem Upper und dem Lower Glen Roy). In diesen Fällen müssen die Kiesel fast ausschließlich durch die· Tätigkeit der Strömungen und der Wellen der einstigen Wasserfläche geformt worden sein. Sie stammen häufig von Gesteinsarten, die nicht in der unmittelbaren Umgebung zu finden sind: Auch erratische Blöcke sind über diese Berge verstreut. Ich betone diese Fakten ausdrücklich, weil MacCulloch sagt,[5] die alluvialen Sedimente der oberen Schelfe seien in ihrer Zusammensetzung *grundverschieden* von denen, die die Flanken der breiten Täler überziehen; der Unterschied ist jedoch lediglich graduell, wofür viele Gründe angeführt werden könnten.

Ich habe bereits festgestellt, daß die Menge des festen Gesteins, das auf den Schelflinien abgetragen wurde, im Allgemeinen nicht sehr groß ist. Am schmalen Eingang des Loch Treig jedoch (von dem Sir Lauder Dick eine Zeichnung beigefügt hat) ist auf der sehr steilen Westseite der Gneis zu glatten konkaven Hohlräumen modelliert, deren eigentümliche Krümmungen mit Worten nicht zu beschreiben sind; man kann sic sich

---

[3] Diese Ausführungen basieren auf meinen Beobachtungen im Glen Collarig, wo der untere Schelf (in 972 Fuß Höhe) in einem Hang ausläuft, der heute durch die Tatigkeit der Sturzbäche unregelmäßig geworden ist und sich (am Einschnitt) bis in eine Höhe von mehr als hundert Fuß über dem Niveau des Schelfe erhebt. Am Anfang des Lower Glen Roy geht der Schelf in eine ähnliche Art von Ebene über, die sich (am Fuß einer Terrasse, die über den ihr nächstgelegenen Schelf hinaus vorspringt) neunzig Fuß (barometrischer Messung) über das Niveau jenes Schelfs erhebt, dem man ihn zurechnen muß. Und auch im östlichen Nebental des Glen Turet laufen die oberen Schelfe in Hängen aus, die höher liegen als die Schelfe selbst.

[4] *Geological Transactions*, Bd. IV (First Series), S. 320-338 und 387.

[5] *Edinburgh Royal Transactions*, Bd. IX, S. 12.

aber vorstellen, wenn man sich die Formen des von einem Wasserfall ausgewaschenen
Felsgesteins vergegen wärtigt. Dies war das einzige Beispiel, an dem ich dieses Phänomen unmißverständlich deutlich beobachten konnte; aber selbst wenn es nicht zahllose
weitere Belege gäbe, wäre diese eine Stelle für mich Beweis genug, daß das Wasser über
einen sehr langen Zeitraum hinweg auf dem Niveau des 972 Fuß hoch gelegenen Schelfs
stand.[6] Auf der gegenüberliegenden Seite des Eingangs oder der Schlucht, die hier eine
leichte Krümmung vollzieht, bevor sie Loch Treig erreicht, erweitert sich der Schelf zu
einer Terrassenlinie. Auf den steilen, vom Wasser ausgehöhlten Felsen stehend, bedurfte
es wenig Phantasie, sich in frühere Zeitalter zurückzuversetzen und sich vorzustellen,
wie das Wasser gegen die steilen Felsen auf einer Seite des Kanals brandete und spritzte,
während es auf der anderen Seite vollkommen ruhig über eine sanft abfallende Land-
zunge aus Sand und Kies floß. Das einzige weitere und ganz anders geartete Beispiel
eines vom Wasser ausgehöhlten Gesteins, das mir ins Auge fiel, war dasjenige am Anfang des Lower Glen Roy (Sir Lauder Dick hat darauf hingewiesen), wo die Gipfel einiger
unregelmäßiger Gneiserhebungen auf dem Niveau des oberen Schelfs zu einer glatten
Oberfläche zurückgestutzt wurden. An den felsigen Küsten geschützter Häfen habe ich
häufig eine ganz ähnliche Struktur beobachtet. Große Gesteinstrümmer, vielfach aus
Granit, sind über die meisten Schelfe verstreut und stammen von weiter her, wie ich
gleich darlegen werde; die meisten jedoch sind lediglich aus größeren Höhen heruntergerollt. Von diesen letzteren sind einige erst in jüngster Zeit herabgestürzt, andere wurden vom Wasser geschliffen, als hätten sie jahrhundertelang an einer Meeresküste gelegen; wenn man den horizontalen Schelf entlangging, konnte man oft unschwer sagen,
welche Gesteinsbrocken einst von den Wellen bearbeitet worden und welche in späteren
Zeiten heruntergefallen waren.

Sir Lauder Dick bemerkte – ein sehr bedeutsames Faktum –, daß der Anfang des Glen
Gluoy vom Eingang eines Nebentals des Glen Roy durch eine flache Landenge getrennt
ist, die exakt auf demselben Niveau liegt wie der Schelf des Glen Gluoy; wäre also das
Glen Gluoy genau bis zur *vollen* Höhe seines Schelfs oder ein paar Zoll darüber mit Wasser gefüllt gewesen, so hätte es außer eines großen Damms am unteren Ende noch eines
kleinen von ein, zwei Fuß Höhe bedurft, um zu verhindern, daß das Wasser in das Glen
Roy fließt. Desgleichen: Wäre das Glen Roy an seinem unteren Ende abgeriegelt und
stünde das Wasser auf dem Niveau des oberen Schelfs, würde es in das Tal des Spey fließen. Dasselbe gilt für den unteren Schelf am Anfang des Tals des Spean; und schließlich

---

[6] Nach MacCullochs detaillierter Beweisführung, die zeigen soll, daß kein plötzlich herabstürzendes
Wasser und keine Katastrophe die Schelfe gebildet haben kann, hätte ich mich zu diesem Punkt gar
nicht geäußert, wenn nicht eine so herausragende Persönlichkeit wie Sir George MacKenzie (*London
and Edinburgh Philosophical Magazine*, Dezember 1835) eine solche Hypothese vorgetragen hätte, ohne,
wie man ehrlicherweise hinzufügen muß, das Gebiet besucht zu haben. Jeder einzelne der zehntausend
Kieselsteine, die zusammen jeweils einen Vorsprung oder ein kleines Delta bilden und offenkundig
durch die Tatigkeit eines einzigen Bächleins an der Stelle aufgehäuft wurden, wo dieses in die einstige
Wasserfläche mündete – eder einzelne dieser über einen langen Zeitraum hinweg abgeschliffenen Steine
spricht heute deutlich gegen eine solche Hypothese.

liegt auch ein kurzer Schelf, den ich in einem tief eingeschnittenen Wasserlauf entdeckte, der zwischen Loch Oich und Loch Lochy bei Kilfinnin[7] in den Kaledonischen Kanal mündet, auf einer Linie mit einem Torfmoor, das die Wasserscheide zwischen diesem und einem anderen kleinen Tal bildet. Diese vier Fälle sind so bemerkenswert, daß die Übereinstimmung des Niveaus mit dem Ursprung der Schelfe in einem engen Zusammenhang stehen muß; auch wenn ein solcher Zusammenhang nicht zwingend ist, insofern der mittlere Schelf des Glen Roy nicht auf einer Ebene mit irgendeiner Wasserscheide liegt. Sir Lauder versucht dieses Faktum damit zu erklären, daß bei perfekten Dämmen seiner einzelnen Seen das Wasser aus demjenigen Ende des Tals abgeflossen ist, das heute am höchsten liegt – mit anderen Worten, die mutmaßlichen Seen wären in allen Fällen entgegengesetzt zur Strömungsrichtung der Bäche entwässert worden, die heute noch im selben Bett fließen. Diese Auffassung impliziert überdies den merkwürdigen Zufall, daß beim Wegbrechen der Dämme jeweils der ursprünglich am tiefsten liegende Teil stehengeblieben wäre, während ein höher gelegener Teil nachgegeben hätte; somit muß die Abtragung der Barriere durch Kräfte bedingt gewesen sein, die in keiner Weise der Erosion von Einmündungen in einen See entsprechen, wie sie in der Regel existieren.

Kommen wir nun zur Struktur dieser Landengen. Sir Lauder hat bereits minutiös diejenige beschrieben, die die Quellen des Glen Gluoy mit denen des Glen Turet, einem Nebental des Glen Roy, verbindet. Ich möchte lediglich hinzufügen, daß die Landenge breit ist und horizontal verläuft und ich auf einer Seite einen Strand wie den von einer Meeresküste mit sehr gut gerundeten Kieselsteinen entdeckt habe. MacCullochs und Sir Lauders Berichte über die Teilung der Wasser des Glen Roy und des Spey weichen in wesentlichen Punkten voneinander ab. Sir Lauder schreibt, der obere Schelf des Glen Roy liege (bis auf das Torfmoor) auf dem Niveau der Ebene, wo sich die Wasser teilen. Dies scheint exakt der Fall zu sein, sofern dem Höhenbarometer (das an beiden Meßpunkten auf demselben Tausendstel Zoll stand) und meinen Augen zu trauen ist. Auf der Nordseite der Wasserscheide jedoch finden sich, etwa fünfzehn Fuß oberhalb dieses Niveaus, kleine Terrassen ähnlich denen, die anderswo mit Schelfen verbunden sind und deshalb vermutlich ähnlichen Ursprungs sind. Weiter oben auf dem Hang gibt es weitere undeutlich ausgeprägte Flächen alluvialer Sedimente von mehr oder weniger analoger Gestalt. Das Wasser des Spey fließt zuerst einen sanften Torfmoor-Hang hinab in Richtung Osten und sammelt sich dann im Loch Spey. Auf der südlichen Seite dieses Loch ist eine undeutlich ausgeprägte Terrassenlinie, die etwa sechzig Fuß höher zu liegen scheint als der Loch und die zweifellos MacCulloch zu der Vermutung veranlaßte, der obere Schelf des Glen Roy liege ebenso viele Fuß über der Wasserscheide. Die Terrasse über dem Loch Spey ist horizontal, soweit ich ohne Nivelliergerät mit bloßem Auge abschätzen konnte,

---

[7] Man sagte mir – ich weiß allerdings nicht, ob diese Information stimmt –, daß der Weiler (in dessen Mitte sich ein Hügel mit einem Rundturm darauf befindet) auf der gegenüberliegenden Talseite, ein bis zwei Meilen südlich von Invergarry, Kilfinnin heißt. Ich werde daher dem kleinen Bach, der an dieser Stelle auf den Kaiedonischen Kanal zufließt, diesen Namen geben. In der gleichen Weise werde ich den größeren Bach, der bei Haberealder in den Kanal mündet, sowie dessen Tal mit jenem Namen bezeichnen, da ich keinen passenderen in Erfahrung bringen konnte.

und verläuft womöglich entlang der Südseite der Wasserscheide, womöglich sogar ein kurzes Stück innerhalb des Upper Glen Roy, wo parallel zum oberen Schelf und oberhalb dieses Schelfs mit Sicherheit eine Erhebung zu finden ist. Ich bedaure sehr, daß es mir absolut unmöglich war, diesen Ort mit der ihm gebührenden Aufmerksamkeit zu untersuchen. In Anbetracht der Beschaffenheit der kleinen Terrassen jedoch schien es mir sicher, daß über einen längeren Zeitraum hinweg auf einem Niveau oberhalb dem des höchsten Schelfs des Glen Roy Wasser gestanden haben muß; und ebenso, daß Fragmente eines Schelfs oder einer Terrassenlinie, die, dem Augenschein nach zu urteilen, horizontal verläuft, sich innerhalb des Beckens des Spey und damit über die Grenzen des mutmaßlichen Roy-Sees hinaus erstrecken. Letzteres zumindest ist sicher, denn Sir David Brewster teilte mir freundlicherweise mit, daß er, worauf ich im folgenden noch zurückkommen werde, im Spey-Tal an zwei nur wenige Meilen voneinander entfernt liegenden Punkten Schelfe entdeckt hat, die denen des Glen Roy ähneln. Die Wasserscheide am Anfang des Kilfinnin-Tals ist exakt so beschaffen wie die in den vorausgegangenen Fällen: Auch hier springt ein oben abgeflachter Absatz auf der einen Seite über das Niveau des Schelfs vor, und dies scheint, wie im vorausgehenden Fall, auf das Vorhandensein von Wasser auf einem Niveau weit über dem des Schelfs selbst hinzudeuten.[8]

Die Teilung der Gewässer zwischen den meisten Tälern und Schluchten dieses Gebiets dort, wo keine Schelfe vorhanden sind, vollzieht sich nicht auf einem spitzen Kamm, sondern auf ebenen und oft breiten Landengen ähnlich den gerade beschriebenen. Als Beispiel möchte ich eine lange Engstelle (auf einer Höhe zwischen 1400 und 1500 Fuß über dem Meer) anführen, die zwei Arme des Flusses, der bei Habercalder in das Great Glen mündet und einen Arm des Tarf Water trennt. Eine weitere in größerer Nähe zu Fort Augustus trennt die bei den tiefstgelegenen und nächstgelegenen Seitenarme derselben beiden Flüsse; auch hier fanden sich kaum wahrnehmbare Vorsprünge auf jeder Seite oberhalb des Niveaus der Wasserscheide. Ein kluger Schäfer, der mich begleitete, meinte, diese Geländeform sei überall dort zu finden, wo sich die Wasser dieser bergigen Gegend teilen; und ich selbst konnte mehrere Beispiele dafür beobachten. Schließlich möchte ich, ohne großen Nachdruck auf diesen Punkt zu legen, noch hinzufügen, daß diese *Landengen*, seien sie nun mit den Schelfen verbunden oder nicht, genau das sind, was man von *Landengen* im eigentlichen Sinn – solchen zwischen ausgetrockneten Meeresarmen – erwartet.

Da die Entdeckung von Schelfen oberhalb der Höhe, in der sie bisher beobachtet wurden, ganz klar ein wichtiger Punkt für die Theorie ihres Ursprungs ist, möchte ich den folgenden Fall ausführlich beschreiben. An der Quelle eines schmalen Baches, der bei Kilfinnin in den Kaledonischen Kanal mündet und durch ein Torfmoor – die Wasserscheide, von der bereits die Rede war – vom Wasser des Habercalder getrennt ist, tauchen auf der Nordseite Fragmente eines Schelfs auf. Dieser Schelf ähnelt in jeder Hinsicht denen des Glen Roy; während des Begehens erschien er mir absolut horizontal wie auch

---

[8] Den von Sir Lauder beschriebene Muckul-Paß, der das Wasser des Spean von einem Nebenarm des Spey trennt, habe ich nicht aufgesucht.

bei der Betrachtung von den beiden Endpunkten aus sowie bei der Durchquerung des Tals. Ich führte sodann mehrere Messungen mit dem Höhenbarometer an den entferntesten Punkten durch, und das Quecksilber stand stets auf demselben Hundertstel Zoll. Auf der nördlichen Seite des Tals verläuft der Schelf, der auf einer Höhe mit dem Torfmoor beginnt, das das Wasser teilt, über eine Länge von etwa einer viertel Meile nahezu ununterbrochen; dann verliert er sich in der Vielzahl von Gesteinsbrocken, die den Berg hinuntergestürzt sind, taucht aber nach mehr als einer halben Meile, von seinem Beginn an gerechnet, in Form von zwei oder drei kleinen Vorsprüngen wieder auf. Eine barometrische Messung bestätigte mir, daß diese exakt auf einem Niveau mit dem Anfang des Schelfs oder der Wasserscheide liegen – ein Sachverhalt, der sogar mit bloßem Auge zu erkennen war. Im weiteren verliert sich die Linie in der Felsigkeit der Talflanken. Auf der südlichen und gegenüberliegenden Talseite verläuft eine breite abfallende Terrasse gleicher Höhe über eine Länge von etwa drei viertel Meilen, ist jedoch infolge der sanften Neigung des Bergs nur undeutlich zu erkennen. In ihrem weiteren Verlauf scheint sie zu mehr als einer Terrasse modelliert, die, obgleich undeutlich ausgeprägt, vollkommen horizontal erscheinen, wenn man darauf steht. Zwar sind die Terrassen auf dieser Seite nicht deutlich entwickelt, sicher jedoch ist, daß horizontale Anhäufungen fast auf dem Niveau der Wasserscheide und auf einer Länge von etwa zwei Meilen den Berg entlang verlaufen. Die absolute Höhe dieses Schelfs maß ich mit etwa vierzig Fuß über dem oberen Schelf des Glen Roy und mit 1120 Fuß über dem Loch Lochy bzw. 1202 Fuß über dem Meeresspiegel. Allerdings erheben meine barometrischen Beobachtungen keinen Anspruch auf Genauigkeit. Nachdem ich diesen Schelf von so vielen unterschiedlichen Blickpunkten aus betrachtet habe, bin ich bereit zu behaupten, daß er in jeder Hinsicht ein so typischer Schelf ist wie die Schelfe des Glen Roy; und obwohl seine Fragmente sich über eine Länge von nicht mehr als vielleicht einer halben Meile erstrecken, muß sein Ursprung im Rahmen jeder allgemeinen Theorie der Entstehung der Schelfe so sorgfältig berücksichtigt werden, als wäre er zwanzigmal so lang. Ja, sein diskontinuierlicher Verlauf und seine geringe Länge sind an sich hochinteressant, zeigt uns dies doch, daß hier dieselben Kräfte am Werk waren wie ‚diejenigen, die in die Bergflanken des Glen Roy auf so wunderbare Weise horizontale Linien eingezeichnet haben, wenngleich der Effekt hier eher schwach war. Darüber hinaus sehen wir, daß jeder Beweis für das enorm große Wirkungsfeld dieser Ursachen an Aussagekraft verlöre, wenn die Oberfläche ursprünglich sehr viel felsiger bzw. nicht so stark geneigt gewesen wäre wie heute oder wenn sie der Einwirkung von geringfügig mehr alluvialen Ablagerungen ausgesetzt gewesen wäre.

Ich habe bereits auf das bedeutsame Faktum hingewiesen, das mir Sir David Brewster mitteilte: die Schelfe nämlich, die er im Tal des Spey entdeckte. In Phones, etwa eine Meile vom Truim entfernt und etwa fünf Meilen oberhalb seines Zusammenflusses mit dem Spey, verläuft ein breiter, deutlich ausgeprägter Schelf, den man mit einer Kutsche befahren kann. An den Ufern des Spey, etwa fünfundzwanzig Meilen unterhalb seiner Quelle, verlaufen zwei Schelfe in erhöhter Position zwischen den Burns of Belleville und dem Fluß. Sie sind klein; der obere jedoch ist sehr breit; und sie liegen etwa 800 Fuß über dem Meeresspiegel. Sir David Brewster zufolge scheinen die Schelfe hier wie dort horizontal zu verlaufen und ähneln denen des Glen Roy, obwohl sie viel weniger imposant und symmetrisch sind. Die Tatsache ihrer Existenz an diesen weit entfernten Orten ist, wie wir nachfolgend sehen werden, von größter Wichtigkeit.

Teil II. Zu den Theorien von Sir Lauder Dick und Dr. MacCulloch

Sir Lauder ist der Überzeugung, in jedem Tal, wo wir heute einen Schelf sehen, habe es einst einen See gegeben, der jeweils für sich austrocknete. Im Glen Roy, wo es drei deutlich entwickelte Schelfe gibt (abgesehen von Belleville ist dies der einzige Ort, an dem mehr als einer entdeckt wurde), besitzen die Argumente zugunsten eines Sees in diesem Tal die größte Überzeugungskraft. Ich verzichte auf eine Beschreibung der physischen Besonderheiten des Glen Roy; die beiliegende Karte, die ich mit wenigen Änderungen Sir Lauder Dicks Aufzeichnungen entnehme, veranschaulicht den Verlauf der Schelfe, auch wenn diese in Wirklichkeit natürlich nicht annähernd so kontinuierlich sind wie hier dargestellt. Der untere (972 Fuß über dem Meeresspiegel) folgt fast dem gesamten Verlauf des Spean und des Glen Roy. Die beiden oberen Schelfe finden sich nur im Glen Roy, abgesehen von den beiden kurzen Teilstücken, die sich ins Glen Collarig hinein erstrecken. Würde man diese beiden Linien um den Bohuntine-Berg (am östlichen Eingang des Glen Roy) herumführen, würde dieser Berg isoliert, der untere Schelf dagegen ließe ihn die Form einer Halbinsel gewinnen. Dies zeigt, daß zwei Barrieren nötig wären, um das Glen Roy in Höhe jedes der beiden oberen Niveaus zu einem See zu gestalten: Eine müßte quer über dem Glen Collarig verlaufen, die andere quer über der Mündung des Roy.

Die Linien auf der Karte sind so dargestellt, als wären sie abrupt abgeschnitten, doch dem ist nicht so; und die nachfolgende Bemerkung gilt für andere Fälle: daß nämlich ein Schelf da, wo er ausläuft, ohne daß sich die Beschaffenheit des Hangs verändert – zum Beispiel, wenn er felsig wird &c. –, so extrem langsam verschwindet, daß er, je nach Standort, einmal ein längeres, einmal ein kürzeres Stück weiterverfolgt werden kann.

Die Schelfe an der südöstlichen Seite des Glen Collarig sind dafür ein ausgezeichnetes Beispiel. Auf der Karte sind alle vier Endstücke des unteren der beiden oberen Schelfe länger als die des oberen dargestellt. Bezüglich der Schelfe im Glen Roy berufe ich mich dabei auf Sir Lauder Dick; und was für diese zutrifft, gilt in hohem Maße auch für die beiden im Glen Collarig, die, wie von mir geschildert, so unmerklich verschwinden. Hier kann die untere Linie, wenngleich schwach, bis zu einem Punkt unterhalb der Häuser des Tals weiterverfolgt werden – einem Punkt gegenüber einem kleinen Sturzbach, der einen Nebenfluß bildet – und damit ein gutes Stück weiter (oder näher an der Mündung) als bis dahin, wo der in 972 Fuß Höhe gelegene Schelf den Talboden schneidet. Beobachtet man im Glen Collarig das langsame Verschwinden beider Linienverläufe und konzediert man, daß die Beschaffenheit des Bodens nicht die geringste plausible Ursache dafür bietet, so ist die erste und naheliegende Vermutung, daß sich vom Spean aus eine ausgedehnte

Wasserfläche in das Glen Roy und das Glen Collarig erstreckt haben muß und daß allein schon die Erweiterung der Mündungen des letzteren bei ihrer Annäherung an die weniger geschützte Wasserfläche des Spean die Ansammlung von Geröll und somit die Entstehung der Schelfe zunehmend weniger begünstigte. Diese Ansicht wird durch die größere Länge der unteren gegenüber der oberen Linie in beiden Fällen sehr bestätigt; denn natürlich wirken sich die mutmaßlich ungünstigen Voraussetzungen für die Bildung von Schelfen – die zu große Breite und Ungeschütztheit der Wasserfläche, deren Strand sie bildeten – auf deren Verlauf aus, wenn das Wasser auf dem höheren Niveau weiter von der Hauptwasserfläche entfernt oder weiter talaufwärts stand, als wenn es le-diglich ein niedrigeres Niveau erreichte. Man kann jedoch argumentieren (und der Hypothese eines einstigen Sees im Glen Roy folgend, muß man dies zwingend tun), daß das Endstück dieser Linie – da ja die höher gelegene Linie die ältere ist – früher jenen Kräften erlag, die die Oberfläche des Geländes veränderten. Diese Ansicht jedoch wird nicht bestätigt, wenn man das restliche Tal untersucht, da die beiden Schelfe über die gesamte Länge des Tals hinweg gleichermaßen gut erhalten sind. Daraus müssen wir folgern, daß wir entweder heute die Schelfe so sehen, wie sie ursprünglich von der Wasserfläche hinterlassen wurden, oder daß – wenn die zwei oberen Schelfe beiderseits der beiden Täler ursprünglich gleich lang waren – die Kräfte, die die Oberfläche in geringem Umfang zu glätten trachten (die Existenz der Schelfe beweist ja, daß keine großen Veränderungen stattfanden), in diesem Gebiet mit absolut *perfekter Gleichförmigkeit* wirksam waren. Des weiteren ist anzumerken, daß da, wo heute ein kleiner Wasserlauf einen Schelf schneidet und aufgrund seiner Größe die Wahrscheinlichkeit besteht, daß er vorzeiten Geröll zu der einstigen Wasserfläche transportierte, entweder die größere Breite eines Schelfs oder ein kleiner Vorsprung an dieser Stelle belegen, daß dies einmal der Fall war; zugleich ist das ein Beweis dafür, wie perfekt die Geländeoberfläche erhalten geblieben ist. Besondere Aufmerksamkeit widmete ich nun der folgenden Beobachtung: daß nämlich an beiden Seiten des Bohuntine-Bergs und an den gegenüberliegenden Bergen, wo die Schelfe enden, nicht die kleinste Veränderung in der Zusammensetzung oder in den Konturen der glatten, gerundeten Oberflächen zu sehen ist. Doch genau dort, wo die Linien unmerklich verschwinden – genau an diesen Berghängen, wo die kleinen Deltas der alten Wasserläufe bis heute erhalten sind; in diesem Gebiet, wo wir mit der größeren Länge des unteren gegenüber dem oberen Schelf in den vier Fällen den überzeugendsten Beweis für das Wirken absolut gleichförmiger Kräfte haben, und zwar entweder bei der Bildung der Schelfe oder bei deren Zerstörung; genau dort, wo das Gefälle der grasbedeckten Berge ununterbrochen verläuft und keine Reste irgendeiner vorspringenden Masse vorhanden sind – genau da müßten der Theorie zufolge die beiden gewaltigen Barrieren gestanden haben, die aus dem Glen Roy den vermuteten Loch Roy machten.

So wichtig es ist, zu zeigen, daß ein solcher See gar nicht existiert haben kann, müssen wir trotz größter Schwierigkeiten vorerst doch davon ausgehen, daß die zwei Barrieren existierten. Zunächst sei angemerkt, daß sich der Damm im Glen Collarig aufgrund der Länge des mittleren Schelfs nicht an jener einzigen Stelle befunden haben kann, die infolge der Bodenbeschaffenheit als auch nur halbwegs wahrscheinlich vorgegeben ist:

nämlich an der Stelle, wo sich die Gewässer teilen; wir müssen vielmehr annehmen, daß diese Barriere das Tal ein Stück weit von dem Einschnitt entfernt durchzog, wo das Tal unterhalb des oberen Schelfs eine Tiefe von mehr als 300 Fuß hat. Nehmen wir an, daß aus dem Glen Roy ein See geworden ist, dessen Abfluß in die entgegengesetzte Richtung erfolgte – das Wasser also durch den Spey zur Ostküste Schottlands floß –, und daß eine der beiden Barrieren, sagen wir, die kleinere im Glen Collarig, nach einem Erdbeben oder aus einem anderen Grund wegbrach. Dann befindet sich jetzt der See, falls die Barriere zweiundachtzig Fuß vertikal eingebrochen ist, auf dem Niveau des mittleren Schelfs. Nehmen wir an, sie wäre erneut gebrochen, diesmal um sehr viel mehr als 212 Fuß vertikal, so daß der größere See, der Sir Lauders Hypothese zufolge das Tal des Spean auf dem Niveau des 972 Fuß hoch gelegenen Schelfs ausfüllte, mit einem Seitenarm ein kleines Stück weit in das Tal hinein vordrang (wie es der heute hier vorhandene Schelf zeigt), oberhalb der Stelle, wo sich die Barriere befand. Wenn wir also annehmen, daß sich alles so zugetragen hat, steht immer noch ein fast eine Meile langer und 800 Fuß hoher Damm über der Mündung des Roy. Müssen wir davon ausgehen, daß jedesmal, wenn die Barriere im Glen Collarig nachgab, diejenige des Glen Roy durch einen merkwürdigen Zufall *ebenso viele Fuß* absank? Oder müssen wir folgern, daß eine schreckliche Katastrophe in späterer Zeit, die mit dem Trockenfallen des Sees, dessen Wasser durch den bereits vorhandenen Durchbruch abfloß, in keinem Zusammenhang steht, die zweite Barriere, die *über Wasser* stand, (teilweise oder vollständig) zerstörte, ohne daß auch nur die geringste Spur davon erhalten blieb oder die glatte Decke der alluvialen Sedimente der steilen Hänge in Mitleidenschaft gezogen wurde? Der 972 Fuß hoch gelegene Schelf verläuft entlang der Flanken des Spean-Tals und des Glen Roy, und man mutmaßt, er habe sich durch einen See gebildet, der durch eine Barriere abgegrenzt war, die sich über eine Länge von mehreren Meilen bei Highbridge quer über die Mündung des Spean erstreckte. Dieser Schelf verläuft ohne Unterbrechung und in seiner gewöhnlichen Breite beiderseits des Glen Roy und des Glen Collarig in genau jenem Teil, wo die Barrieren des Loch Roy, falls sie je existiert haben, das Tal geschnitten haben *müssen;* folglich muß die mächtige Basis dieser gewaltigen Barrieren vollständig oder wenigstens teilweise zerstört worden sein, als diese in den Tiefen des mutmaßlichen Loch Spean versanken; und dies muß so vollständig geschehen sein, daß auf dem glatten Berghang keine Spur von ihnen erhalten ist, nicht einmal in Form einer Verbreiterung des Schelfs; und ebensowenig gibt es Spuren dort, wo sich die zweite Barriere befand, die abgetragen worden sein muß, als er über Wasser lag.[9] Und all das soll ausgerechnet auf

---

[9] Ich hielt es nicht für der Mühe wert, alle erdenklichen Fälle dieser Hypothese im einzelnen zu erörtern, und habe nur den naheliegenden Fall herausgegriffen, den Sir Lauder annahm. Wenn jemand die Kühnheit besitzt, das Dunkel vergangener Zeiten lichten zu wollen und die Überzeugung darzulegen, daß die breite Barriere des Spean zeitlich nach der Zerstörung der beiden Barrieren des Glen Roy entstanden ist und gänzlich zerstört wurde, so besitzt der Einwand, der sich auf die gleichmäßige Breite des 972 Fuß hoch gelegenen Schelfs an der Stelle stützt, wo einst der Damm des Loch Roy gewesen sein muß, weniger Gewicht; die anderen Punkte der Beweisführung jedoch bleiben gültig. Auch bezüglich der Hypothese im Text habe ich nicht alle Möglichkeiten erörtert, die zur Zerstörung der Fundamente der Barrieren des

den Bergen stattgefunden haben, deren landschaftliche Besonderheiten, wie ich gezeigt habe, so wunderbar erhalten geblieben sind und wo die von den Wellen des einstigen Wassers umspülten Gesteinsblöcke deutlich von jenen unterscheidbar sind, die seither heruntergefallen sind. Folglich zögere ich nicht zu sagen, daß das freie Spiel der Phantasie kaum stichhaltigere Beweise für die Nichtexistenz eines mutmaßlichen Loch Roy hätte ersinnen können als die, die als lesbare Zeichen auf den Hängen dieser Berge zu sehen sind.[10]

Dieselben Gründe, die die Existenz eines Sees im Glen Roy so äußerst unwahrscheinlich machen, gelten – mit kaum geringerer Überzeugungskraft – auch für sämtliche vermeintliche Seen in den anderen Tälern. Wenn wir *Loch* Roy aufgeben, steuern wir daher unwillkürlich auf die von MacCulloch vorgetragene Theorie zu, die besagt, daß alle Täler, in denen heute Schelfe vorhanden sind, einst einen einzigen großen See bildeten; doch damit stürzen wir nur in noch größere Schwierigkeiten. Denn erstens sind aufgrund der Beschaffenheit der Berge vier gewaltige Eindämmungen erforderlich, damit ein solcher See überhaupt entstehen kann:[11] einer weit unten quer über dem Tal des Spey, zwei an weit entfernten Punkten über dem Great Glen of Scotland und ein vierter über der Mündung des Loch Eil; wie MacCulloch darlegt,[12] ist letzterer aufgrund der Beschaffenheit des Great Glen in diesem Abschnitt notwendig. Man kann getrost behaupten, daß unwahrscheinlichere Gegebenheiten in ganz Schottland fast nirgendwo vorstellbar sind. Ist es etwa unsinnig zu fragen, ob diese Barrieren aus Gestein oder aus alluvialen Sedimenten bestanden? Waren sie aus Gestein, so verliefen sie quer zu jeder Berglinie in diesem Teil des Landes; waren sie aus alluvialen Sedimenten, müssen wir einen beispiellosen Fall annehmen; denn wo in der ganzen Welt gibt es auch nur einen einzigen Damm von einer Meile und mehr Länge und 1200 Fuß Höhe, bestehend aus unverfestigtem, vom Wasser bearbeitetem Material? Zweitens vermag die Theorie eines einzigen großen Sees die auffällige Koinzidenz zwischen den Schelfen und den Wasserscheiden nicht überzeugend zu erklären. Drittens, wenn nach dem Bruch eines dieser Dämme das Niveau des Sees von einem auf einen anderen Schelf gefallen ist, zwingt die Hypothese (wie beim *Loch* Roy) zu der Annahme, daß die drei anderen Barrieren, die

---

Loch Roy geführt haben könnten – entweder, als Loch Roy selbst oder Loch Spean austrocknete, oder zu einem späteren Zeitpunkt, ausgelöst durch unbekannte Ursachen im Zusammenhang mit dem Wasserabfluß aus den mutmaßlichen Seen.

[10] Man sollte nicht vergessen, daß es viel einfacher ist, etwas zu behaupten, als etwas zu widerlegen. Wenn zur Erklärung eines Phänomens behauptet wurde, daß die Themse bei London einst von einem mehrere hundert Fuß hohen Damm durchschnitten wurde, von dem nicht behauptet wird, daß sich bis heute irgendwelche Spuren erhalten haben, ist nur schwer vorstellbar, wie ein Beweis aussehen könnte, der diese Hypothese als falsch entlarvte, solange sich nur irgend jemand bereit erklärt, eine solche Behauptung zu vertreten.

[11] Ich möchte hinzufügen, daß stets dieselbe Anzahl von Barrieren erforderlich ist, ob wir nun die Existenz von ein, zwei, drei oder ebenso vielen Seen wie Tälern annehmen; und der Einwand gegen MacCullochs Hypothese eines einzigen Sees und gegen Sir Lauders Hypothese getrennter Seen gilt für jede Hypothese, die von einer dazwischenliegenden Anzahl von Seen ausgeht.

[12] *Geological Transactions*, Bd. IV, S. 378.

hoch, trocken und mehrere Wegstunden voneinander entfernt lagen, durch eine unbekannte, auf unbekannte und kaum vorstellbare Art und Weise wirkende Kraft von den glatten Bergflanken hinweggefegt wurden, ohne daß irgendeine Spur davon geblieben ist; sogar MacCulloch gibt offen zu, daß die Dämme mit ebenso großer Wahrscheinlichkeit (ich würde sagen, Unwahrscheinlichkeit) hier oder dort gelegen haben könnten. Und man darf nicht vergessen, daß diese gewaltigen Kräfte an den Randzonen jenes weiträumigen Gebiets am Werk gewesen sein müssen, in dem wir überall höchst wunderbare und unzweideutige Belege für den vollständigen Erhalt der Geländeoberfläche haben, wie sie in einem Zeitraum lange vor Abtragung (falls eine solche überhaupt stattgefunden hat) der Barriere der tieferen Seen beschaffen war. Ich behaupte unumwunden, daß diese Schwierigkeit allein ausreicht, um die Theorie von einem einzigen großen See zu widerlegen: Sir Lauders Theorie ist, wie wir gesehen haben, gleichfalls unhaltbar. Es erübrigt sich also fast hinzuzufügen, daß die Entdeckung des Schelfs in Kilfinnin (und wahrscheinlich auch der Schelfe im Tal des Spey) die Schwierigkeiten nur noch vervielfältigen; denn das Kilfinnin-Tal ist fast ebenso breit wie lang, was für die eine Theorie dieselben Konsequenzen hat wie die niedrige Lage der gegenüberliegenden Seite des Great Glen für die andere. Wenn man aber beide Theorien verwirft, heißt das nichts anderes, als daß keine Hypothese, die von der Existenz einer ausgedehnten und von *Dämmen* umgrenzten Wasserfläche – also eines Sees – ausgeht, das Problem des Ursprungs der »Parallelstraßen von Lochaber« lösen kann.

Teil III. Beweise für den Rückzug einer Wassermasse aus den zentralen Teilen Schottlands und für die Annahme, daß es sich hierbei um diejenige des Meeres handelte

Nach Erörterung dieser Ansichten, denen nicht zugestimmt werden kann – eine Methode der Beweisführung, die immer höchst unbefriedigend, in diesem Fall jedoch wegen des hohen Ansehens derer, die sie vorgetragen haben, notwendig ist –, werde ich weitere Phänomene betrachten, die vielleicht ein Licht auf den Ursprung der Schelfe werfen. Von dem Punkt, wo das Tal des Spean in das Great Glen of Scotland einmündet, bis dorthin, wo es den Roy aufnimmt, ist es breit und der Boden einigermaßen eben. Das feste Gestein wird fast überall von unregelmäßig horizontalen Schichten aus Kies, Sand und Schlamm überdeckt, bis auf die Stellen, wo der Fluß sich selbst eine Schlucht gegraben hat. Große Teile dieser Schichten wurden entlang der Talmitte abgetragen, trotzdem zeigen der Saum oder die Linie der Terrassen, die die Talflanken säumen, daß der Boden ursprünglich eine glatte, konkav geformte Oberfläche gebildet haben muß, die in Richtung der Talmündung geneigt war. Mehr oder weniger vollkommen erhaltene Teile dieser Ablagerungen lassen sich den Lauf des Roy entlang und die höheren Teile des Spean hinauf, wo das Tal nicht zu felsig oder zu eng ist, bis unweit des Loch Laggan verfolgen. Dieser See befindet sich nur geringfügig unterhalb des 972 Fuß hoch gelegenen Schelfs; und um der Unabhängigkeit des Arguments willen, das sich aus den im folgenden vorgetragenen Fakten ableitet, möchte ich zunächst nur den Teil des Geländes betrachten, der unterhalb des Niveaus jenes Schelfs liegt. Diese unregelmäßig geschichteten Lagen unweit der Spean-Mündung erreichen eine Dicke von mehreren hundert Fuß, und sie bestehen aus Sand und Kieselsteinen, die vielfach vom Wasser perfekt rundgeschliffen wurden. Höher das Tal hinauf, bei der Brücke von Roy, scheint die Dicke vor der Abtragung der zentralen Teile etwa sechzig Fuß betragen zu haben, obwohl die Dicke natürlich je nach den ursprünglichen Unregelmäßigkeiten des felsigen Talbodens schwankt. Man kann nun die Frage stellen, durch welche Kraft diese schräg abfallende Schicht vom Wasser bearbeiteten Materials entlang des Tals abgelagert wurde. Die Existenz der horizontalen Schelfe beweist, daß das relative Niveau oder Gefälle des Geländes unverändert blieb, seitdem das Gebiet zum letzten Mal von Wasser bedeckt war; deshalb können wir sicher davon ausgehen, daß die Tatigkeit der Flüsse, soweit sie durch deren Gefälle bestimmt wird, seit jener Zeit gleich geblieben ist – mit Ausnahme jener Veränderung, die sie in ihrem eigenen Bett bewirkt haben. Wir wissen, daß es hier keine Achse der Erdbewegungen gab, in der ein Teil immer einen Fuß höher und ein anderer ein paar Zoll weniger stieg; daß aber das gesamte Flußsystem ungestört die Zeit überdauerte und nur seinen eigenen Gesetzen der Veränderung unterworfen war. Dies ist ein Umstand, der die Untersuchung dieses Gebiets so einzigartig interessant macht. Wenn wir nun irgendeinen Abschnitt dieser Flüsse betrachten, beispielsweise den Roy oberhalb seines Zusammenflusses mit dem Spean, sehen wir, daß er eine schmale, steile, an vielen Stellen zwischen zwanzig und dreißig Fuß tiefe Schlucht in das feste Gestein eingeschnitten hat, während, wie oben erwähnt, auf beiden Seiten Reste einer fortlaufenden Kiesschicht von mindestens sechzig Fuß Dicke erhalten sind. Diese Schichten wurden mit Sicherheit von der schnellen Strömung des Wassers abgelagert, nicht jedoch von einer überwältigenden Katastrophe, wie man sie aus der quer gestellten Schichtung und alternierenden Lagen feinen und groben Materials ableiten könnte. Wenn man den offenkundigen Bezug von Dimension und Materialien erkennt, der zwischen diesen Ablagerungen und den Tälern, in denen sie zu finden sind, existiert, kann es kaum noch einen Zweifel geben, daß die Ablagerungen, aus denen sie bestehen, von den noch heute existierenden Flüssen transportiert wurden. Sollten wir aber annehmen, daß der Fluß, wie es beim Roy der Fall ist, in seinem gesamten Lauf zunächst diese Schichten übereinander ablagerte und damit sein Bett sechzig Fuß über das feste Gestein hinaus erhob, und dann plötzlich, ohne die geringste Veränderung des Gefälles, nicht nur das zuvor abgelagerte Material abtrug, sondern, als er wieder sein altes Niveau erreicht hatte, in genau entgegengesetzter Weise wirkte und einen tiefen Kanal in das lebende Gestein schnitt? Sicher wäre eine solche Annahme inakzeptabel; und was auch immer der Fluß an solchem vom Wasser bearbeiteten Material angehäuft hatte, so muß sich (die jährlichen jahreszeitlichen Schwankungen nicht berücksichtigend) seine Kraft in höchst bedeutsamer Weise von dem Moment an verändert haben, da er kein Material mehr anhäufte, sondern anfing, es fortzuschaffen.

Man könnte vielleicht denken, daß die bloße Vertiefung des Flußbetts unweit der Talmündung (ein Effekt, der sich talaufwärts langsam fortsetzte) den Unterschied zwischen der gegenwärtigen und der früheren Tätigkeit des Flusses verursacht haben könnte. Aber es ist nicht schwierig, sich in seiner Phantasie statt dessen das feste Gestein im Flußlauf des Spean vorzustellen; und obwohl auf diese Weise ein paar kleine Seen entstehen, wird das durchschnittliche Gefälle von der gegenwärtigen Neigung nicht stark abweichen, und diese Neigung, die wir heute sehen, reicht aus, damit der Fluß eine tiefe Schlucht in das feste Gestein schneidet; und daher ist evident (wenngleich ich mir bewußt bin, daß sich dieses Argument ohne Messung des tatsächlichen Gefälles auf den bloßen Augenschein stützen muß, dem nicht generell zu trauen ist), daß eine Veränderung dieser Art vollkommen unzureichend wäre, um die Wirkkräfte des Flusses umzukehren, wie es hier der Fall zu sein hätte. Natürlich dürfen wir in unserer Vorstellung nicht zur gleichen Zeit jene unverfestigten Ablagerungen, deren Ursprung wir hier erörtern, verschieben; sonst müßte sich die Neigung des Flußbetts zweifellos gewaltig ändern; obwohl ich selbst in diesem Fall sehr bezweifle, daß der Fluß seine Geschwindigkeit so stark verlangsamen würde, daß er Material auf der Höhe ablagerte, wo wir es heute finden. Einiges an Widerstand gegen die Transportkraft des Flusses müßte dann auf einer ganzen Reihe und gegebenenfalls auf jedem nachfolgenden Level wirksam gewesen sein. Wenn wir – rein hypothetisch, bedenken, was resultieren würde, wenn ein Fluß über einen solch langen Zeitraum Ablagerungen in einem See deponierte, dessen Niveau aufgrund der Erosion im Mündungsbereich kontinuierlich sinkt, wäre das Resultat die Entstehung einer sanft abfallenden Oberfläche am Mündungseingang. Je tiefer aber eine Barriere eingeschnitten wäre und je mehr der See absinkt, desto schneller fließt der Fluß an der Stelle, wo er bei seinem Zusammentreffen mit dem stehenden Gewässer einstmals gebremst wurde; und damit durchschneidet er dann die Schichten, die er zuvor abgelagert hat. Der Saum grob geschichteter alluvialer Sedimente, dessen Ursprung wir hier erörtern, ähnelt in Aufbau und Zusammensetzung den Geröllschichten, die sich an den Ufern eines Sees abgelagert hätten, wenn in diesen Tälern ein solcher See existiert hätte. Mit der Annahme, daß tatsächlich eine zurückweichende Wasserfläche dieses Tal ausgefüllt hat – ein oder mehrere Seen, deren Eingrenzungen immer weiter abgetragen wurden, bzw. ein Meeresarm, wobei das allgemeine Niveau des Ozeans im Verlauf einer langsamen Hebung des Landes konstant blieb (wie heute bei den skandinavischen Fjorden) –, lassen sich alle Phänomene an den Talflanken des Spean und des Roy erklären; und da es, soviel ich sehe, keine andere Erklärung dafür gibt; ist es diese Hypothese wert, anerkannt zu werden.

Vielleicht hätte ich schon früher erwähnen sollen, daß diese Ablagerungen nicht entstanden sein können, als das Tal bis zum Niveau der Schelfe mit Wasser gefüllt war; denn das Geröll hat die Beschaffenheit von Material, das in seichtem Wasser angehäuft wird, und die Schichten stoßen abrupt gegen die Bergsockel, statt sich mit den alluvialen Sedimenten auf der Oberfläche der Berge zu vermischen, wie es zwangsläufig geschehen wäre, wenn das Ganze gleichzeitig am Grund eines einzigen Beckens abgelagert worden wäre.

Die Schlußfolgerung, daß diese Täler von einer sinkenden Wasserfläche bedeckt waren, ergibt sich deutlicher aus einer in gewisser Hinsicht anderen Klasse von Fakten. Ich sagte vorhin, daß da, wo ein Wasserlauf einen Schelf schneidet, insbesondere den niedriger gelegenen, ein schräg gekappter Absatz, dessen Form auf dem Holzschnitt Nr. 1 [Abb. 1] durch eine gepunktete Linie dargestellt ist, aus der Bergflanke vorspringt. Es ist vollkommen klar, daß diese Vorsprünge entstanden sind, als der Schelf noch ein Strand war, und daß der Wasserlauf heute nur noch in der Weise wirkt, daß er das abträgt, womit er in Berührung kommt. An einigen Stellen, wo die Vorsprünge einigermaßen deutlich entwickelt sind, erkennt man am Berghang kleinere in geringerer Höhe, die aus demselben unregelmäßig geschichteten, vom Wasser bearbeiteten Material bestehen und fast dieselben Konturen aufweisen, wenngleich mit keinem Schelf verbunden. Beispiele für diese Struktur finden sich an der Ostseite des Glen Roy; an der Südseite des Spean und zwischen Loch Treig und der Brücke von Roy wurden gewaltige Mengen perfekt gerundeter Kiesel aufgehäuft, wie sie an einem Meeresstrand zu finden sind. Die innere Struktur entspricht in diesem Fall der äußeren Form, wie das beigefügte Schaubild [Abb. 3] zeigt, wo stark geneigte Schichten aus Sand und gro bem Kies von anderen, unregelmäßig geformten Schichten derselben Zusammensetzung überlagert werden, die nur leicht geneigt sind. In allen diesen Fällen, wo die abgeflachten Vorsprünge an steilen Hängen zu finden sind, schafft (wie nicht anders zu erwarten) der Wasserlauf unablässig Material fort und fügt dem aufgehäuften Material so keinen einzigen Kieselstein hinzu. Niemand wird bestreiten, daß diese Vorsprünge, die nur Verlängerungen einer Schelflinie sind, am Rand einer Wasseroberfläche entstanden (deren Strand der Schelf war) und sich daraus die Wahrscheinlichkeit ergibt, daß die anderen Vorsprünge von ähnlicher äußerer Form und Zusammensetzung, auch wenn sie auf einer anderen Höhe vorkommen, einen ähnlichen Ursprung haben. Dieses Argument wird noch durch einen anderen Aspekt gestützt: Betrachtet man den Verlauf eines dieser Wasserläufe, und vergleicht man damit Größe und Position der übereinanderliegenden Vorsprünge, so zeigt sich, daß das Material, aus dem sie gebildet sind, durch die Tätigkeit dieses Wasserlaufs akkumuliert wurde, wobei es gleichzeitig undenkbar ist, daß die Vorsprünge (besonders in dem in Schaubild 3 dargestellten Fall) an dem steilen Hang durch eine Kraft hinterlassen worden sind, die auch heute noch unablässig wirkt und aufgrund ihrer Abwärtsbewegung Material mit sich fortreißt. Man muß daher zu der Tätigkeit der Flüsse zwingend eine zusätzlich wirkende oder modifizierende Kraft ins Spiel bringen; im Falle der mit den Schelfen verbundenen Vorsprünge steht zweifelsfrei fest, welche zusätzlich wirkende Kraft dies gewesen ist; sollen wir also eine *vera causa* zurückweisen und eine andere suchen, falls eine solche überhaupt zu finden ist? Doch gewiß nicht; und die Schlußfolgerung lautet unvermeidlich, daß eine ausgedehnte Wasserfläche auf ebenso vielen Niveaus gestanden haben muß, wie es Vorsprünge gibt, und damit wird Schritt für Schritt der gesamte Raum zwischen dem Talboden und dem unteren Schelf vereinnahmt. Nicht zuletzt aus der Menge des akkumulierten Materials müssen wir folgern, daß der Wasserspiegel über eine nicht unbeträchtliche Zeitspanne hinweg auf diesen Niveaus gestanden haben muß, wenn auch weniger lang auf den Niveaus, die niedriger sind als der Schelf in 972 Fuß Höhe.

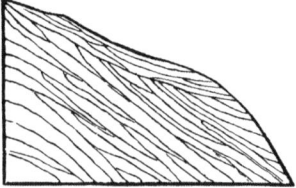

Abb. 3: Innerer Aufbau kleiner Vorsprünge.

Ja, ich möchte sogar behaupten, daß in jedem der Täler (bei einem konstanten relativen Niveau des Geländes) schon ein einziger Vorsprung aus einem Material, das nicht massenhaft den Berg hinuntergerutscht und aufgrund der Querschichtung und dem Wechsel feiner und grober Lagen auch nicht durch eine Katastrophe abgelagert worden sein kann, zeigt, daß das Tal einst bis zu dieser Höhe teilweise oder ganz mit dieser Art Material gefüllt gewesen sein muß; und wenn die Masse zu dick ist oder sich zu weit oben an den Talflanken befindet und somit eine Ablagerung durch die Flüsse, die heute in dem Tal fließen, ausgeschlossen ist (wobei die Strömungsgeschwindigkeit der Flüsse durch die Korrosion ihres eigenen Betts bestimmt wird), läßt sich die Bildung solcher Vorsprünge nur mit der Annahme einer dauerhaft vorhandenen Wasseroberfläche auf ihrem Niveau erklären, sei es ein zeitweiliger See oder ein Meeresarm. Solche vorspringenden Massen sind nun an den Seiten der meisten Nebenflüsse der Täler extrem häufig zu finden. Aus der Betrachtung sowohl der übereinandergeschichteten alluvialen Sedimente am Boden der Haupttäler, deren Ablagerung durch die Flüsse unter den heute existierenden Bedingungen kaum glaubhaft ist, wie auch der Vorsprünge an den Bergflanken, die ebensowenig durch die heutigen Wasserläufe gebildet worden sein können, leite ich den überzeugenden Beweis ab, daß das Tal des Spean und das Tal des Roy von einer ausgedehnten Wasserfläche bedeckt waren, die sich langsam immer weiter zurückzog und fast überall unzweideutige Belege dafür hinterlassen hat, daß das von einer Strömung mitgerissene Material abgebremst wurde, als es die Oberfläche stehenden Wassers ganz oder annähernd erreichte.

Bisher habe ich meine Beweisführung auf das Tal des Spean und seine Nebenflüsse und auf jenen Teil davon beschränkt, der unterhalb des unteren Schelfs liegt; ich möchte aber hinzufügen, daß aus den bisher angeführten Belegen (ich beziehe mich insbesondere auf mehrere Vorsprünge oberhalb des 972 Fuß hoch gelegenen Schelfs nordöstlich der Häuser des Glen Turet und auf einen Schelf zwischen den beiden oberen, Tombhran) geschlossen werden kann, daß auch auf einer Höhe oberhalb der bisher betrachteten sowie auf anderen Niveaus außer den durch die drei Schelfe selbst bezeichneten im Glen Roy lange Zeit Wasser war. Andere Täler in diesem Teil des Gebiets weisen ähnliche Phänomene auf. An den Talflanken des Tarf Water zum Beispiel, der in den Loch Ness fließt (auf einer Höhe von etwa 1000 Fuß unweit der Brücke, wo die Straße nach Garviemore den Fluß kreuzt), sind große kegelförmige Haufen vorhanden, deren Spitze von einer groben Terrasse abgeschnitten ist, welche aus unregelmäßigen Schichten sehr gut gerundeter Kieselsteine, Sand und tonhaltiger Erde gebildet ist. Einige der Schichten aus

Sand und feinem Kies waren gewellt, jedoch nur leicht geneigt; und diese Struktur sowie auch ihre Zusammensetzung läßt keinen Zweifel daran, daß sie durch die Strömung des Wassers an ihren heutigen Standort verfrachtet wurden. Darüber hinaus ist das Great Glen, mit Ausnahme des mittleren Abschnitts, wo sich der Fluß ein breites Bett gegraben hat, bei Fort Augustus mit unregelmäßigen, etwa dreißig Fuß dicken Schichten aus Sand, Gries und grobem Kies gefüllt. Die Sandschichten weisen ein regelmäßiges Wellenmuster auf wie die Rippeln des Gezeitenbereiches. Diese Schichten liegen etwa siebzig Fuß über dem Meer; Säume ähnlicher Ablagerungen verlaufen heute mit Unterbrechungen beiderseits des Great Glen, jedoch, soweit ich beobachten konnte, nicht in einer Höhe von mehr als 100 Fuß, also nicht höher als die Wasserscheide dieses großen Tals – ein Faktum, das in gewisser Hinsicht analog ist zur Übereinstimmung des Niveaus der echten Schelfe oder Straßen mit dem Niveau der Taleingänge, in denen sie zu finden sind. Ausgedehnte Ebenen am südwestlichen Ende des Great Glen, fast gegenüber dem Loch Leven, erscheinen aus der Ferne betrachtet ähnlich beschaffen und wurden in einem Abschnitt zu zwei fast regelmäßigen übereinanderliegenden Terrassen modelliert. Einen ähnlichen Aufbau kann man in einem Abschnitt zwischen Loch Eil und Loch Lochy beobachten; und er läßt sich nur dadurch erklären, daß über einen langen Zeitraum hinweg nacheinander auf verschiedenen Niveaus Wasser gewesen ist.

An weiter entfernt gelegenen Stellen, im breiten Tal unterhalb des Loch Tulla (einem Zulauf des Loch Awe; und der Bach, der diesen See verläßt, ergießt sich in den Loch Etive) verweisen undeutlich ausgeprägte Gebilde darauf, daß der Talboden einst mit Schichten alluvialer Sedimente bedeckt war. Am Fluß Tay bei Loch Dochart ist dieses Phänomen deutlich entwickelt. Auf der südlichen Seite befindet sich ein etwa 150 Fuß hoher, langgestreckter Hügel oder eine Terrasse, vollständig aus Schichten gut gerundeter Kieselsteine, vermischt mit gelbem sandigem Ton, gebildet. Von hier aus bis nach Tyndrum (in einer Höhe zwischen 400 und 500 Fuß über dem Meeresspiegel) gibt es ähnliche Bänke aus von Wasser bearbeitetem Material, und an mehr als einer Stelle entdeckte ich einen feinen weißen Sand wie von einer Meeresküste. Beiderseits des Tals, an der Stelle, wo es sich bei Tyndrum teilt, ist eine breite Fläche mit niedrigen Bergkämmen und oben abgeflachten Bergen gleicher Höhe bedeckt, die den Eindruck vermitteln, das gesamte Areal sei einst mit diesen Ablagerungen bedeckt gewesen. Viele Beobachter verwiesen auf die Terrassen und Plattformen von Strathmore an den Flanken des kleinen benachbarten Tals des Dighty in Richtung Tay-Mündung. Mr. Blackadder schreibt in einem Brief an Mr. Lyell: »Ein schmaler Pfad aus Kies, manchmal in Gestalt von Plattformen, manchmal von kleinen Hügeln und in ihrem Erscheinungsbild denen von Strathmore ähnlich, erstreckt sich bis in eine Höhe von etwa 600 Fuß; und auf der südlichen Seite der Sidlaw Hills finden sich vereinzelte Flächen in noch größerer Höhe.« Äußerungen MacCullochs und anderer machen mich glauben, daß Lagen ähnlichen, unregelmäßig übereinandergeschichteten Materials an den Flanken fast aller Täler Schottlands vorhanden sind. In Fällen wie dem Loch Dochart sind keine horizontalen Schelfe oder alten Strände erhalten, und deshalb fehlen Belege dafür, daß das relative Niveau des Gebiets seit der Zeit, da es von den ersten Wasserläufen durchflossen wurde, unverändert geblieben ist; und deshalb ist auch nicht absolut sicher, ob nicht die heutigen Flüsse mit ihrem grundverschiedenen Gefälle in ihrem Unterlauf die groben Schichten ablagerten und sie anschließend mit veränderter Geschwindigkeit durchschnitten. Da wir jedoch wissen, daß in keiner großen Nachbarregion eine derartige Veränderung stattfand und da solche Bewegungen den Wasserabfluß unterschiedlich verlaufender Täler kaum derart beeinflußt haben, können solche Zweifel beiseite geschoben werden. Und deshalb möchte ich das Argument von vorhin wiederholen, daß nämlich das vom Wasser bearbeitete Material offensichtlich von den heutigen Flüssen transportiert wurde, obwohl es in einer Weise abgelagert wurde, die ohne eine zusätzlich wirkende Kraft nicht plausibel ist. Das Phänomen verlangt eine Erklärung; und die einzig einleuchtende Erklärung ist jene, die durch eine Reihe mehr oder weniger unabhängig voneinander angestellter Überlegungen im Fall des Spean belegt ist: daß nämlich das Tal von einer allmählich sinkenden Wasserfläche bedeckt gewesen sein muß, entweder von einem See oder von einem Meeresarm. Diese Schlußfolgerung kann mit kaum verminderter Überzeugungskraft für viele, wenn nicht für alle Täler in diesem Teil Schottlands gelten.

Fragt sich nur, was für eine Art von Wasserfläche das eigentlich war. Wenn wir annehmen, über der Mündung jedes einzelnen Tals habe es einen Damm gegeben, so daß sich ein See bilden konnte, der infolge der zunehmenden Absenkung dieser Talmündung sank, wären alle oben beschriebenen Phänomene erklärt. Es ist schon ungeheuerlich, davon auszugehen, daß die Mündung eines einzigen Tals durch einen gewaltigen Damm abgeriegelt wurde; sich dies bei allen Tälern vorzustellen, wäre jedoch ein Unding. Ich brauche nicht zu sagen, daß es in dem Gebiet, das wir hier betrachten, keine Spuren solcher Dämme gibt, und ich brauche auch nicht zu wiederholen, was ich be reits gegen die unsinnige Vermutung vorgebracht habe, diese Dämme seien im Zuge einer gewaltigen Katastrophe hinweggefegt worden, ohne daß auch nur die geringste Spur von ihnen erhalten blieb, während der vollständige Mantel alluvialer Sedimente dieser Flanken aus der Zeit bewahrt ist, da die oberen Schelfe Strände bildeten; und ich möchte hinzufügen, daß ich nachfolgend mit den klarsten Beweisen belegen werde, daß die normale alluviale Tätigkeit und auch die Tätigkeit des fließenden Wassers, selbst unter den allergünstigsten Bedingungen eines Wasserfalls, weit weniger effizient war, als man erwarten könnte.

Man könnte aber fragen, ob nicht die Hypothese einer Aufeinanderfolge von Seen dieses Erscheinungsbild erklären könnte, wobei das sich über jedem Delta ansammelnde Material von einem Niveau zum anderen nach oben hin anstieg. Ich kann diese Frage nur im Hinblick auf die Täler beantworten, die ich selbst gesehen habe: Im Tal des Spean, des Roy, des Tarf Water und in einigen anderen Tälern läßt sich, wie gesagt, mit etwas Phantasie leicht das unverfestigte Material durch festes Gestein ersetzen; und obwohl durch Dämme aus diesem festen Gestein durchaus ein paar kleine Seen[13] entstan-

---

[13] Sir Lauder verzeichnete drei auf seiner Karte *(Edinburgh Royal Transactions)* mit den Ziffern 5, 6 und 7· Bezüglich der ihnen damit zugeschriebenen Grenzen kann ich ihm jedoch keinesfalls zustimmen. Will er es als erwiesen annehmen, daß es am unteren Ende von Ziffer (7) eine Barriere gibt, die exakt auf einem Niveau mit der Linie an deren oberem Ende liegt, abgesehen von einer Schlucht, wie sie der Fluß

den sein könnten (wie wohl in allen Tälern), zieht sich dennoch der Saum alluvialer Sedimentschichten, um den es ja hier geht, auf einer Höhe oberhalb dieser Dämme das Tal entlang. Anzunehmen, daß diese felsigen Dämme einst sehr viel höher lagen und durch eine andere Kraft als die Tätigkeit des Flusses zerstört wurden (da der Fluß nur eine enge und steile Schlucht formen kann, wie bei allen Barrieren zu sehen ist, deren Existenz gesichert ist), wäre ebenso unbegründet wie die Annahme eines einzigen großen Damms quer über der Talmündung und könnte aufgrund des kontinuierlichen Gefälles die beobachtbaren Phänomene weit weniger umfassend erklären. Weiterhin: Auch wenn die Entstehung der geneigten Talsäume mit der einstigen Existenz einer Seenkette erklärbar wäre, dann mit Sicherheit nicht die Vorsprünge hoch oben an den Talflanken. Auch wird niemand behaupten, daß eine Seentheorie auf die Ablagerungen an den Flanken der großen Täler wie dem Strathmore und dem Great Glen of Scotland anwendbar ist, die in tiefen und offenen Fjorden münden. Weder das Wasser mehrerer noch das Wasser eines einzigen Sees, das sich langsam aus diesen Tälern zurückgezogen hätte, könnte also die Akkumulation der Schichten da bewirken, wo wir sie heute sehen. Der schlüssige Beweis, daß diese Räume tatsächlich von einer Fläche langsam zurück-weichenden Wassers bedeckt waren, erlaubt nur eine Alternative, die sich selbst dann anbietet, wenn wir die *Schelfe* außer Betracht lassen, ganz abgesehen von der Tatsache, daß sie, soweit sie als künstliche Niveaus dienen, belegen, daß das Land nicht ungleich-mäßig angehoben wurde.

Und diese Alternative lautet, daß einst Meerwasser in Form von schmalen Armen oder Lochs, wie sie heute noch tief die Westküste durchdringen, diese Täler füllte, bevor es sich langsam wieder zurückzog.

Teil IV. Beweise für eine Veränderung des Niveauunterschieds von Land und Meer in Schottland aufgrund organischer Überreste. Die hypothetischen Auswirkungen einer Hebung

Sofort stellt sich eine weitere Frage: Zog sich das Meerwasser langsam zurück, oder stieg das Land langsam empor, mit einem ähnlichen Effekt in beiden Fällen? Anhand von Beweisen gewöhnlicherer Art wird aber zunächst zu zeigen sein, daß in Schottland in jüngerer Zeit eine Veränderung des Niveauunterschieds von Land und Wasser statt-

---

heute gräbt; oder zumindest fast exakt, so daß der obere Teil als ein supralitorales Delta betrachtet wer-den kann? Das schien mir unter keinen Umständen der Fall zu sein. Ist die Existenz der Barriere denn nicht nur eine Vermutung, wie in der Theorie der Schelfe? Ich muß auch anmerken, daß die Kante oder Ablagerung nicht ein kleines Stück weit innerhalb der Mündung des Roy endet, wie es die mit Ziffer (7) bezeichnete Linie darstellt. Ich finde es bedauerlich, daß Sir Lauder die Grenzen dieser Ablagerungen, die eine sanfte Neigung aufweisen, in ähnlicher Weise kennzeichnete wie die Schelfe, die ja horizontal verlaufen. Man muß annehmen, daß die Linien 5, 6, und 7 ebenso horizontal verlaufen wie die mit 1, 2, 3, und 4 bezifferten. Aber schon allein dieser Unterschied verweist auf einen Unterschied in der Entste-hung, wie nachfolgend zu zeigen versucht wird.

fand, wenn auch nicht in dem Ausmaß, wie man es von den oben vorgetragenen Argumenten ableiten könnte. Mr. Smith aus Jordanhill hat unlängst in einem hervorragenden Aufsatz[14] anhand emporgehobener organischer Überreste gezeigt, daß in einer erdgeschichtlich extrem jungen Periode die Ost- und die Westküste Schottlands um ein paar hundert Fuß gehoben wurden; in Banff und bei Glasgow[15] um etwa 350 Fuß. Erwägt man die in diesem Aufsatz dargelegten Fakten, kann – wenn man nicht die unwahrscheinlichsten Vermutungen anstellt – kaum ein Zweifel bestehen, daß das Great Glen of Scotland, dessen höchster Punkt nur dreiundneunzig Fuß über dem Meeresspiegel liegt, in dieser jüngeren Periode eine offene Meerenge gewesen war; und ich möchte hinzufügen, daß diese Meerenge eine verblüffende Ähnlichkeit mit dem Beagle-Kanal in Feuerland aufgewiesen haben muß, einem schmaleren, längeren und gerader verlau fenden Meeresarm, der den äußersten Süden Südamerikas durchschneidet. In Übereinstimmung hiermit sagte mir derjenige, der heute für die Schleuse des Kanals verantwortlich ist, daß beim Durchstich durch den Kies am Eingang des Loch Ness in dessen *tiefer* gelegenem Teil zahlreiche zerbrochene Meeresmuscheln gefunden wurden, die ihm solchen von der Meeresküste ähnlich zu sein schienen. Unter Lufteinwirkung zerfielen sie rasch. Dieser Punkt muß zwischen vierzig und fünfzig Fuß über dem Meeresspiegel liegen. Wie gesagt, gibt es in diesem Teil des Great Glen wie auch an dessen südwestlichem Ende Reste grober sublitoraler Formationen, die, wie wohl kaum jemand bestreiten wird, angehäuft wurden, bevor diese kleine Niveauänderung stattfand, auf die die emporgehobenen marinen Überreste hindeuten. Daß sich diese Bewegung äußerst langsam vollzog, kann aus der Existenz vieler Strände geschlossen werden, die sich jeweils erst im Laufe langer Zeiträume bildeten und die sich an beiden Küsten Schottlands übereinander erheben. Mr. Malcolmson[16] erwähnt nicht weniger als elf in Elgin und hat aus dem unteren zwölf verschiedene Spezies heute noch existierender mariner Testacea herausgeholt. An der gegenüberliegenden Küste beschrieb Mr. Smith[17] mehrere ehemalige Strände zwischen dem heutigen und der großen, dreißig bis vierzig Fuß hohen Terrasse, die »ein markantes Kennzeichen der Landschaft Westschottlands darstellt«. Wichtig ist auch der Hinweis, daß die vermutlich größere Bewegung, die man aus der Beschaffenheit der oberflächlichen Ablagerungen ableiten kann, von genau derselben langsamen Art war wie die geringfügigere Bewegung und zudem (wie ich gleich zeigen werde) durch Ruheperioden unterbrochen wurde, wie es die Meeresmuscheln und stufenförmigen Strände bezeugen. Wenn also das Great Glen über einen langen Zeitraum hinweg von einem Meeresarm ausgefüllt war, dessen Wasser sich ganz langsam wieder zurückzog,

---

[14] *Edinburgh New Philosophical Journal*, Bd. XXV, S. 376.
[15] *Edinburgh New Philosophical Journal*, Bd. XXV, S. 386 und 387. Die emporgehobenen Muscheln in Banff wurden von Mr. Presrwich beobachtet, [siehe] *Proceedings ofthe Geological Society*, Mai 1837.
[16] *Proceedings of the Geological Society*, 1838, S. 669. Ein kluger Steinbrucharbeiter sagte mir, er habe in einer Kiesgrube etwa zwei Meilen nördlich von Grant Town an der Straße nach Forres und damit achtzehn Meilen von der nächsten Meeresküste entfernt viele zerbrochene Meeresmuscheln bemerkt.
[17] *Edinburgh Philosophical Journal*, S. 388.

müssen sich an dessen Küsten und auch ein Stück weit in die Mündungen der Neben-
täler hinein Ablagerungen angesammelt haben. Wenn wir annehmen, daß das Meer
im Great Glen dasselbe Niveau erreichte wie jüngst an der Ostund der Westküste, so
wäre das Salzwasser fast in das Glen Roy eingedrungen und hätte diesen geneigten
Saum aus Kies vollständig bedeckt, der, wie mehrfach erwähnt, den Lauf des Spean
entlangführt. Ob man dies nun einräumt oder nicht, nach dem bisher Gesagten kann
kaum bestritten werden, daß in erdgeschichtlich jüngerer Zeit ein Meeresarm zumindest in die Mündung des Spean eindrang und sich sehr langsam wieder daraus zurückzog. Die Schlußfolgerung, daß sich ein Gewässer langsam aus diesen Tälern zurückgezogen hat und daß Seen, groß genug, die beobachteten Wirkungen
hervorzurufen, in diesen Tälern nicht existiert haben können, ergab sich aus einer
klaren Linie der Beweisführung. Dies nicht vergessend und zusätzlich bedenkend, daß
einige der Ablagerungen hier marinen Ursprungs sein *müssen* – müssen wir es dann
nicht als erwiesen ansehen, daß es Meerwasser war, welches selbst in großer Höhe das
von den einstigen Flüssen und Bächen heruntergebrachte Geröll auf nacheinanderfol-
genden Niveaus bremste und anhäufte? Ich bin mir bewußt, daß das Argument einen
größeren *Anschein* von Beweiskraft hätte, wenn ich mit der Schlußfolgerung begonnen
hätte, die sich aus dem Vorkommen jüngerer Muscheln in bedeutender Höhe an beiden Küsten dieses Königreichs ergibt; ich gab jedoch der von mir gewählten Methode
den Vorzug, die ich für gleichermaßen legitim und für allgemeiner anwendbar halte,
auch wenn sie zunächst nicht plausibel scheint.

Aus diesen Fakten ergibt sich schlüssig, daß in jüngerer Zeit eine Niveauänderung
des gesamten zentralen Teils Schottlands stattgefunden haben muß – eine Niveauänderung sehr ähnlich jener in Schweden, die Gegenstand von so viel Aufmerksamkeit
gewesen ist, wo Mr. Lyell zufolge Reste heute noch existierender mariner Tiere auf
eine Höhe zwischen 500 und 600 Fuß über dem Meer angehoben wurden. Die Niveauänderung im Falle Schwedens ist ebenso sicher auf eine langsame Bewegung des
Landes zurückzuführen und nicht des Wassers wie an der Küste Chiles, wo ein kleiner
Abschnitt im Zuge eines Erdbebens gewaltsam emporgehoben wird, während die weiter entfernten Teile dieser Küste unbewegt bleiben. Es wäre jedoch ganz und gar überflüssig, diesen Sachverhalt hier lang und breit zu erörtern, da er heute fast von niemandem mehr bestritten wird.[18] Man kann daher folgern, daß die angenommene
große Niveauänderung in Schottland, wie sie aus den bisherigen Argumenten abgeleitet werden kann, sowie jene geringfügigere, die durch marine Überreste und einstige
Meeresstrände belegt ist, auf eine Hebung des Landes und nicht auf das Absinken des
Wassers zurückzuführen ist.

Wir wollen nun versuchen, hypothetisch den Wirkungen nachzugehen, die durch einen Meeresarm verursacht werden, dessen Wasser sich langsam und im Zuge einer
gleichmäßig fortschreitenden Hebung des Landes aus schmalen Einbuchtungen zurück-

---

[18] Eine ausgezeichnete Zusammenfassung hierzu gibt Mr. Lyell in seinen *Elements of Geology,* Kap. V.

zieht. In einem öden Sund oder einem von Bergen umgebenen Tal mit flachem Boden würden den Fluß schneidende, gewellte Linien die einstigen Strände markieren. Da während des Zeitraums ihrer Entstehung das Land mehr und mehr anstieg, muß jede dieser Linien höher als die ihr benachbarte auf der Meeresseite und vom Talanfang weiter entfernt liegen, und zwar hauptsächlich wegen des Materials, das der Fluß hier ablagerte, teils aber auch wegen des natürlichen Gefälles des Grundgesteins. Wenn die obere Linie einen Strand gebildet hat, muß ganz klar der gesamte tiefere Teil des Tals unter Wasser gelegen und der Strand sich entlang der Flanken der angrenzenden Berge von der heutigen Küste aus ein Stück weit ins Landesinnere hinein erstreckt haben. In ähnlicher Weise muß sich dann jede nachfolgende und tiefer liegende Strandlinie die steilen Bergflanken entlangwinden und das Tal immer weiter von seinem Anfang entfernt durchziehen. Ich sollte hinzufügen, daß ich zwar von aufeinanderfolgenden Strandlinien gesprochen habe; da aber das Land der Hypothese zufolge mit absolut gleichbleibender Geschwindigkeit gestiegen ist, muß jeder Talabschnitt in einem gleichen Zeitraum nacheinander einen Strand gebildet haben; da somit jeder Abschnitt gleichermaßen freilag, muß das Gefälle gleichmäßig sein, und man wird auch keine einzelne Strandlinie ausmachen können. Wenn wir weiter annehmen, daß durch die Tätigkeit der Gezeiten Material aus dem Tal weggeschafft und nicht vom Fluß dort angehäuft wurde, gleichzeitig aber auf jedem Niveau eine gleich große Menge (bzw. eine Menge, die dem unterschiedlichen Grad ihrer Exposition im wesentlichen entspricht, da sich die Form des Landes mit seiner Hebung langsam veränderte) abgetragen wurde, wäre auch in diesem Fall das Gefälle gleichmäßig. Für jeden aufeinanderfolgenden Abschnitt des Strandes, der sich die steilen Bergflanken entlangwindet, gilt eine geringe Wahrscheinlichkeit, daß viel Gesteinsmaterial hinzugekommen ist; die Abwärtsbewegung des Gerölls, das sich durch Steinschlag bildet, würde jedoch gebremst; da sie auf den verschiedenen Levels der Berghänge jeweils abgebremst würde, so blieb das Profil des Bergs insgesamt unverändert. Die Bereiche jedoch, die in den weiter landeinwärts gelegenen Teilen geschützt sind, würden an der Mündung des Sunds erodieren, wo sie der Tätigkeit der Wellen stärker ausgesetzt wären; die Abschnitte dagegen, die anderen Einflüssen unterlägen, würden ineinander übergehen, genau wie jede der aufeinanderfolgenden Küstenlinien. Der Hang, ob mit Material angereichert, erodiert oder unangetastet geblieben, würde daher an keiner einzigen horizontalen Linie Spuren irgendwelcher Einwirkungen zeigen. Denkt man eine Weile darüber nach, wird man in der Tat erkennen, daß beim Wasserstand auf dem höchsten Niveau jeder Abschnitt oder Punkt, der zufällig am ungeschütztesten war, infolge des natürlichen Gefälles aller Berge im Vergleich zum selben relativen Punkt der heutigen Küste ein Stück weiter landeinwärts liegen müßte; auf allen Niveaus dazwischen hätten die Wellen einen dazwischen liegenden Abschnitt angegriffen, ob er nun höher und weiter landeinwärts oder tiefer und näher an der Küste lag, so daß die Linie (oder vielmehr der Bereich) mit der stärksten Einwirkung der Meereswellen, die die nacheinander am meisten betroffenen Teile verbindet, der Hypothese zufolge je nach dem ursprünglichen Landschaftsgefälle mehr oder weniger der Horizontlinie entsprechen muß. Der Fluß, der das Tal durchströmt, würde schließlich, je mehr Kraft er mit dem Absinken des

Meeresspiegels gewinnt, in der Regel die mittleren Teile fortschaffen und nur einen Saum litoraler oder sublitoraler Ablagerungen hinterlassen. Obwohl von aufeinanderfolgenden horizontalen Strandlinien gebildet, würde dieser Saum dennoch nach oben hin *ansteigen*, wie es der gesamte Talboden tun würde, wenn nicht Teile davon abgetragen worden wären. Diese Beschaffenheit möchte ich mit besonderem Nachdruck betonen, weil zunächst nicht einleuchtet, daß an einer Meeresküste aufgehäuftes Material überhaupt einen solchen Saum bildet.

Daß die Aufwärtsbewegung der Erde in den entsprechenden Zeiträumen absolut gleichmäßig verläuft, ist eine theoretische Annahme. Aber sie entspricht wohl nur selten dem natürlichen Verlauf. Es gibt klare Belege dafür, daß Vulkane ihre Tatigkeit immer wieder unterbrechen; und da die Kraft, welche Vulkane tätig werden läßt, genau dieselbe ist wie diejenige, die Kontinente hebt (wie ich in einer erst kürzlich, am 7. März 1838, vor der Geological Society verlesenen Abhandlung zu zeigen versuchte), müssen wir annehmen, daß die Hebung von Kontinenten gleichfalls mit Unterbrechungen geschieht – eine Schlußfolgerung, die durch die Existenz aufeinanderfolgender Strata übereinander aufsteigender Schichtstufen in der Natur reichlich bestätigt wird – Linien, welche Ruheperioden markieren, während derer das Meer die einstige Küste stark erodiert hat. Nehmen wir weiter an, daß das Wasser über einen längeren Zeitraum hinweg auf einem bestimmten Niveau blieb. Der erste Effekt wäre, daß der Strand oder das Delta am Eingang des Sunds, wohin der Fluß unablässig Geröll transportiert, breiter wäre, weil sich in dieser längeren Zeitspanne hier mehr Material angesammelt hat als anderswo; und als dann der gesamte Talboden trockenes Land wurde, flachte sich die Neigung des Geländes, die überall sanft ist, in diesem Teil fast ins Horizontale ab; sonst aber gäbe es kaum einen Unterschied. In ähnlicher Weise würde in den Abschnitten der Berge beiderseits des Tals, wo sich aufgrund der geschützten Lage im gesamten Zeitraum des Anstiegs Material ansammelte – wenn auch sehr langsam –, infolge der größeren Menge an Material, das in den längeren Ruhephasen hinzugekommen ist, die Linie leicht über das allgemeine Oberflächengefälle vorspringen; und da, wo ein Gerinne herunterkäme, entstünde ein sehr kleines Delta. An jedem vorspringenden oder ungeschützten Punkt würde zudem das feste Gestein tiefer eingeschnitten werden als an den anderen Linien. Als jedoch das Land emporstieg, ragten die kleinen Deltas mit ihrer sanften Neigung gegenüber der alten Strandlinie, deren vorderen Teile durch die Tätigkeit des zurückweichenden Wassers abgeschnitten wurden, in Form schräg abgeschnittener Vorsprünge über die Bergflanken hinaus; ihr vorderes Ende fiel exakt mit den horizontalen Strandlinien zusammen; dasselbe gilt für die breiteren Vorsprünge dort, wo sie den Boden der Haupttäler schneiden; in letzterem Fall wird jedoch der Hang darüber und darunter in die geneigte Oberfläche übergehen, welche aus dem Material gebildet ist, das auf jedem nachfolgenden Niveau rasch angehäuft wurde. Es wurde nun also gezeigt, daß sich in Schottland in moderner Zeit eine starke Hebung vollzog; es wurde gezeigt, wie extrem unwahrscheinlich es ist, daß sich solche Bewegungen kontinuierlich und ohne Unterbrechung vollziehen; es wurde die Wirkung des Wassers auf die Geländeoberfläche in den Ruheperioden zwischen den Phasen der Aufwärtsbewegung nachverfolgt; und wer den ersten Teil dieses Aufsatzes oder die Abhandlungen von Sir Lauder Dick und Dr. Mac-Culloch gelesen hat, wird erkennen, daß die mit dieser Hypothese vorweggenommenen Ergebnisse bis ins Detail den charakteristischen Merkmalen der »Parallelstraßen von Lochaber« gerecht werden: Ich glaube daher, daß die Hypothese wahr ist und die Ursprünge dieser »Parallelstraßen« richtig erklärt.

Teil V. Einwände gegen die Theorie unter Verweis auf den nichtkontinuierlichen Verlauf der Schelfe und auf das Fehlen organischer Reste in größerer Höhe sowie die Erwiderung

Man kann verschiedene Einwände gegen die Auffassung vorbringen, das ganze Land sei langsam angehoben und diese Bewegung durch ebenso viele Ruheperioden unterbrochen worden, wie es Schelfe gibt. Der vielleicht wichtigste Einwand lautet: Da vermutlich ein ziemlich großes Gebiet von der Aufwärtsbewegung betroffen war oder man zumindest nicht annehmen kann, daß sie innerhalb bestimmter eng gezogener Grenzen verlief, müßten doch die Schelfe über ein ähnlich großes Gebiet hinweg fortlaufend sein. Nach dem, was ich in Südamerika gesehen habe, wäre es, glaube ich, richtiger, den Erhalt dieser alten Strandlinien als eine Anomalie und ihre Zerstörung durch Steinschlag als den natürlichen Gang der Dinge zu betrachten. Einige Grundvoraussetzungen scheinen für die Bildung der Schelfe unabdingbar, zum Beispiel eine ausreichende Höhe des Geländes, ein starkes Gefälle ·sowie Felsgestein mit reichlich vorhandenem, leicht haftendem Gesteinsschutt. Des weiteren können wir folgern, daß die Oberfläche *unmittelbar* nach dem Zurückweichen des Wassers mit Gras bedeckt gewesen sein muß, weil sonst das Lockergestein unweigerlich aus den Bergen herausgespült worden wäre; Voraussetzung war daher eine geschützte Lage, vielleicht sogar eine Binnenlandsituation, so daß zu der Zeit, als das Wasser auf der Höhe der oberen Schelfe stand, nur ein kleines Areal wasserfrei blieb. Zweifellos ist das reichliche Vorhandensein von Gesteinstrümmern eine zwingende Notwendigkeit; wenn auch das feste Gestein an einigen Stellen eingeschnitten ist, glaube ich nicht, daß der Schelf irgendwo erkennbar wäre, wenn Erdreich und Geröll vollständig abgetragen worden wären. Außerdem muß das Tal ursprünglich entweder an seinem oberen Ende abgeriegelt gewesen sein, oder es muß in der Ruheperiode durch Sedimentablagerungen oder eine andere Ursache ein flacher Talabschnitt abgeriegelt worden sein, durch den sich kein Wasserlauf einen Weg bahnen konnte. Damit verschwinden die beiden oberen Schelfe des Glen Roy, sobald sie das Tal des Spean erreichen, das zu der Zeit, als das Wasser auf dem Niveau dieser Schelfe stand, einen offenen Kanal gebildet haben muß, der einander gegenüberliegende Meere miteinander verband. Daß sich in diesem Fall die einstigen Strände bis zu dem Punkt erstreckten, jenseits dessen sich infolge der allzu großen Ungeschütztheit kein Material ansammeln konnte, scheint, wie oben dargelegt, dadurch klar bewiesen, daß die Endpunkte des unteren Schelfs über die des höher gelegenen hinausreichen. Als jedoch der 972 Fuß hoch gelegene Schelf ein Strand war, wurde der Kanal des Spean durch die Abriegelung des Muckul-Passes in einen Sund umgewandelt; und offenbar ist dies der Grund dafür, daß sich der Schelf die Talflanken des Spean und des Roy entlangwindet. Zu den bereits genannten Grundvoraussetzungen kommt hinzu, daß die Schelfe an den Stellen deutlicher ausgeprägt zu sein scheinen, wo das Tal eng ist, und vielleicht auch da, wo es einen gewundenen Verlauf zeigt. Dem wenigen zufolge, was ich in Schottland gesehen habe, bezweifle ich sehr, ob alle diese Grundvoraussetzungen sehr oft gleichzeitig gegeben sind; mit Sicherheit nicht in einigen der Täler, die ich besucht habe.Man darf auch nicht vergessen, daß Sir Lauder Dick den unteren Schelf mit einer sehr viel größeren Länge angab als MacCulloch, daß ich Überreste eines Schelfs in einem ganz anderen Tal entdeckte, und vor allem, daß Sir David Brewster an zwei Stellen im Tal des Spey Schelfe entdeckte, und es daher wahrscheinlich ist, daß noch weitere Schelfe, auch wenn vielleicht undeutlich ausgeprägt, entdeckt werden. Das unregelmäßig geformte Gebiet, in dem man bisher Schelfe fand, mißt auf einer Linie zwanzig und auf einer anderen fünfundzwanzig britische Meilen.

Trotz allem, was bisher gesagt wurde, ist das Vorhandensein der Schelfe in einigen und das Fehlen in anderen Tälern des Gebiets von Lochaber ein sehr außergewöhnlicher Umstand. Im Glen Roy sind drei Linien vollständig entwickelt, im benachbarten Glen Gluoy dagegen gibt es offensichtlich nur eine einzige. Ohne genauere Daten ist es sinnlos, über die Art und die Kraft der Gezeiten, der Strömungen und des Windes in früheren Perioden oder über die Beschaffenheit der Vegetation zu spekulieren, die damals das Land bedeckte; alles Umstände, die womöglich den Ausschlag dafür gaben, daß an den steilen Bergflanken eine bloß schmale Anhäufung aus weichem Material entstand und erhalten blieb. Der folgende Fall jedoch, der besondere Aufmerksamkeit verdient, beweist, daß die Grenzen der einstigen Wasserfläche nicht einmal annähernd aus der heutigen Erstreckung der alten Strandlinien abgeleitet werden können. MacCulloch hat in seiner Karte auf dem Berg (Tombhran) gegenüber der Stelle, wo sich das Glen Turet mit dem Glen Roy verbindet, einen Schelf eingezeichnet, der zwischen den beiden oberen liegt: Sir Lauder Dick hat diesen Schelf gar nicht bemerkt.[19] Da ich die Bedeutung dieses

---

[19] Bevor ich diesen Schelf sah, bezweifelte ich seine Existenz, da ich andere, von MacCulloch erwähnte nicht entdecken konnte. Einer wird von ihm in einer Schlucht angesiedelt, die vom Glen Roy abzweigt (von ihm ungenau als Glen Fintec bezeichnet), und obwohl ich hinaufgestiegen bin, konnte ich ihn nicht entdecken. MacCulloch gibt außerdem an, im Glen Gluoy gebe es zwei Schelfe, während Sir Lauder Dick, der dieses Tal am sorgfältigsten untersucht zu haben scheint, nur einen einzigen fand. Ich möchte hier anmerken, daß es für die Theorie der Schelfe als einstige Meeresstrände höchst befriedigend wäre, wenn in Zukunft hier zwei Schelfe entdeckt werden würden, die zueinander und zu denen des Glen Roy auf einer Höhe lägen, was MacCulloch ja behauptet. Von einem exzellenten Aussichtspunkt auf der Seite des Ben Erin konnte ich jedoch keine Spur eines zweiten Schelfs entdecken. MacCulloch verzeichnet darüber hinaus einen weiteren Schelf an einem Punkt nordwestlich der Häuser des Glen Turet auf einem Niveau über dem oberen Schelf des Glen Roy; eine Anhäufung alluvialer Sedimente darüber und fast parallel zu dem Schelf ist hier mit Sicherheit vorhanden; aber aufgrund fehlender scharfer Umrißlinien möchte ich nur ungern behaupten, sie habe eine Strandlinie gebildet, obwohl ich kaum überrascht wäre, wenn man dies belegen könnte.

Schelfs erkannte, untersuchte ich ihn mit penibler Sorgfalt. Er liegt sehr viel näher an dem unteren als an dem oberen Schelf, und da diese beiden nur zweiundachtzig Fuß auseinanderliegen und hier deutlich ausgeprägt sind, war es kaum möglich (insbesondere, da ich sie gezielt von *allen* denkbaren Standpunkten aus betrachtete), den absolut parallelen Verlauf dieses Zwischenschelfs zu verkennen. Er kann fast eine dreiviertel Meile lang verfolgt werden; an seinem westlichen Ende verschwindet er unmerklich wie die Linien im Glen Collarig, an seinem anderen Ende dagegen läuft er eher abrupt in einem fließenden Gerinne aus. Ich ging diesen Schelf in seiner ganzen Länge ab, und seine Beschaffenheit ist in vollkommener Weise typisch; ich meine das Material, aus dem er besteht, seine Breite und seine Neigung. Die beiden regelmäßigen Schelfe sind hier womöglich deutlicher ausgebildet als irgendwo anders in diesem ganzen Tal; und ich halte es für wahrscheinlich, daß hier die einstigen Wellen eine außergewöhnliche Kraft entwickelt haben, Gesteinsschutt aufzuhäufen, weil dieser Teil auf größerer Länge dem offenen Wasser ausgesetzt war. An der Mündung des Glen Collarig und des Glen Roy dagegen verhinderte ein breiterer, gleichzeitig auf beiden Seiten offener Kanal und somit wahrscheinlich ein Priel jegliche Akkumulation von Material; und folglich verschwanden die Strände hier allmählich. Wenn diese Ansicht stimmt, wovon ich fest überzeugt bin, so zeigt sie, daß nur geringfügig veränderte Umstände den Ausschlag dafür geben, ob signifikante Spuren einstiger Strände oder ihr vollständiges Verschwinden zu beobachten sind. Der Zwischenschelf verdankt seine Existenz zweifellos denselben Ursachen, die in diesem Abschnitt den oberen und den unteren Schelf so klar markiert haben. Und obwohl er weniger deutlich ausgeprägt ist als die beiden ihm unmittelbar benachbarten Schelfe, unterscheidet er sich doch kaum von einem gewöhnlichen Schelf und ist, wie ich glaube, genauso deutlich wie der untere Schelf im gesamten Glen Spean. Ich behaupte also als eine unbestreitbare Tatsache, daß auf dem Niveau dieses Zwischenschelfs über einen langen Zeitraum hinweg und nur geringfügig kürzer als auf den anderen Linien Wasser gewesen sein muß; doch wurden in keinem anderen Teil des Glen Roy – dem Tal, in dem die Umstände für die Bildung und den Erhalt dieser Strandlinien so außerordentlich günstig waren – Spuren dieses Zwischenschelfs entdeckt. Gleichermaßen zweifelsfrei wurde gezeigt, daß an der Doppelmündung des Glen Roy keine Barrieren vorhanden gewesen sein können, und wir haben gesehen, daß sich in dieser Umgebung die Geländeoberfläche auf ganz außergewöhnliche Art und Weise erhalten hat. Dank Sir Lauder Dick, der den gesamten Lauf des Spean und seiner Nebenflüsse sehr sorgfältig untersucht zu haben scheint, wissen wir, daß jenseits der Mündungen des Glen Roy keine Spur eines dieser beiden oberen Schelfe zu finden ist. Daher ist jede Beweisführung sinnlos, die davon ausgeht, daß das Fehlen der Schelfe oder Strände Rückschlüsse darauf liefern kann, wo in den Ruheperioden der unterirdischen Bewegungen die einstigen Meeresgrenzen in diesem Teil Schottlands lagen.

In der Hoffnung, Reste von Meeresmuscheln zu finden, untersuchte ich im Tal des Spean und des Roy das auf den Schel fen abgelagerte Material und insbesondere die dickeren Kies- und Sandschichten, die in geringerer Höhe vorkommen; ich entdeckte jedoch nicht einmal einen kleinen Rest, und die Steinbrucharbeiter versicherten mir, sie hätten nie welche gesehen. Auf den ersten Blick scheint dies ein schlagkräftiger Einwand gegen die Theorie vom marinen Ursprung dieser Ablagerun gen zu sein. Aber nachdem Mr. Murchisons bemerkenswerte Entdeckung jüngerer Meeresmuscheln in den weiter im Landesinnern gelegenen Grafschaften Shropshire und Staffordshire mich veranlaßt hat, zahlreiche Kiesgruben dort zu untersuchen, und, nachdem ich beobachtet habe, wie oft es geschieht, daß man in großen Ansammlungen des grob geschichteten Materials auch nicht das winzigste Restchen entdeckt und, wenn doch, die Bruchstücke meist äußerst gering an Zahl und teilweise verwittert sind, bin ich überzeugt, daß ihr Erhalt als ein außergewöhnlicher Umstand und nicht als der Normalfall zu betrachten ist. Nach einer längeren Zeitspanne oder unter etwas weniger günstigeren Umständen wären alle Kiesschichten von Shropshire, die sich unstreitig unter dem Meer angesammelt haben, genauso arm an organischen Überresten wie die in Lochaber. In einigen Teilen Südamerikas entdeckte ich Kiesschichten, die keinen einzigen Überrest einer Muschel enthielten, obwohl auf der nackten Oberfläche nahezu vollständig erhaltene in großer Zahl verstreut lagen. Mr. Smith[20] beschreibt Schichten an der Westküste Schottlands und Mr. Lyell[21] solche in Schweden, die zweifelsfrei marinen Ursprungs sind, aber absolut keine organischen Überreste aufweisen. An der Küste von Forfarshire fand Mr. Lyell, wie er mir selbst sagte, Muscheln in Kiesschichten bis in eine Höhe zwischen fünfzig und sechzig Fuß; ähnliche Schichten in größerer Höhe dagegen enthalten keine Muscheln. Dasselbe beobachtete er in eindrucksvoller Weise in Norwegen.[22] Man kann sich leicht

---

[20] *Edinburgh New Philosophical Journal*, Bd. XXV, S. 380.
[21] *Transactions of the Royal Society*, 1836, S. 11 und 15.
[22] Mr. Lyell war so freundlich, mir hierzu die folgenden Beobachtungen mitzuteilen: In der Gegend um den Fjord von Christiania und besonders zwischen Christiania und Dramman sowie zwischen Dramman und Holmstrand in Norwegen liegen Ton- und Sandablagerungen in horizontalen Schichten über Gneis, Granit, Porphyr und anderen Gesteinen. Große Massen dieser Sand- und Tonablagerungen reichen an manchen Stellen bis in eine Höhe von mehr als 600 Fuß über dem Meeresspiegel und füllen viele Hochlandtäler fast vollständig aus; jedoch nur in einer Höhe von etwa 200 Fuß und in der Regel weniger als fünfzig Fuß über dem Meer wurden Muscheln (allesamt jüngere Spezies) gefunden. Dieser Sand und dieser Ton scheinen sich über dem älteren Gestein im Zuge seines langsamen Emporsteigens aus dem Meer angesammelt zu haben, so daß höhere Erhebungen ein Indiz für größeres Alter darstellen und die Fundstellen in geringer Höhe unweit der Grenzen des heutigen Fjords viel jünger sind. Selbst diese Muscheln befinden sich oft in einem so fortgeschrittenen Stadium der Zersetzung, daß man die Theorie befürworten muß, eine längere Zeitspanne würde ausreichen, um alle Spuren ihrer Existenz zu tilgen. So liegt beispielsweise an den Ufern eines kleinen Flusses etwa zwei Meilen oberhalb von Töusberg an der Stelle, wo die Brücke den Fluß überspannt, ein Schnitt lehmigen Tons offen zutage, dessen unterster Teil nicht mehr als ein paar Fuß über das Salzwasser des Christiania-Fjords emppргehoben worden sein kann. Im oberen Teil der Masse können auf einer Dicke von fünfzehn Fuß keine Fossilien festgestellt werden; etwas tiefer jedoch sind schwache Abdrücke von Mytilus edulis zu sehen, auf die hauptsächlich purpurrote Flecken verweisen. Noch weiter unten kommen perfektere Exemplare derselben Muschel neben Cardium edule vor, beide aber in einem so brüchigen Zustand, daß sie zu Staub werden, wenn sie trocknen. Gelegentlich findet man hier auch die festeren Cyprina islandica und Saxicava rugosa; und obwohl sie von weicher Konsistenz waren, als sie dem Ausgangsgestein entnommen wurden, können sie nach dem Trocknen unzerbrochen aufbewahrt werden. Wenn in dem kurzen Zeitabschnitt, der vermutlich vergangen ist, seitdem diese Muscheln bei Töusberg eingebettet wurden, der Zerfallsprozeß schon derart weit fortgeschritten ist, können wir annehmen, daß in vorausgehenden

Umstände vorstellen, die den Erhalt oder Zerfall der Muscheln begünstigen, selbst unter der keineswegs notwendigen Voraussetzung, daß in allen diesen Fällen Muscheln eingebettet waren. In Shropshire zum Beispiel ist der Kies meist von einer Erdablagerung überdeckt, die einen geringen Kalkanteil enthält; folglich würde das Regenwasser, das bei seinem Niedergang Kohlensäure aufgenommen hat, Material zum Auflösen finden, noch bevor es die muschelhaltigen Schichten erreicht; in Lochaber dagegen enthalten, wie ich festgestellt habe, der Kies und Sand, die vollständig Granitgestein entstammen, in der Regel kein freies Kalziumkarbonat, und daher ist eine raschere Verwitterung der Muschelbruchstücke die Folge. Damit möchte ich nicht behaupten, daß dieser Umstand[23] die eigentliche Ursache für deren Verschwinden ist; ich möchte lediglich darauf hinweisen, daß diese und ähnliche Umstände hinreichend zeigen, daß das Fehlen organischer Überreste nicht als Argument gegen den marinen Ursprung der Schelfe gelten kann.

Teil VI. Anwendung der Theorie auf einige weniger bedeutsame Aspekte der Struktur im Gebiet von Lochaber und Rekapitulation

Der oben dargelegte hypothetische Fall zeigt, wie ich glaube, daß die von mir aufgestellte Theorie alle wesentlichen Aspekte des Phänomens der Parallelstraßen erklärt. Nunmehr möchte ich versuchen zu zeigen, inwieweit diese Theorie auch auf weniger gewichtige Detailaspekte anwendbar ist. So habe ich zum Beispiel ein horizontal verlaufendes Gesteinsband auf einer Seite der schmalen Mündung des Loch Treig beschrieben, dessen Oberfläche zu glatten konkaven Formen abgeschliffen ist wie Gestein, über das ein Wasserfall rauscht; auf der anderen Seite verläuft eine große, mit Kies vermischte Sandbank oder -zunge. Geht man nun davon aus, daß das Wasser einer Fläche von sieben bis acht Meilen Länge und zwei bis drei Meilen Breite jedesmal bei Ebbe durch einen schmalen, gewundenen Kanal bis zu einer Tiefe von mehreren Fuß abfloß und bei der nachfolgenden Flut jedesmal wieder sein früheres Niveau erreichte, ist der dadurch bewirkte Effekt

---

Zeitabschnitten unbestimmter Länge einsickerndes Wasser alle Spuren von Fossilien in den älteren und höher gelegenen Lehmabschnitten zerstört hat, die in mehr als 500 Fuß Höhe in dem benachbarten bergigen Gelände zu finden sind.

[23] Ich möchte anmerken, daß sehr häufig nur in einiger Tiefe dieser oberflächlichen Ablagerungen Muscheln gefunden werden. So zum Beispiel in mehreren Kiesgruben in Shropshire; beim Durchstich des Kanals am Eingang von Loch Ness stieß man am Grund auf Muscheln, während die weiter an der Oberfläche gelegenen Schich. ten, wie ich bestätigen kann, keine enthalten. In seinen Ausführungen über die Tonschichten an der Westküste Schottlands (*Philosophical Journal*, Bd. XXV, S. 380 und 391) schreibt Mr. Smith, daß die marinen Überreste, die dort reichlich vorhanden sind, »fast immer im unteren Teil der Schicht« zu finden seien. Ich ziehe daraus den Schluß, daß in allen diesen Fällen in den oberen Teilen ursprünglich Muscheln vorhanden waren, die jedoch inzwischen verwittert sind. Mr. Smith dagegen bietet eine andere Erklärung. In den ausgedehnten und oberflächlichen Schichten emporgehobener Muscheln an der Küste Perus, wo kein Regen fällt und folglich keine Lockermassen aus der Oberfläche gespült werden, stellte ich beim Aufstieg vom Strand eine absolut perfekte Abstufung im Zerfall der Muscheln fest, bis nur noch eine Schicht aus Kalkstaub ohne Spuren irgendeiner Struktur übrig war.

plausibel. Ebenso leicht erkennt man, daß durch die Tätigkeit der Gezeiten die Spitzen festen Gesteins auf dieselbe Weise wie bei heutigen Stränden schräg abgeschnitten worden sein könnten; und daß flache Kanäle, in jeder Hinsicht denen ähnlich, die heute oft kleine von größeren Inseln trennen, zwischen kleinen Erhebungen (wie denen auf der einen Seite des Meal-derry) und den Schelflinien eingegraben worden sein könnten.

Wenn wir weiterhin überlegen, was im Zuge des allmählichen Anstiegs einer Gruppe von Inseln stattfinden muß, so sind es die Strömungen, die versuchen, seichte Stellen in den Kanälen einzuschneiden und zu vertiefen, während das Land sukzessiv an die Oberfläche geholt wird; infolge der entgegenstehenden Kräfte der Gezeiten tendieren die Strömungen jedoch gleichzeitig dazu, andere Stellen mit Meeresablagerungen zu verstopfen. Während einer langen Ruheperiode im Verlauf dieser Aufwärtsbewegungen – und aufgrund der Zeit, die für die oben beschriebenen, im wesentlichen zeitaufwendigen Prozesse bleibt (obwohl diese Prozesse durch den *Anstieg* des Landes stärker begünstigt werden, als wenn das Land sich nicht anhöbe) – erweist sich diese Tendenz häufig als effizient in der Weise, daß sowohl durch die Anhäufung von Material Isthmen entstehen, als auch Kanäle offengehalten werden. Folglich bilden sich solche Isthmen und gerade noch offengehaltenen Kanäle häufiger auf dem Niveau, wo während der Ruheperioden Wasser stand, als auf anderen. Diese von den zurückweichenden Wellen hinterlassenen Isthmen und Kanäle könnte man als Landengen bezeichnen, da sie glatte, flache und schmale Oberflächen bilden, die offenere Räume miteinander verbinden. Während des Anstiegs des Landes trennen sie zuerst die Eingänge zweier nebeneinanderliegender kleiner Buchten und bilden dann im Zuge der fortschreitenden Aufwärtsbewegung des Landes die Wasserscheiden zwischen benachbarten und einander gegenüberliegenden Tälern. Damit erklärt sich sowohl die allgemeine Beschaffenheit der Landschaft in diesen Bergen, wo sich die Wasser wie beschrieben trennen, als auch im besonderen die bemerkenswerte Tatsache der exakten Übereinstimmung mehrerer solcher Punkte mit den Schelflinien, wobei die Schelfe lediglich die lange Ruheperiode im Zuge der unterirdischen Aufwärtsbewegung anzeigen. Ich möchte daran erinnern, daß ich Flächen alluvialer Sedimente oder Terrassenreste an der Quelle des Roy und am Anfang des Tals bei Kilfinnin an den Flanken der Landengen beschrieben habe, ein Stück oberhalb der Ebene, wo sich die Wasser teilen. Diese Situation stimmt perfekt mit der Theorie. überein, daß sich in den Abschnitten, wo die Fluten zuerst gebremst oder vom Anstieg des Landes auf andere Weise beeinflußt wurden, Geschiebe anzusammeln begann, und daß die Kanäle schließlich auf ihrem heutigen Niveau abgeriegelt wurden, und zwar einzig infolge des langen Zeitraums, in dem das Meer auf diesen Niveaus tätig war. Man müßte also auch erwarten, daß sowohl an den Flanken der Landengen, die mit Schelfen auf entsprechenden Niveaus verbunden sind, wie auch an den Flanken der Landengen, die nicht mit Schelfen verbunden sind, Flächen alluvialer Sedimente zu finden sind (wie es tatsächlich der Fall ist).

Den Messungen von Mr. MacLean und Sir Lauder Dick zufolge ist die obere Grenze des Glen-Gluoy-Schelfs, die mit der Wasserscheide zusammenfällt, zwölf Fuß höher als die des Glen-Roy-Schelfs. Das Gelände dazwischen ist fast eine Meile lang, mäßig breit und sehr flach mit einem Gefälle von nur diesen zwölf Fuß; und Sir Lauder[24] gibt an, er habe in diesem Abschnitt im Bett des kleinen Wasserlaufs die Oberfläche festen Gesteins gesehen. Diese Fakten scheinen zunächst darauf hinzudeuten, daß zwei Ruheperioden aufeinanderfolgten, eine, als das Wasser auf dem Niveau des Glen-Gluoy-Schelfs stand, und eine zweite, als es das obere Niveau des Glen Roy erreichte, nachdem das Land zwölf Fuß emporgehoben worden war; und daß sich trotzdem die Wirkung dieser beiden Ruheperioden jeweils darauf beschränkte, eng aneinander angrenzende Täler zu trennen. Selbst wenn man diesen Umstand so interpretiert, kann diese Deutung, die in höchstem Maße unwahrscheinlich ist, dennoch nicht als Infragestellung der Theorie betrachtet werden, nachdem festgestellt wurde, daß sich die oberen Schelfe des Glen Roy nicht in das Tal des Spean hinein verlängern und daß der kurze Zwischenschelf des Glen Roy nicht mehr als drei Viertel Meilen in jenes Tal hineinreicht. Es gibt jedoch vermutlich eine bessere Erklärung. In der ersten Enge der Magellanstraße steigt das Wasser bei Flut um etwa vierzig Fuß, wie mir Kapitän FitzRoy mitteilt, während achtzehn Meilen weiter westlich in der Gregory Bay der Anstieg nur etwa zwanzig Fuß beträgt. Auf einer Entfernung von achtzehn Meilen muß also hier – und man könnte weitere Beispiele anführen – der Wasserspiegel um nicht weniger als zwanzig Fuß abfallen. Nehmen wir an, durch diese Bewegungen, wie sie heute in Südamerika stattfinden, entsteht eine *felsige* Barriere (und die des Glen Gluoy ist felsig) quer über der Meerenge, die diese in zwei Teile teilt. Sollten wir nicht erwarten, daß in diesem Teil des ehemaligen Kanals, der aufgrund der starken Gezeitenbewegungen nach wie vor zum Meer hin offen war, die Hochwasserlinie um mehrere Fuß höher liegt als in dem anderen, nur durch gewundene Passagen mit einem anderen Meer verbundenen, wo der Tidenhub gering war? In einem solchen Labyrinth von Kanälen, das in diesem Teil Schottlands existiert haben muß, als das Meer das Niveau der oberen Schelfe erreichte, sind sogar Ungleichmäßigkeiten des Tidenhubs an verschiedenen Stellen wahrscheinlich; ich folgere daraus, daß zu der Zeit, als zwischen dem Glen Gluoy und dem Glen Roy der felsige Damm entstand, eine größere Flutwelle direkt aus der Richtung des Kaledonischen Kanals, damals eine große Meerenge, über diese tiefe Bucht hinwegschwappte; eine kleinere Flutwelle erreichte auf einem Umweg die *Bucht* des Glen Roy, die durch weitere Meerengen mit dem östlichen Meer verbunden war.

Wer sich bei einem Gang über diese Berge vorstellt, daß alle ihre Teile nacheinander vom zurückweichenden Meerwasser bedeckt waren, wird viele marginale Phänomene verstehen, die ihm sonst wohl unerklärlich blieben. Im Upper Glen Roy wird er auf der weiten horizontalen Fläche eine alte, mit Meeresschlick gefüllte und eingeebnete Bucht erkennen. Und am Einschnitt des Glen Collarig mit seinem flachen Boden und seinen wie eine Toreinfahrt abgeschnittenen Flanken wird er einen Kanal erkennen, der schließlich mit von der Meeresflut angeschwemmtem Material verstopft wurde und heute in dem Zustand ist wie damals, als sich das Wasser aus ihm zurückzog. Die Spuren zusätzlicher Schelfe werden ihn nicht verwirren, da es auch für sie eine einfache Erklä-

---

[24] *Edinburgh Transactions*, Bd. IX, S. 35.

rung gibt. Entsprechend der Theorie, der zufolge das Meer auf sukzessiven Niveaus auf die gesamte Oberfläche des Landes einwirkte, haben die dicken Schichten aus Kies[25] und Sand wie jene an der Spean-Mündung eine Ursache, die der Wirkung adäquat ist. Und schließlich erklärt sich auch die Art und Weise, wie die Ablagerungen an der Mündung der größeren Täler zu übereinanderliegenden Terrassen modelliert wurden, die zumindest in einigen Teilen nicht vom Fluß geformt zu sein scheinen. Ich möchte hinzufügen, daß ich in Südamerika zahlreiche Beispiele für Terrassen beobachtet habe, die in jeder Hinsicht diesen ähnlich sind und auf deren Oberfläche zahlreiche Meeresmuscheln verstreut lagen; somit kann es über deren Ursprung keinerlei Zweifel geben.

Am Ende dieses Teils meiner Abhandlung möchte ich den Gang der Beweisführung noch einmal rekapitulieren. 1. Es wird von niemandem bestritten, daß die horizontalen Schelfe ehemalige Strände sind. 2. Ich habe gezeigt, daß aufgrund der überwältigenden Schwierigkeiten, sich die Errichtung und Abtragung *mehrerer* gewaltiger Barrieren in *aufeinanderfolgenden* Zeitabschnitten vorzustellen – ob an der Mündung der einzelnen Täler oder an weiter entfernten Punkten –, keine Seentheorie akzeptabel ist. 3. Die Alternative, daß die Strände, wenn nicht durch Seen gebildet, zwangsläufig durch Meereskanäle entstanden sein müssen, wurde allein deshalb nicht erörtert, weil es zufriedenstellender schien, anhand von unabhängigen Phänomenen zu belegen, daß eine Wasserfläche, die von dem Niveau der oberen Schelfe *allmählich* bis zum heutigen Meeresspiegel *sank,* über lange Zeiträume hinweg nicht nur die Täler von Lochaber, sondern auch die meisten, wenn nicht alle Täler in diesem Teil Schottlands überflutete; und daß dieses Wasser das Wasser des Meeres gewesen sein muß. 4. Es wurde festgestellt (wobei das stärkste Argument die gesicherte Tatsache eines gleichzeitigen Anstiegs des Landes in dem einen und eines Absinkens in einem anderen Teil ist), daß in diesen Fällen das Land die entscheidende Variable ist und daß deshalb die oben dargelegte Niveauänderung in Schottland – unabhängig bezeugt durch marine Überreste in beträchtlicher

---

[25] Ich habe zuvor auf die geringe Zahl gut gerundeter Kieselsteine in der Nähe der oberen Schelfe hingewiesen, mit Ausnahme der Talanfänge oder flacher Stellen. Das ist ein Problem, wenngleich es in vielen Regionen auftritt, in denen, wie wir wissen, zu irgendeinem Zeitpunkt eine starke Denudation stattfand. Die Kiesel der meisten Gesteinsarten mögen im Laufe der Zeit zerfallen, die Quarzkiesel aber sind unzerstörbar, sollte ich meinen (obwohl Scoresby sagt, dieses Gestein halte den Frösten von Spitzbergen nicht stand). Wenn das so ist, wie kommt es dann, daß Quarzkiesel nicht über die Oberfläche aller Berge verteilt sind, wo dieses Gestein vorhanden ist und wo die Form des Geländes, die Denudation oder das Vorhandensein abgeschnittener Gänge darauf hindeuten, daß das Gebiet einst, wenn auch vielleicht vor undenklichen Zeiten, von Meereswellen umspült wurde? Solche Kiesel sind jedoch nicht auf allen Bergen unter ähnlichen Umständen zu finden. Die Erklärung ist vermutlich folgende: Störungen, Wind, Regen, Erdbeben und herabstürzendes Geröll bewirkten, daß die Kiesel in eine einzige Richtung bewegt wurden, nämlich nach unten. Ich bin geneigt zu glauben, daß diese Auffassung richtig ist und daß im Laufe der Zeit solche Kiesel alle nach unten rollen; denn ich fand auf einem isolierten Berg aus Quarzgestein in Südamerika (in der Sierra Ventana) an der Oberfläche ein Konglomerat ähnlich dem Teil eines ehemaligen Strands, das seinen Erhalt einzig dem Umstand zu verdanken schien, daß die Kiesel durch Eisenoxid in das Muttergestein zementiert wurden, und zwar auf dieselbe Weise, wie es nicht selten auch bei heutigen Meeresständen zu beobachten ist. Im Falle der Schelfe von Lochaber ist es wahrscheinlich, daß dank der geringen Kraft der Wellen an den steilen und geschützten Küsten dieser einstigen Meeresufer ursprünglich nur wenige Kiesel gebildet wurden.

Höhe an der Ost- wie auch an der Westküste – auf eine Hebung des Landes und nicht auf das Zurückweichen des umgebenden Wassers schließen läßt. 5. Es wurde gezeigt, daß bei all diesen längeren Aufwärtsbewegungen vorhersagbar ist, daß es nach ebendiesen längeren Phasen der Aufwärtsbewegung in der Aktivität der unterirdischen Kräfte immer wieder Perioden der Inaktivität gegeben haben muß. 6. Das Gelände wurde im Rahmen eines hypothetischen Fallbeispiels gemäß den theoretischen Vorgaben untersucht, und es ergab sich, daß die Oberfläche in einer Weise modelliert wurde, die der heutigen Beschaffenheit der Täler von Lochaber bis ins kleinste Detail ähnelt. 7. Nachdem damit die Wahrheit der Theorie als bewiesen gelten konnte, wurde Einwänden entgegengetreten, die die geringe Länge der Schelfe und das Fehlen organischer Überreste in großer Höhe anführen; und es wurde gezeigt, daß die Einwände nicht stichhaltig sind. 8. Viele Detailaspekte in der Beschaffenheit der Täler von Lochaber waren, wie gezeigt wurde, leicht erklärbar, wenn man davon ausging, daß diese Täler einst Arme eines dem Einfluß der Gezeiten unterliegenden Meeres waren, das im Zuge des Anstiegs des Landes allmählich zurückwich. Nach sorgfältiger Erwägung dieser verschiedenen und unabhängigen Argumentationsschritte scheint mir die Theorie des marinen Ursprungs der »Parallelstraßen von Lochaber« bewiesen.

Ich möchte anmerken, daß MacCulloch sich der großen Schwierigkeiten seiner Theorie durchaus bewußt gewesen zu sein scheint; nachdem er aber bewiesen hatte, daß die Straßen nicht künstlich entstanden sein konnten oder als Folge einer großen Katastrophe, argumentierte er, um seine Formulierung dieses Dilemmas zu gebrauchen, daß sie entlang der Küsten eines Sees gebildet worden sein mußten. Die Möglichkeit eines langsam vom Meeresboden aufsteigenden Kontinents scheint ihm – und das ist ein sehr merkwürdiger Punkt in der Geschichte der Geologie – nie in den Sinn gekommen zu sein, obwohl er doch ein so kühner und ingeniöser Spekulierer war. Seine Abhandlung wurde Anfang 1817 verlesen, und wenn wir bedenken, daß in den letzten Jahren aus allen Erdteilen Beweise für solche Bewegungen zusammengetragen wurden, müssen wir auch anerkennen, wieviel in diesem entscheidenden Wandel (der, wie ich hinzufügen möchte, auch den Grundstein dieses Aufsatzes bildet) sich Mr. Lyells *Principles of Geology* verdankt.

Teil VII. Über die erratischen Blöcke von Lochaber

Nunmehr möchte ich mich anderen Überlegungen zuwenden, mit denen sich, da sie in engem Zusammenhang mit der Wahrheit der vorerwähnten Theorie stehen, ein besonderes Interesse verknüpft. Ich sagte, daß das Muttergestein vieler auf den Schelfen verstreut liegender Felstrümmer nicht in deren unmittelbarer Umgebung zu finden ist. Diese erratischen Blöcke bestehen in der Regel aus Granit und haben einen Durchmesser zwischen fünf und sechs Fuß; sie sind nicht auf die Schelfe begrenzt, sondern auch über die Bergflanken verstreut. Auf dem Gipfel der isolierten Erhebung des Meal-derry oberhalb des 972 Fuß hoch gelegenen Schelfs gab es einen solchen großen Felsblock, aber auch sehr gut gerundete Kiesel aus einem Gestein, das, wie ich glaube, hier gar nicht vorkommt. Am Einschnitt des Glen Collarig liegen viele Blöcke auf und unweit der oberen Schelfe sowie auf dem Paß zwischen dem Upper und dem Lower Glen Roy; auch am Boden des letzteren Tals sowie auf der Seite des Tombhran sind sie reichlich vorhanden. Da ich in fast allen von mir untersuchten Abschnitten welche fand, habe ich kaum einen Zweifel, daß sie zahlreich über sämtliche Täler und Berge verstreut liegen, zumindest bis zur Höhe der oberen Schelfe. Diese Einschränkung mache ich deshalb, weil ich nur wenige Berge über diese Höhe hinaus bestiegen habe und daher über größere Höhen keine verläßlichen Angaben machen kann. Doch auf den Bergen zwischen dem Glen Roy und dem Glen Gluoy fand ich auf einer Erhebung nord-nordwestlich (*magnetisch*) vom Gipfel des Ben Erin mehrere Granitbrocken, einer davon vier mal drei Fuß mächtig und zwei Fuß dick (dazu ein paar Kieselsteine aus einem Gestein, das *in situ* nicht vorkam). Diese Erhebung schien vollständig aus letzterem Gestein zu bestehen, und sie war von allen anderen Erhebungen durch ein Tal getrennt. An den Flanken des Ben Erin, etwa auf gleicher Höhe, gab es mehrere Granitbrocken, einer mit einem Durchmesser von sechs Fuß. Von denen, die auf der Erhebung lagen (wahrscheinlich gab es viele weitere, die mir beim bloßen Überqueren des Bergs nicht auffielen), fand ich den im Vergleich mit dem Glen-Gluoy-Schelf höchstliegenden in einer Höhe von 2200 Fuß (barometrischer Messung) über dem Meeresspiegel. Ich möchte nun detailliert die Stelle beschreiben, wo ich einen einzigen weiteren Felsblock fand; da das gesamte Gebiet aus Gneis besteht, könnte man vermuten, daß es weiter oben an den Berghängen Stellen aus Granit gab und die Brocken in ihre jetzige Position einfach nur heruntergerollt sind. Doch das trifft für den zuletzt beschriebenen Fall und auch für den folgenden nicht zu: Etwa zwanzig Fuß unterhalb des Gipfels eines sehr hohen Berges (1600 bis 1700 Fuß über dem Meer), der vollständig aus gewundenen Gneisschichten besteht, lag ein Syenitblock mit rosa Feldspat im Durchmesser von zwei Fuß acht Zoll. Der Gipfel ist (wie der Holzschnitt Abb. 4 zeigt) von einem hohen Berg, gleichfalls aus Gneis, durch ein *breites* und ziemlich flaches Tal vollständig getrennt, dessen höchster Teil 215 Fuß unterhalb der Stelle liegt, wo ich den Gesteinsbrocken entdeckte. Ich möchte hinzufügen, daß ich auf dieser Seite der Berge, die durch einen hohen Kamm von den Tälern des Glen Roy und des Glen Gluoy (mit seinen zahlreichen Granitblöcken) getrennt ist, nirgendwo einen weiteren Syenitblock oder auch nur einen einzigen aus Granit fand. Doch zwischen zwei Armen des Tarf Water (der bei Fort Augustus in den Loch Ness fließt) fand ich auf dem Gipfel eines kleinen Gneishügels etwa 1200 Fuß über dem Meeresspiegel einen aus Granit.

Der Granit all der Blöcke, die ich im Glen Roy entdeckte, sowie aller auf dem Ben Erin hat dieselbe Beschaffenheit; er ist stark verwittert, und daher zweifle ich nicht, daß die Blöcke ursprünglich sehr viel größer waren. Auf MacCullochs Geologischer Karte Schottlands findet sich der den Brocken auf dem Ben Erin nächstgelegene Granit *in situ* an der Quelle des Roy beim Loch Spey in einer nordöstlichen, über Berg und Tal verlaufenden Linie fünf bis sechs Meilen entfernt. Der Granit hier hat dieselbe lithologische Beschaffenheit wie die Blöcke, und ich zweifle nicht, daß er das Muttergestein zumindest jener Blöcke ist, die den Lauf des Roy entlang verstreut liegen. Die Blöcke auf dem

Ben Erin sind von allen anderen Granitgebieten durch Täler getrennt, deren *höchster* Punkt 920 Fuß unterhalb jenes Blocks liegt, dessen Höhenlage ich gemessen habe; es wäre demnach unmöglich, von dem Granit *in situ* zu diesen Felsblöcken zu wandern, ohne zumin dest diese Anzahl Fuß bergauf zu steigen. Ich möchte nur noch hinzufügen, daß zwischen ihnen und dem Granit des Loch Spey eine offene Verbindungslinie[26] bestanden hätte, wenn eine Wasserfläche das Niveau der Blöcke auf dem Ben Erin erreicht hätte; obwohl ich zugeben muß, daß ich stark be-zweifle, ob in diesem Fall das ortsübliche Gestein am Loch Spey unüberdeckt geblieben wäre; und wenn, dann müßten die Gesteinsblöcke von einem weiter entfernten Ort stammen. Die anderen Abschnitte, wo auf MacCullochs Karte Granit eingetragen ist, liegen weiter entfernt und sind durch tiefere und breitere Täler von den fraglichen Punkten getrennt. Da ich das Gebiet von Lochaber nur sehr eingeschränkt untersucht habe, möchte ich ungern Verallgemeinerungen bezüglich der Position der Gesteinsblöcke anstellen; ich glaube aber, daß sie gewiß am häufigsten auf den Gipfeln kleiner Erhebungen wie dem Meal-derry liegen oder auf demjenigen, von dem es einen Holzschnitt gibt; und vielleicht auch in den schmalsten Talabschnitten, zum Beispiel am Verbindungspunkt des Upper und des Lower Glen Roy. Ich bemerkte auch eine größere Zahl von Gesteinsblöcken auf den Schelfen, als ich aufgrund einiger Brocken erwartet hätte, die ursprünglich höher lagen und heruntergerollt sind. Aber, ich wiederhole, ich möchte nicht mit letzter Sicherheit behaupten, daß dies der Fall ist; wenngleich ich hinsichtlich der Blöcke auf den Gipfeln, von denen ich selbst bei meiner kurzen Begutachtung des Geländes fünf deutlich ausgeprägte Beispiele entdecken konnte, wenig oder keinen Zweifel habe, daß diese Beobachtung richtig ist.

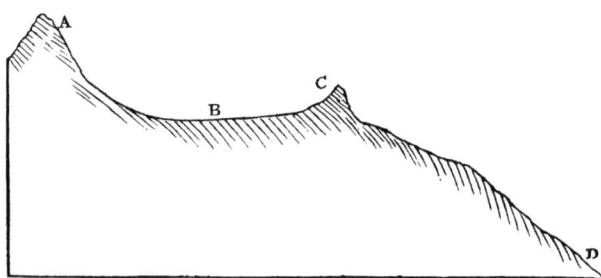

Abb. 4: Profil des Gneisgipfels bei Habercalder im Great Glen. A: hoher Gneisberg; B: ein Torfmoor 215 Fuß unterhalb des Gesteinsblocks, welches die Wftsser teilt, die beiderseits den Berg C umfließen; C: auf Gneis ruhender Syenitblock, 1600 oder 1700 Fuß über dem Meer; D: Habercalder im Great Glen of Scotland.

---

[26] Ein ähnliches Faktum, wie es im Jura beobachtet wurde. Sir James Hall (*Edinburgh Royal Transactions, Bd. VII, S. 143*) schreibt: »Hauptsächlich da, wo aufgrund einer Depression in den dazwisehenliegenden Bergen die verschneiten Gipfel des Jura sichtbar sind, finden wir solche hierher verfrachteten Massen.«

Gleich, welcher Theorie über den Transport erratischer Blöcke man den Vorzug gibt – dem Transport im Rahmen einer überwältigenden Katastrophe, durch Treibeis oder etwas anderes –, es ist unmittelbar evident, daß sie über das Gelände verstreut worden sein müssen entweder bevor sich die Schelfe bildeten oder zum Zeitpunkt ihrer Entstehung, nicht jedoch später, da die Schelflinien nur schwach ausgebildet sind. Der allgemein anerkannten Ansicht von Geologen zufolge ist die sogenannte »Periode der erratischen Blöcke« jüngeren Datums, und somit haben wir einen groben Anhaltspunkt, das Alter der Schelfe und damit der Hebung des gesamten zentralen Teils Schottlands mindestens bis zu einer Höhe von 1278 Fuß (oder der Höhe des oberen Schelfs) über dem Meeresspiegel zu schätzen.

Vielleicht lohnt es die Mühe, unter den hier gegebenen Bedingungen die beiden einzig erwägenswerten Theorien zum Transport erratischer Blöcke kurz zu vergleichen: nämlich die Theorie großer Katastrophen und die Treibeis-Theorie. Ich möchte nicht eigens betonen, wie schwierig es ist, sich – entsprechend der ersten Theorie – Wasserfluten vorzustellen, die so gewaltig sind, daß sie riesige Gesteinsmassen durch tiefe Täler und steile Hänge hoher Berge hinaufverfrachten; außerdem gibt es keinen besonderen Zusammenhang mit dem Fall Lochaber; wer aber annimmt, es habe in vergangenen Zeiten eine derart mächtige Bewegung der Wasserfluten eines tiefen Meeres gegeben, muß irgendwie erklären, warum so viele Gesteinsblöcke an den exponiertesten Stellen auf den Gipfeln kleiner Erhebungen und auch warum so viele in den schmalen Meerengen vorhanden sind, wo man reißende Wasserfluten erwarten müßte. Auf der Oberfläche des Tombhran sah ich auf den Schelfen, die sich dort nicht nur durch die Ansammlung von Lockermassen, sondern auch durch tiefe Einschnitte in das darunterliegende feste Gestein gebildet haben, viele Gesteinsblöcke liegen. Weitere Gesteinsblöcke gab es auf den Schelfen der felsigen Halbinsel am Verbindungspunkt des Upper und des Lower Glen Roy, wo viel von dem Gneis abgetragen ist. Da es hier kein höheres Gelände gibt, konnten die Gesteinsbrocken nicht nach der Bildung der Schelfe von oben an ihren jetzigen Standort gerollt sein; das war auch in mehreren Abschnitten des Tombhran absolut unmöglich. Wenn wir annehmen, die Blöcke seien ursprünglich über das Gelände verstreut gewesen und die Schelfe hätten sich erst später gebildet, stehen wir vor der – wenn auch vielleicht nicht unüberwindlichen – Schwierigkeit, annehmen zu müssen, daß Granitblöcke, deren ursprüngliche Größe wir nicht kennen, ausgerechnet dort lange erhalten blieben, wo eine Gneiszone zerschnitten und abgetragen wurde. Einige der Felsblöcke des Tombhran lagen auf der Oberfläche des unteren Randes der Schelfe dort, wo nach meiner festen Überzeugung das Gefälle des Bodens so geringfügig war, daß sie unmöglich von oben heruntergerollt sein können; ich bedaure jedoch sehr, daß ich, die Bedeutung die ser Sache verkennend, es versäumt habe, diesen Punkt genauer zu untersuchen. Wenn meine Vermutung stimmt, und ich bezweifle es kaum, würde bewiesen, daß eine Kraft, unauffällig genug, um die geringe Menge Erde und kleiner Steine, aus denen die Schelfe gebildet sind, nicht durcheinanderzubringen, diese Blöcke durch tiefe Meeresarme transportierte und auf die Oberfläche der einstigen Strände verfrachtete. Die Theorie, wonach alle erratischen Blöcke unter ähnlichen Umständen wie jene in

Lochaber von Treibeis transportiert wurden, löst diese Schwierigkeiten vollständig; denn erstens laden Eisberge in der Regel das Geröll, mit dem sie befrachtet sind, in den unteren Bereichen der Strände oder Schelfe ab; und zweitens wären diejenigen Blöcke, die kurz vor einer erneuten Hebung angekommen wären, nur zu einem geringen Teil der Abtragung durch die Gezeiten ausgesetzt gewesen. Drittens stranden Eisberge häufig an seichten Stellen und Inselchen, die von den Gezeitenströmen umund überspült wurden; und sie landen auch an den schmalen Stellen der Kanäle, wo sich das Wasser staut. So daß es in diesem Fall plausibel wäre, daß später, als sich das Meer zurückgezogen hatte, die Blöcke an den Stellen verstreut lagen, die sie heute im Gebiet von Lochaber einnehmen. Und schließlich waren dieser Theorie zufolge alle Gebiete, in denen Gesteinsblöcke gefunden werden, einst vom Meer bedeckt; hier haben wir unabhängige Beweise, daß dies der Fall war, zumindest bis zu einer Höhe von 1278 Fuß.

Im Tagebuch meiner Fahrt mit der *Beagle* versuchte ich zu zeigen, daß die erratischen Blöcke Mitteleuropas wahrscheinlich zu der Zeit transportiert wurden,[27] als das Klima ausgeglichener war (hauptsächlich infolge der größeren Wasserfläche), wodurch die Schneegrenze niedriger lag und somit die Gletscher, die Eltern der Eisberge, an geeigneten Stellen talab ins Meer hinunterglitten. Ist diese Auffassung korrekt, müssen wir daher die »Parallelstraßen von Lochaber« und folglich auch die Hebung des Landes in diese Epoche verlegen – nicht nur den Teil des Geländes, der auf 1278 Fuß emporgehoben wurde (was sich mit Sicherheit in nicht allzu ferner Zeit vollzog), son dern das gesamte Gelände, gleich welcher Höhe, auf dem sol che Felsblöcke zu finden sind. Wenn, was sehr wahrscheinlich ist, auch in größerer Höhe als dem Ben Erin welche zu finden sind, was ich bei einem bloßen Gang über die Berge auf einer Höhe von 2200 Fuß über dem Meeresspiegel beobachten konnte, um wieviel bedeutender war dann die Hebung des Landes im selben Zeitraum. Mr. Blackadder schreibt (in einem Brief an Mr. Lyell), er habe an der Westküste Schottlands auf der Insel Mull in 2000 Fuß Höhe große Trümmer Quarzgestein entdeckt, das genauso beschaffen war wie jenes, das auf einigen der benachbarten Inseln und auf dem Festland gefunden wurde. M. Sefström zufolge gibt es in Schweden solche Gesteinsblöcke in 1500 Fuß Höhe; im nordamerikanischen Massachusetts sind Professor Hitchcock zufolge in 3000 Fuß Höhe welche zu finden; und wir wissen, daß sie im Jura weit unten und bis in eine Höhe von 4000 Fuß vorhanden sind. Es ist interessant zu entdecken, daß in unserem eigenen Land die Aufwärtsbewegungen im *selben Zeitraum* mehr als halb so groß waren wie die jenes gewaltigen Gebirgszugs. Hinsichtlich der genauen Periode müssen wir einen gewissen Spielraum zulassen, da sich einerseits die Gletscher der Alpen, die zehn Grad näher am Äquator liegen als die der Berge von Lochaber, im Zuge des Wandels vom damaligen zum heutigen Klima sehr viel früher nach oben zurückgezogen haben müssen und nicht auf Meeresspiegelhöhe heruntergerutscht sind; während sie andererseits, um dem Einfluß des Äquators entgegenzuwirken, Anhängsel größerer Schneemassen waren, die sich auf sehr viel höheren Bergketten aufgehäuft hatten.

---

[27] Ich beziehe mich natürlich nur auf die gemäßigteren und zentralen Teile Europas, offensichtlich werden jedoch manchmal Felsblöcke in diese Regionen verfrachtet, auch heute noch. Sir James Hall schreibt in

Teil VIII. Über die geringfügige alluviale Tätigkeit seit der Entstehung der Schelfe

Nun zu einer anderen Überlegung. MacCulloch staunte sehr über die Tatsache, daß der Schelf in vielen Fällen, wo er ein Gerinne schnitt – ich meine eine jener silbrigen Wasseradern, die fast geradlinig die Flanken steiler Berge hinunterstürzen –, häufig auf beiden Seiten ein kleines Stück weit in die Wasserrinne eintrat. Dies zeigt, daß sich die Rinne zum Teil gebildet haben muß, bevor die Schelfe Meeresstände waren, oder zur selben Zeit. Diese Phänomene konnte ich mehrfach beobachten. Am meisten beeindruckte mich das Beispiel im Glen Roy gegenüber einem Einschnitt im Berg, der ins Glen Fintec führt; hier vereinigten sich zwei schmale Wasseradern an der Stelle, wo sie von der Schelflinie durchschnitten wurden, und an diesem Zusammenfluß war das Gestein sehr ausgesetzt, so daß man annehmen sollte, die Rinne, in der diese Wasseradern flossen, sei durch die Tätigkeit des Wassers vollständig ausgehöhlt worden. Aber der Schelf wölbte sich auf beiden Seiten ein kleines Stück nach innen; und, was noch merkwürdiger war, der grasbewachsene Gipfel oberhalb der Stelle, wo sich die beiden Wasseradern vereinigten, bildete offenbar ursprünglich einen Teil des Schelfs. Dies ist ein Hinweis darauf, daß die gesamte Vertiefung mit Ausnahme der eigentlichen Flußbetten einst eine Einbuchtung oder kleine Bucht auf der Linie alter Meeresstände gewesen sein muß. Mir schien, daß das Ausmaß dessen, wie weit die Schelfe in diese Rinnen eintraten, in keinem ursächlichen Zusammenhang mit der Kraft der Wasserläufe steht, die heute in ihnen fließen. So schnitten auf dem Tombhran (vor den Häusern von Roy) die winterlichen Sturzbäche eine tiefe unpassierbare Schlucht in das nackte zertrümmerte Gestein, und trotzdem treten die Schelfe auf beiden Seiten nur sehr geringfügig ein; in anderen Fällen gibt es eine Vertiefung oder Mulde von beträchtlicher Größe, jedoch nur mit einem

---

seiner Abhandlung über die Umwälzungen auf der Erdoberfläche (»Revolutions which have affected the surface of the earth«, in: *Edinburgh Transactions of the Royal Society*, Bd. VII, S. 157), daß im Solway Firth (und damit in Salzwasser) »ein großer Gesteinsblock von vier oder fünf Fuß Durchmesser, der innerhalb der Hochwassermarke lag und als Grenzstein zwischen zwei Besitzungen diente, in einer stürmischen Winternacht neunzig Yard weit wegverfrachtet wurde; die Einheimischen waren überzeugt, daß diese Wanderung von einer großen Eisscholle bewerkstelligt wurde, die sich rings um den Stein gebildet hatte und festgefroren war, und daß das Ganze durch die steigende Flut hochgehoben und forrge tragen wurde. Den Weg dieses Steines konnte man auf dem darunterliegenden Sand durch eine tiefe und breite Furche verfolgen, die noch lange sichtbar blieb, wie mir mehrere Mirglieder der Gesellschaft sagten, die sie mehr als ein Jahr später sahen.« Da der Stein ein Grenzstein war und durch die steigende Flut ein ganzes Stück weit fortgetragen wurde, vermure ich, daß die durch den Transport entstandene Furche entweder schräg oder parallel zur Küste verlaufen sein muß. Was wäre geschehen, wenn dieser große und schwere Block nicht über Sand, sondern über eine Oberfläche aus Festgestein bewegt worden wäre? Diese Frage wird denen, die die jüngsten Aufsätze der Herren Charpentier, Venetz und Agassiz kennen, die längs und schräg gekritzten Felsen der Alpen in Erinnerung rufen. In den Nachträgen zum Tagebuch meiner Fahrt mit der *Beagle* habe ich mich bemüht zu zeigen, daß die Bewegung von Eis mit darin eingebetteten Gesteinsbrocken über aufeinanderfolgende Oberflächenniveaus seichter Stellen im Zuge der langsamen Hebung des Landes die wahrscheinlichste Erklärung für die Kratzer und Schrammen darstellt, die in Schottland und anderswo mit Recht so viel Aufmerksamkeit erweckten.

winzigen Wasserlauf darin – zum Beispiel gegenüber dem Einschnitt des Glen Fintec –, doch dieses Wasser hat nicht einmal die Überreste des Schelfs aus dem Eingang der Rinne gespült, in der es seit dem Rückzug des Meeres fließt.

Ohne im Detail zu erörtern, wie diese Rinnen ursprünglich geformt waren und ob sich die Einbuchtungen im Strand auf einem bestimmten Niveau nicht nach unten auf ein anderes Niveau fortsetzen, möchte ich anmerken, daß das Meer die Form seiner Küste fast immer verändert und daß dennoch eine exakte Karte einen Küstenverlauf stets als eine in der Weise zerklüftete Linie wiedergibt, daß eine ganze Reihe dieser Linien, übereinander und hintereinander angeordnet, dieselbe gefurchte Oberfläche ergeben würden, wie sie die Berge von Lochaber und die meisten anderen Berge aufweisen. Weiter möchte ich bemerken, daß ich während meiner Fahrt entlang der Küste Nordchiles und Perus, wo sich die alluviale Tätigkeit auf ein extrem kleines Ausmaß beschränkt und wo mit sehr geringer Wahrscheinlichkeit in jüngerer Zeit eine *gewaltige* Klimaänderung stattfand, mehrfach und mit großer Überraschung beobachtete, wie stark die geringfügigen Ungleichmäßigkeiten der Oberfläche (auch wenn mit Schichten von Meeresmuscheln existierender Arten bedeckt) denen jener Gegenden ähnelten, wo man gewöhnlich beinahe jedes Detail ihres Profils auf Wettereinwirkungen zurückführt. Ich habe nur einen einzigen Unterschied festgestellt, nämlich daß die größeren Täler einen ungewöhnlich flachen Boden hatten. Obwohl von der Wahrheit dieses Faktums völlig überzeugt, muß ich zugeben, daß ich erstaunt war, in den Bergen Schottlands, die über einen langen Zeitraum hinweg dem zerstörerischen Einfluß eines feuchten und stürmischen Klimas ausgesetzt waren, klare Belege dafür zu entdecken, daß nahezu jede Furche und jede Ungleichmäßigkeit, die wir heute sehen, beinah vollständig in dem Zustand erhalten ist, in dem sie von den zurückweichenden Meereswellen hinterlassen wurde.[28] Da einige dieser Strände erhalten sind, kann man genau auf eine Stelle deuten und sagen, wieviel abgetragen wurde, als hier das Meer stand, und wieviel die fließenden Süßwasserbäche seither abtransportiert haben.

---

[28] Es ist kaum möglich, mit Worten eine genaue Vorstellung von jener Art Ungleichmäßigkeiten zu vermitteln, die, wie wir aufgrund der über sie hinweg verlaufenden und in die dazwischenliegenden Hohlräume eindringenden Schelfe wissen, das Meer hinterlassen hat. Ich hoffe, daß jedermann, der sich für dieses Thema interessiert, die Sir Lauders Abhandlung beigefügten Tafeln (*Edinburgh Transactions*, Bd. IX), und insbesondere Tafel IV genau studiert. Die Schelfe auf der linken Seite (talaufwärts gesehen) wölben sich in alle größeren Rinnen; auf der rechten Seite, gleich im Vordergrund, wird man bei genauer Betrachtung der Tafel sehen, daß sie sich ein Stück weit in alle senkrechten Furchen (von denen einige auslaufen und andere beginnen) hineingewölbt haben, deren Boden offenkundig durch die herunterstürzenden Gerinne noch tiefer eingeschnitten wurde. Das Bild, das diese Tafeln vom Zustand der Oberfläche dieser Berge und von der Art und Weise vermitteln, in der sich die Schelfe um die Landspitzen herumwinden und in die Rinnen eintreten, erscheint mir außerordentlich wahrheitsgetreu, auch wenn das Tal selbst zu schmal und zu tief und an den Flanken viel zu steil wiedergegeben ist. Diese Tafel zu betrachten ist eine lehrreiche Lektion für einen Geologen, der ganz gewiß erstaunt sein wird, wenn er erkennt, wie typisch die Zeichnung für jedes gewöhnliche Tal in einem bergigen Gelände ist; gleichzeitig wird er zugeben müssen, daß selbst die kleinen Furchen, die erst gestern entstanden zu sein scheinen, ihren Ursprung – jedenfalls zum größten Teil – den aufeinanderfolgenden kleinen Buchten oder Einbuchtungen verdanken, wie sie eine unterhalb der anderen an einstigen Meeresstränden verliefen.

Man könnte fragen, ob denn die gegenwärtige alluviale Tätigkeit hier nichts bewirkt hat? Mit Sicherheit einiges, aber, ich wiederhole, nichts im Vergleich zu dem, was vor dem Rückzug des Meeres bewirkt wurde. In Chile zog ich daraus den Schluß, daß die Tätigkeit der schnelleren Flüsse und der Sturzbäche sich in erster Linie darauf beschränkte, die von den Meeresarmen hinterlassenen litoralen und sublitoralen Ablagerungen fortzuschaffen, und in zweiter Linie – sobald die oberen Schichten abgetragen waren – eine enge und steile Schlucht in den harten Fels schnitt. Solange sich der Fluß durch dieses vom Wasser bearbeitete Material seinen Weg bahnte, war offensichtlich sein Bett breit, da er seinen Lauf mit großer Leichtigkeit änderte; sobald er aber die festen Schichten erreichte, wurde sein Bett äußerst schmal. Diese Schlußfolgerungen stehen in strikter Übereinstimmung mit meinen Beobachtungen in den Tälern von Lochaber. Es gibt einige merkwürdige Beispiele dafür, daß die Korrosion gering war, seitdem das Meer auf dem Niveau der oberen Schelfe stand. Sir Lauder Dick, der den Anfang des Glen Gluoy ausführlich beschrieben hat,[29] zieht daraus den Schluß, daß der Fluß in dem immensen Zeitraum, der vergangen sein muß, seitdem sich das Wasser (des Meeres) von dem 1278 Fuß hoch gelegenen Schelf zurückzog, dort eine ungewöhnliche, zwischen fünfzig und sechzig Fuß tiefe, aber nur *wenige Fuß* breite Schlucht eingeschnitten hat. Der Bach im nördlichen Nebental des Glen Turet hat sich nur in einem Abschnitt des Tals, zwischen dem mittleren und dem 972 Fuß hoch gelegenen Schelf einen Weg durch das feste Gestein geschnitten. Im Upper Glen Roy stürzt der Bach im Süden über eine Kaskade, deren oberem Rand der 1226 Fuß hoch gelegene Schelf auf beiden Seiten sehr nahe kommt, hinunter in die Ebene. Ich habe diese Stelle zwar nicht bestiegen, aber soweit ich es beurteilen konnte, hat sich das Wasser nicht mehr als höchstens ein paar Yard tief in das Gestein eingeschnitten, über das es fließt. Weitere ähnliche Beispiele könnten angeführt werden. Auch wenn keiner dieser Bäche viel Wasser führt, können sie nach den winterlichen Regenfällen doch beträchtlich anschwellen; und ihre Tätigkeit erstreckte sich über einen so großen Zeitraum hinweg, daß sich die geographischen Merkmale des Landes – wahrscheinlich zusammen mit dem Klima – tiefgreifend veränderten. Die felsigen Bergkämme haben durch die Witterung zweifellos gelitten; aber der perfekte Erhalt der Schelfe über viele hundert Yards Länge und im Falle des Glen Roy (mit seinen drei Schelfen) über ein paar hundert Fuß vertikale Höhe sind der klare Beweis dafür, daß der größte Teil der Oberfläche heute noch genau so erhalten ist, wie das Meer sie hinterlassen hat. Durch das Bersten zeitweiliger Bergseen mögen gewaltige Mengen Gesteinsschutt mit fortgerissen oder in den Tälern aufgehäuft werden; Erdbeben mögen Unmengen Geröll zu Boden schleudern; und Sturzbäche mögen im Verlauf unendlich langer Zeiträume oder unter günstigen Bedingungen (wie etwa dem Abgang vieler Kieselsteine) eine Schlucht von beliebiger Tiefe graben, die jedoch, soweit man es beurteilen kann, stets eng und steil sein wird. All dies muß oft geschehen sein, und es wird wieder geschehen; die Täler von Lochaber jedoch zeigen deutlich, daß die normale alluviale Tätigkeit verschwindend

---

[29] Edinburgh Transactions, Bd. IX, S. 26.

gering ist, weitaus geringer, als man hätte erwarten müssen. Und da sich das Profil dieser Täler von dem aller anderen nicht erheblich unterscheidet, kann man diese Schlußfolgerung auch auf andere Fälle übertragen.

Im Glen Roy läßt der Erhaltungszustand der drei übereinanderliegenden Schelfe wenig oder keinen Unterschied erkennen; ich glaube allerdings, daß der obere perfekter ist als der darunterliegende. Aus dieser Tatsache leitete Dr. MacCulloch das Argument ab, ihre Entstehung habe sich nicht in großen zeitlichen Abständen vollzogen. Diese Ansicht ist jedoch völlig inakzeptabel; das abgetragene und tief gekerbte Gestein der Schelfe auf dem Tombhran oder die Vorsprünge auf dem mittleren Schelf (wie am Anfang des Lower Glen Roy), die aus großen Massen sehr gut gerundeter Kiesel bestehen, sind *Beweis* genug, daß das Wasser über sehr lange Zeiträume hinweg auf Niveaus zwischen dem höchsten und dem 972 Fuß hoch gelegenen Schelf geblieben sein muß; das *Zwischenschelf* und andere Phänomene braucht man dabei gar nicht zu berücksichti gen. Folglich liegt die Alternative auf der Hand, und sie steht in direktem Einklang mit dem, was bereits gesagt wurde, daß nämlich die normale alluviale Tätigkeit so verschwindend gering ist, daß der Erhaltungszustand der Oberfläche keine erkennbaren Unterschiede aufweist, ob sie nun über ein, zwei oder mehr Zeitabschnitte hinweg äußeren Einflüssen ausgesetzt war.

Von den vielen auffälligen Merkmalen der Geologie dieses Gebiets sind wohl nur wenige auffälliger als dieser perfekte Erhaltungszustand seiner Oberfläche. Wir haben eine Anhäufung aus weichem Material, die so klein ist, daß sie, wenn man darauf steht, vom angrenzenden Hang oft unterscheidbar ist, die aber, der Oberflächenbeschaffenheit der Berge nach zu urteilen, wahrscheinlich nie sehr viel größer war; und doch sieht man aus größerer Entfernung, daß diese Anhäufung über viele hundert Yards, ja sogar Meilen Länge stetig und ununterbrochen verläuft, abgesehen vielleicht von ein paar wenigen kleinen Unterbrechungen, wo ein kleiner Bach herunterfließt. Auf diesen Hügeln lassen sich bisweilen Gesteinstrümmer, die von den kleinen Wellen des einstigen Wassers bearbeitet wurden, von solchen unterscheiden, die seither heruntergefallen sind; und im Loch Treig, auf einer Höhe von 972 Fuß über dem Meeresspiegel, sehen die von den Gezeiten ausgehöhlten Felsen aus, als wären kaum hundert Jahre vergangen, seitdem sie von der Wellenbewegung der brandenden Strömung ausgewaschen wurden. Oft wurde der Erhalt der druidischen Erdhügel in Großbritannien als etwas beschrieben, das Aufmerksamkeit verdient; hier jedoch haben sich Schöpfungen, die kleiner sind als jene uralten, dem Aberglauben gewidmeten, über einen Zeitraum, den man nicht in Jahrtausenden, sondern nur im Blick auf die großen Umwälzungen der Natur bemessen kann, welche das Ergebnis langsamer und kaum wahrnehmbarer Veränderungen sind, ihre Konturen fast so perfekt bewahrt, wie sie vorzeiten waren, als die Hand der Natur sie formte.

Diese Fakten sind auch noch unter einem anderen Aspekt interessant, belegen sie doch, daß wir unserer klaren empirischen Schlußfolgerung durchaus trauen können. Wir sehen,[30] wie der Stein vieler antiker Bauten zerfällt und zerbröckelt, und doch

---

[30] Vgl. hierzu Professor Phillips interessante Abhandlung in: *Geological Proceedings*, Bd. I, April 1831, S. 323.

wissen wir, daß andere, wie zum Beispiel die Obelisken Ägyptens mit ihren fast vollständig erhaltenen Hieroglyphen, mehr als dreitausend Jahre überdauert haben; wir
sehen heute keinen Grund, warum ihre Umrißlinien, selbst im Detail, nicht hundert-
mal dreitausend Jahre überdauern sollten. Und weiterhin: Wir können zwar erwarten,
daß der Grat eines Gebirgszugs in Trümmer fällt und sich ein Sturzbach mehr oder
weniger tief eingräbt; bei einem konvex geformten, grasbewachsenen Hang jedoch, der
auf allen Seiten von Gerinnen durchzogen ist, sehen wir, solange die Vegetation unverändert bleibt, keinen Grund, warum dieser Hang (abgesehen von den Stellen, wo eine
Wasserhose platzt oder der Blitz einschlägt) nicht ebenso viele Jahrhunderttausende
überdauern sollte, wie die Obelisken Ägyptens Bestand haben. Die Richtigkeit dieser
Folgerungen wird schlüssig belegt durch den Zustand, in dem sich uns heute die Berge
von Lochaber präsentieren – ein Zustand, dessen hohes Alter wir annähernd kennen.

Teil IX. Über die Horizontalität der Schelfe und über das gleichmäßige Wirken der hebenden Kräfte

Sir Lauder Dick hat mit Mr. MacLeans Unterstützung die absolute Horizontalität der verschiedenen Schelfe offenbar mit sehr hoher Genauigkeit ermittelt. Dabei verwendeten sie
ein empfindliches Achtzehn-Zoll-Nivellierinstrument, hergestellt von Jones. Sir Lauder
schreibt:[31] »Richtete man das Objektiv des Instruments auf die näher und unmittelbar gegenüber gelegene korrespondierende Schelflinie, so entsprach sie in ihrer ganzen Länge
sehr genau dem horizontalen Faden; richtete man es aber auf die weiter entfernten (einige
vielleicht fünf oder sechs Meilen weit weg), schienen sie beträchtlich unterhalb des Fadens
zu sinken, und zwar proportional zu ihrer Entfernung von dem Punkt, an dem wir standen;
aber die Abweichung war nirgends größer, als sie unter Berücksichtigung der Erdkrümmung auf so geradlinigen Entfernungen angenommen werden muß. Und was unserer Meinung nach am überzeugendsten war: Wenn wir das Fernrohr auf irgendeinen bestimmten
Abschnitt richteten und entlangwandern ließen, der, da direkt dem Auge gegenüberlie-
gend, in allen seinen Teilen annähernd gleich weit entfernt hätte sein müssen, stellten wir
fest, daß die Relation zum horizontalen Faden stets gleichblieb.« Zu denselben Ergebnissen
gelangten sie auch in anderen Fällen; dennoch scheint der Depressionswinkel der weiter
entfernt gelegenen Schelfe nicht wirklich gemessen und dessen Übereinstimmung mit der
Erdkrümmung nicht berechnet worden zu sein. Sicher jedoch ist, daß die Abweichung von
dieser Kurve, wenn es denn eine gibt, sehr gering sein muß.[32] Hier haben wir also einen Fall,

---

[31] Edinburgh Transactions, Bd. IX, S. 8.
[32] Ich möchte hier anmerken, daß aus den von Mr. Smith in seiner Abhandlung im *Edinburgh New Philosophical Journal* zusammengetragenen Fakten dieselbe Hebung auch der Westküste Schottlands, ja der Britischen Inseln insgesamt und anderer Teile Europas abgeleitet werden kann. Der Verfasser schreibt (Bd. XXV, S. 388): »Die große Terrasse (aufgrund der Funde organischer Überreste anerkann-

der vielleicht mit größerem Nachdruck als alle bisher erörterten die Doktrin stützt, daß bei diesen Niveauänderungen das Land das konstante und der Ozean das veränderliche Element ist, denn man könnte durchaus fragen: Können wir davon ausgehen, daß ein ganzes Land emporgehoben wurde, ohne daß auch nur die geringste Krümmung der ehemaligen Küstenlinien nachweisbar wäre? Ohne auf das Argument von gegenwärtig stattfindenden Aufwärts und Abwärtsbewegungen oder auf die Schwierigkeit zu verweisen, sich ein Auffangbecken für eine annähernd 1300 Fuß dicke, konzentrisch zur Erdkugel verlaufende Schicht Wasser vorzustellen, möchte ich das Phänomen noch aus einem anderen Blickwinkel betrachten. Den von Mr. Lyell in seinen *Principles of Geology* [33] und den *Philosophical Transactions*[34] vorgetragenen Fakten zufolge steigt heute ein weiträumiges Gebiet in Schweden mit einer Geschwindigkeit von drei Fuß in hundert Jahren; das betroffene Gebiet erstreckt sich von Gottenburgh bis nach Torneo und von dort weiter bis zum Nordkap (1000 geographische Meilen entfernt), obwohl die Hebung in Richtung Norden immer weiter zunimmt. Daraus können wir zuverlässig die Schlußfolgerung ziehen, daß weiträumige Landstriche Skandinaviens so gleichmäßig gehoben wurden, daß Ende des vorigen Jahrhunderts an mehrere Meilen, wenn nicht sogar Wegstunden auseinanderliegenden Punkten der Unterschied der Hebung nicht einmal einen Fuß betrug. In Südamerika wurde in jüngerer Zeit die gesamte Küste Chiles angehoben; und während der gewaltigen Erdstöße, von denen das Land heimgesucht wird, wurden weiträumige Gebiete fast um dieselbe Höhe emporgehoben, wenngleich einige Teile ein paar Fuß mehr als andere. Auch an der Ostseite dieses Kontinents stieg das Land im selben Zeitraum, und da Erdbeben dort unbekannt sind, vollzog sich – wie in Schweden – die Veränderung vermutlich so langsam, daß sie zu keinem Zeitpunkt wahrnehmbar wurde. Auf dieser Seite kann der Reisende viele hundert Meilen über Ebenen reiten, die kaum von einer einzigen sanften Welle unterbrochen werden und wo die Schichtung und die Oberfläche des Landes fast absolut horizontal sind. Niemand könnte sich hier auch nur für einen Augenblick vorstellen, daß die hebenden Kräfte ungleichmäßig gewirkt hätten; vielmehr ist man erstaunt, daß der Boden eines Meeres oder einer Flußmündung so gleichmäßig gewesen sein soll wie im Falle des Mündungstrichters, dessen Bett vor nicht langer Zeit die Ebenen von La Plata bildete.

Wenn also weite Ebenen und gebirgige Landstriche fast absolut horizontal emporgehoben werden können, wie es in den obigen Fällen zweifellos geschehen ist, haben dann etwa wir, die wir den Mechanismus dieser Bewegungen überhaupt nicht kennen, das Recht, diese überdeutlichen Analogien zurückzuweisen, indem wir Schwierigkeiten annehmen, die fast an physikalische Unmöglichkeiten grenzen, und glauben, daß in Lochaber genau das Gegenteil dessen stattfand, was in anderen Fällen gesichert ist – und

---

termaßen marinen Ursprungs), deren Fundament im großen und ganzen dreißig bis vierzig Fuß über dem Meer liegt, bildet einen markanten Grundzug der Landschaft Westschottlands.«

[33] Buch II, Kap. XVII, »On the gradual rise of the land in Sweden«. [Dt.: »Über die langsame Hebung des Landes in Schweden«, in: *Grundsätze der Geologie oder die neuen Veränderungen der Erde und ihrer Bewohner in Beziehung zu geologischen Erläuterungen*, Bd. 2: *Die neuen Veränderungen der unorganischen Welt.*]

[34] *Transactions of the Royal Society*, Teil I, 1835, S. 33.

zwar nur deshalb, weil sich die Niveauänderung gleichmäßiger vollzog, als wir in unserer Unwissenheit es erwartet haben? Ich glaube, daß jeder, der die obigen Fakten aufmerksam erwägt, mit mir verneinen wird, daß die Strände von Lochaber, die so viele hundert Fuß emporgehoben wurden, noch heute der Krümmung ihrer einstigen Wasserfläche folgen müssen, so wundersam dies auch sein mag.

Ganz im Gegenteil steht ein hochbedeutsames geologisches Faktum fest; nämlich daß ein (zwanzig Meilen langes und achtzehn Meilen breites, die Schelfe an den Ufern des Spey mitgerechnet, vielleicht noch größeres) Gebiet auf eine Höhe von 1278 Fuß über dem Meeresspiegel emporgehoben wurde, und zwar so gleichmäßig, daß mit den gewöhnlichen Nivellierinstrumenten keine Abweichung von der tatsächlichen Erdkrümmung festgestellt werden kann.[35]

Teil X. Spekulationen über das Wirken der hebenden Kräfte und Konklusion

Wenn wir uns entschließen, den Boden der Spekulation zu betreten und über die sekundären Kräfte nachzudenken, die diese gleichmäßigen Bewegungen verursacht haben, bieten sich zwei Lösungen an. Vorab jedoch muß ich anmerken, daß die Erdkruste leicht den Kräften nachzugeben scheint, die von unten auf sie wirken; wenn eine Backsteinmauer von einer Kanonenkugel oder eine Glasscheibe von einem kleinen Stein zertrümmert wird, sagen wir, beide sind fragil und haben keine große Widerstandskraft; wenn wir also die Erde untersuchen und Risse und immer neue Risse entdecken, nach unten abgesenkte und weit nach oben gehobene Teilstücke (wie es bekanntermaßen dort der Fall ist, wo große Querschnitte gewonnen wurden, zum Beispiel in unseren Kohlegruben oder metallführenden Gebieten), so müssen wir doch gewiß zugeben, daß die Kraft, die die Erdkruste in vertikale Ebenen aufgebrochen hat, die im Verhältnis zur Dicke der Erdkruste relativ näher aneinanderliegen als die Risse der gesprungenen Glasscheibe den ihr entgegengebrachten Widerstand leicht überwunden hat, wie groß dieser Widerstand, absolut betrachtet, auch immer gewesen sein mag. Dieselbe Schlußfolgerung drängt sich auf, wenn wir bedenken, daß die Ursache für die Erschütterung des Bodens bei einem Erdbeben das Auseinanderbrechen der Schichten zu sein scheint; und daß Erdbeben in vielen Ländern so häufig auftreten, daß wohl kaum diese Stunde vergehen wird, ohne daß irgendwo die Erdkruste aufbricht. Ja, würde die Kruste nicht so leicht aufbrechen, könnte.n partielle Hebungen nicht so langsam vonstatten gehen, wie wir herausgefunden haben; sie hätten vielmehr den Charakter von Explosionen. Daß es

---

[35] Angesichts der großen Bedeutung dieser Schlußfolgerung und der vielen mit dem Thema der »Parallelstraßen« verknüpften interessanten Details ist sehr zu wünschen, daß die großartige Gelegenheit einer genauen Untersuchung, wie sie die Vermessungsbehörde plant, von den Herren, die diese Vermessung durchführen und die für diese Aufgabe so gut qualifiziert sind, auch genutzt wird.

in bestimmten Fällen[36] tatsächlich einen Zusammenhang zwischen dem Wettergeschehen bei niedrigem Barometerstand und dem Auftreten von Erdbeben gibt, kann, glaube ich, kaum bezweifelt werden; Mr. P. Scropes diesbezüglicher Erklärung folgend, die Verringerung des Luftdrucks (der in einigen Fällen, über ein sehr großes Ge biet verteilt, eineinhalb Zoll auf der Quecksilbersäule beträgt) bestimme den Zeitpunkt des Erdbebens, sofern Kraft und Spannung vorher nahezu im Gleichgewicht waren, können wir sagen, wir besitzen einen groben Maßstab für die Kraft, die in jenem Gebiet notwendig ist, um die Kohärenz der Teile entscheidend zu stören, wie sie in den Intervallen zwischen ständig wiederkehrenden Erdbeben existiert. Wenn dann die treibende Kraft so allmählich wirkt, daß die Erdkruste jenen Grad der Spannung erreichen kann, der dazu führt, daß große Teile der Erdkruste einem sehr geringen zusätzlichen Impuls leicht nachgeben; und wenn, wie wir zweifelsfrei wissen, die Erdkruste auf zahllosen vertikalen Ebenen aufbricht, die einander netzwerkartig überschneiden und auf sehr kurzen Entfernungen parallel zueinander verlaufen, müssen wir davon ausgehen, daß die gleichmäßige Hebung eines so großflächigen Gebiets wie Lochaber auf das gleichmäßige Wirken der hebenden Kräfte zurückzuführen ist und nicht auf die Kohäsion seiner Teile.

Dies nicht vergessend, lautet die naheliegende Lösung des Problems – ich habe jedoch große Zweifel, ob es die richtige ist –, daß keine andere Kraft als die gleichförmige Ausdehnung fester Materie durch Hitze die Oberfläche einer großen *fragilen* Masse so gleichmäßig emporheben kann, als welche das Gebiet von Lochaber betrachtet werden muß. Ich bezweifle die Richtigkeit dieser Lösung erstens, weil eine sehr große Ausdehnung stattfinden muß, insbesondere, wenn wir auch die Anhebung der erratischen Blöcke, die heute mehr als 2200 Fuß über dem Meer liegen, in diese Bewegungen mit einbeziehen. Zweitens, weil die Bewegungen von derselben Art gewesen zu sein scheinen wie jene in dem nicht weit entfernten Landstrich Schwedens; und dort wurde von Mr. Lyell nachgewiesen, daß bei Stockholm zu einer Zeit, als es dort schon Menschen gab, eine alternierende Bewegung von mehr als sechzig Fuß stattgefunden hat; und man ist stark versucht zu glauben, daß es zwischen den ansteigenden und den unmerklich sinkenden Gebieten Nordeuropas einen Zusammenhang gibt. Um all dies mit der Theorie der Ausdehnung erklären zu können, ist, wie mir scheint, ein ungleich stetigeres Agens als Hitze notwendig, um einen so *langsamen* und weitreichenden Einfluß auszuüben; wenn man eine mechanische Verschiebung annimmt, tauchen solche Schwierigkeiten nicht auf. Drittens (und das ist für mich der Hauptgrund, die Ausdehnung als eine durch sich selbst wirkende Kraft abzulehnen) weil die Bewegungen von derselben Art zu sein scheinen wie jene, die sich heute in Südamerika vollziehen; und in jenem Land kann die Hebung bestimmter weiträumiger Gebiete, wie ich kürzlich (am 7. März 1838) in einer vor der Geological Society verlesenen Abhandlung zu zeigen versuchte, keiner anderen Ursache als einer wirklichen *Bewegung* in einer ausgedehnten unterirdischen Fläche geschmolzenen Gesteins zugeschrieben werden: vergleichbar dem – nur um ein Beispiel zu

---

[36] In meinem Tagebuch während der Fahrt mit der *Beagle* habe ich (S. 431 und 432) einige Beispiele dafür erwähnt.

geben – , was sich ergäbe, wenn sich die durch Messung der Meridianbögen angezeigten Ungleichmäßigkeiten in der Abplattung der Erdoberfläche verschieben würden. Aus den in dieser Abhandlung dargelegten Fakten kann zudem der Schluß gezogen werden, daß der Kern ziemlich flüssig sein muß. Bei einem Vulkan ist sogar die Lava, die auf einen Berggipfel, weit über die unterirdischen Isothermen des geschmolzenen Gesteins hinaus, geschleudert wird und sich auf die Oberfläche ergießt, oftmals so flüssig, daß sie zu dünnen Platten verläuft wie geschmolzenes Metall. Wo sich die plutonische und die metamorphe Formation treffen, sehen wir gewundene fadenförmige Adern, die sich von ersterer in letztere verzweigen und die nur in vollkommen flüssigem Zustand injiziert worden sein können. Hier ist das Gestein in großer. Tiefe und unter enormem Druck geschmolzen, und doch muß es vollkommen flüssig gewesen sein: Solche plutonischen Gesteine bilden überdies die Schichten, auf denen alle anderen ruhen. Angesichts letzterer Fakten sowie der Schlußfolgerungen aus den in Südamerika beobachteten Phänomenen kann es als in hohem Maße nicht unwahrscheinlich gelten, daß dieser Teil Schottlands bei seiner Emporhebung auf Material von beträchtlicher Fluidität ruhte, das langsam seine Form veränderte. Wenn man dem zustimmt, kann man sich ohne große Schwierigkeit vorstellen, daß die Oberfläche des im Innern geschmolzenen Materials jenen ihr eigenen Grad der Krümmung beibehielt, die aus der unbekannten Kraft, der Schwerkraft und dem Impuls der Fliehkraft resultiert. Da wir überdies aus dem, was wir heute in Südamerika und in Skandinavien beobachten, folgern müssen, daß das betroffene Gebiet groß war, muß der Unterschied im Ausmaß der Krümmung des flüssigen Kerns nach der Hebung dieses Teils um ein- oder zweitausend Fuß äußerst gering und seine Konturen von denen des Ozeans kaum und von denen eines Meeres, das von verschiedenen Gezeiten in begrenzten Kanälen beeinflußt ist, gewiß gar nicht zu unterscheiden sein; und im Falle des Glen Roy stellt ein solches Meer den einzigen Vergleichsmaßstab dar. Wir möchten fast wagen zu sagen, daß ähnlich dem Packeis des Polarmeers mit seinen Hügeln und seinen riesigen Eisschollen, das über die Flutwelle emporsteigt, sich auch die Erdkruste mit ihren Bergen und Ebenen unter dem Einfluß der sich damals vollziehenden großen säkularen Veränderungen über die konvexen Oberflächen des geschmolzenen Gesteins emporhob.

Nach diesen Überlegungen betrachte ich es keineswegs als eine unüberwindliche Schwierigkeit, daß die Krümmung der Schelfe des Glen Roy über ein Gebiet von vier, fünf oder vielleicht sogar zwanzig Meilen innerhalb der Grenzen der Genauigkeit, die aufgrund der natürlichen Gegebenheiten dieses Fal les möglich sind, der Krümmung der Oberfläche des Ozeans entspricht. Im Gegenteil folgere ich aus der Krümmung dieser Schelfe erstens, daß das Gebiet von Lochaber nur ein kleiner Teil des insgesamt betroffenen Areals ist; zweitens sehe ich meine Ansicht bestätigt, die ich aus den in Südamerika beobachteten Phänomenen gewonnen habe, daß nämlich die treibende Kraft in diesen Fällen eine geringfügige zusätzliche Konvexität ist, die der flüssige Kern langsam gewinnt; und drittens dieses zusätzliche Faktum, daß wir auf diese Weise einen Maßstab für den Grad der homogenen Fluidität der Materie im Erdinnern unter einem weiträumigen Gebiet erhalten: daß sich nämlich deren Partikel, auf die eine störende Kraft einwirkt, dem Gesetz der Schwerkraft folgend, selbständig ordnen. Und auch wenn uns diese Schlußfolgerung einigermaßen überrascht, wenn wir sie auf den Bereich der Tiefsee übertragen, sehen wir sie in der Regel in vulkanischen Gebieten bestätigt, wo sich ein von einem Hindernis gebremster Lavastrom zu einer horizontalen Platte ausgebreitet hat.

In seinen *Principles of Geology*[37] zitiert Mr. Lyell einen Passus aus Sir John Herschels *Astronomy*,[38] um zu zeigen, daß die Abtragung des festen Materials und dessen Wiederablagerung auf dem Meeresboden ungeachtet der ursprünglichen Gestalt der Erde – kontinuierlich dazu tendieren muß, die *aktuelle* Gestalt der Erde, wie es Playfair[39] ausdrückt, in deren *statischen* Gestalt zu verändern. Und er fügt hinzu, daß »dies für jeden auf der Oberfläche fließenden Lavastrom gilt, und wenn sich die vulkanische Tätigkeit in größere Tiefen erstreckt, so daß verschiedene Teile der Erde nacheinander schmelzen, sich unter dem Einfluß ähnlicher Veränderungen infolge von Ursachen, die alle genau in diesem Moment wirken, schließlich das gesamte Innere umgestaltet«. Geht man also davon aus, daß sich die Krümmung der Schelfe von Lochaber der Hebung dieses Gebiets infolge ausgedehnter unterirdischer Flächen flüssigen Materials verdankt, dessen Atome dem Gesetz der Schwerkraft gehorchen, so kann kein Zweifel bestehen, daß sie auch dem Gesetz der Fliehkraft gehorchen. Wenn daher die Gestalt der Erde nicht bereits der eines Sphäroiden im Gleichgewicht nahekäme, würden auf die Regionen in Äquatornähe und auf die Regionen in der Nähe der Pole im Zuge der Niveauänderungen, die sich momentan vollziehen, ganz andere Kräfte einwirken; und damit wäre sofort die statische Gestalt erreicht, da die Erdkruste jetzt aufbricht (und auf einer unendlichen Anzahl von Ebenen bereits aufgebrochen ist). Ich lege diese Ansicht hier dar, weil Playfair eine vollkommen konträre Auffassung vorgetragen hat, die ich für nicht anders als unrichtig halten kann.[40]

Am Schluß dieser Abhandlung möchte ich kurz die Haupt-punkte zusammenfassen, die durch die Untersuchung des Gebiets von Lochaber durch Sir Thomas Lauder Dick, Dr. MacCulloch und mich selbst beispielhaft verdeutlicht werden. 1. Nahezu das gesamte vom Wasser bearbeitete Material in den Tälern dieses Teils Schottlands wurde in der Gestalt, in der es sich uns heute darbietet, von dem sich langsam zurückziehenden Meerwasser hinterlassen; und die Tätigkeit der Flüsse bestand seit jener Zeit hauptsächlich darin, diese Ablagerungen fortzuschaffen, und, nachdem dies bewirkt war, eine enge und steile Schlucht in das feste Gestein zu graben. 2. In diesem langen Zeitraum, der vergangen sein muß, seitdem das Meer auf dem Niveau der oberen Schelfe stand, war die alluviale Tatigkeit äußerst gering: Steile grasbewachsene Hänge über ausgedehnte Flächen hinweg und die nackte Gesteinsoberfläche sind sogar vollständig erhalten; und wir sehen die wichtigsten wie auch die meisten weniger bedeutsamen Ungleichmäßigkeiten des Landes in dem Zustand, in dem sie damals hinterlassen wurden. 3. Die Hebung die-

---

[37] *Principles of Geology* (5. Auflage), Buch II, Kap. XVIII, S. 311.
[38] *Cabinet Cyclopedia, Astronomy*, S. 120.
[39] *Illustrations of the Huttonian Theory*.
[40] Illustrations ofthe Huttonian Theory, S. 488.

ses Teils Schottlands vom Niveau des heutigen Strandes auf eine Höhe von *mindestens* 1278 Fuß vollzog sich, immer wieder unterbrochen durch lange Ruhephasen, äußerst langsam: Sie begann in der sogenannten »Periode der erratischen Blöcke«. 4. Wahrscheinlich wurden die erratischen Blöcke zur Zeit der unmerklichen Entstehung der Schelfe transportiert. Einer wurde in einer Höhe von 2200 Fuß über dem Meeresspiegel entdeckt. 5. Die außergewöhnliche Tatsache, daß ein weiträumiges Gebiet so gleichmäßig in eine große Höhe emporgehoben wurde, daß die alten Strandlinien dieselbe oder fast dieselbe Krümmung aufweisen, die sie hatten, als sie die konvexe Oberfläche des einstigen Wassers begrenzten. Und schließlich die Schlußfolgerungen aus diesem Hauptpunkt, die durch andere Beispiele gestützt werden, daß nämlich ein großflächiges Gebiet emporgehoben worden sein muß, und daß dies durch eine geringfügige Veränderung der konvexen Form des flüssigen Materials bewirkt wurde, auf dem die Erdkruste ruht; und daß damit die Fluidität groß genug ist, damit sich die Atome, dem Gesetz der Schwerkraft gehorchend, bewegen und in der Folge auch alle Wirkungen dieses durch den Impuls der Fliehkraft modifizierten Gesetzes eintreten können. Und daß damit selbst die störenden Kräfte nicht die Tendenz haben, der Erde eine Gestalt zu geben, die sich von der eines Sphäroiden im Gleichgewicht groß unterscheidet.

Postskriptum

Meinem Freund Mr. Albert Way bin ich zu großem Dank verpflichtet. Er war so liebenswürdig, mir die Zeichnung zu leihen, der die beiliegende lithographische Skizze entnommen ist. Sie gibt das Erscheinungsbild des Glen Roy sehr getreu wieder.

Über die Tendenz von Arten, Varietäten zu bilden; und über den Fortbestand von Varietäten und Arten auf dem natürlichen Weg der Selektion

Von Charles Darwin, Esq., F. R. S., F. L. S. & F. G. S.,
und Alfred Wallace, Esq. Mitgeteilt von Sir Charles Lyell,
F. R. S., F. L. S., und J. D. Hooker, Esq., M. D., V. P. R. S., F. L. S. &c.

Mein werter Herr, – Beiliegende Abhandlungen, die wir der Linnean Society mitzuteilen die Ehre haben und die sich alle auf denselben Gegenstand beziehen, nämlich auf die Gesetze betreffend die Entstehung von Varietäten, Rassen und Arten, enthalten die Ergebnisse der Untersuchungen zweier unermüdlicher Naturforscher, Mr. Charles Darwin und Mr. Alfred Wallace.

Diese Herren haben, unabhängig und in Unkenntnis voneinander, dieselbe sehr sinnreiche Theorie entwickelt, um das Auftauchen und den Fortbestand von Varietäten und spezifischen Formen auf unserem Planeten zu erklären, und können somit beide zu Recht das Verdienst für. sich beanspruchen, auf diesem wichtigen Forschungsgebiet originäre Denker zu sein; da jedoch keiner von ihnen seine Ansichten veröffentlicht hat, auch wenn Mr. Darwin seit vielen Jahren wiederholt von uns dazu gedrängt wurde, und da beide Verfasser ihre Aufsätze jetzt vorbehaltlos in unsere Hände gelegt haben, meinen wir, daß den Interessen der Wissenschaft am besten gedient ist, wenn eine Auswahl daraus der Linnean Society vorgelegt würde.

Nach ihrem Datum geordnet, sind dies: –

1. Auszüge aus dem Manuskript einer Arbeit über die Arten von Mr. Darwin,[1] das 1839 entworfen wurde. Eine 1844 angefertigte Abschrift wurde von Dr. Hooker gelesen, der anschließend Sir Charles Lyell über deren Inhalt unterrichtete. Der erste Teil ist dem »Variieren organischer Wesen im domestizierten und im natürlichen Zustand« gewidmet; und das zweite Kapitel jenes Teils, aus dem besagte Auszüge der Gesellschaft vorzutragen wir vorschlagen, trägt die Überschrift »Über das Variieren organischer Wesen im natürlichen Zustand; über die natürlichen Mittel der Selektion; über den Vergleich zwischen domestizierten Rassen und echten Arten«.

---

[1] Dieses Manuskript war nicht zur Veröffentlichung bestimmt und wurde daher auch nicht mit Sorgfalt geschrieben. – C. D. 1858.

U. Hoßfeld, L. Olsson (Hrsg.), *Charles Darwin*, Klassische Texte der Wissenschaft, DOI 10.1007/978-3-642-41961-4_4, © Springer-Verlag Berlin Heidelberg 2014

2. Die Zusammenfassung eines Briefes von Mr. Darwin an Professor Asa Gray in Boston, USA, Oktober 1857, in dem er erneut seine Ansichten darlegt und der zeigt, daß diese sich zwischen 1839 und 1857 nicht geändert haben.

3. Ein Aufsatz von Mr. Wallace mit dem Titel »Über die Tendenz von Varietäten, unbegrenzt vom Originaltypus abzuweichen«. Er wurde im Februar 1858 auf Ternate zu Händen seines Freundes und Briefpartners Mr. Darwin geschrieben und diesem mit dem ausdrücklichen Wunsch zugesandt, ihn an Sir Charles Lyell weiterzuleiten, falls Mr. Darwin ihn für neu und interessant genug erachte. Mr. Darwin schätzte den Wert der darin niedergelegten Ansichten so hoch ein, daß er in einem Brief an Sir Charles Lyell vorschlug, Mr. Wallace' Einwilligung einzuholen, den Aufsatz so bald wie möglich zu veröffentlichen. Diesen Schritt befürworteten wir in hohem Maße unter der Bedingung, daß Mr. Darwin die Abhandlung, die er selbst zu diesem Thema geschrieben hatte – und die, wie schon erwähnt, einer von uns 1844 eingesehen hatte und in deren Inhalt wir beide seit vielen Jahren eingeweiht waren –, der Öffentlichkeit nicht vorenthielte, wozu er (zugunsten von Mr. Wallace) stark neigte. Als wir Mr. Darwin diesen Vorschlag unterbreiteten, gab er uns die Erlaubnis, mit seiner Untersuchung zu tun, was uns richtig erschien &c.; und als wir den jetzigen Weg einschlugen, sie der Linnean Society zu präsentieren, erklärten wir ihm, daß wir dabei nicht allein seine diesbezüglichen Prioritätsansprüche und die seines Freundes im Auge hätten, sondern die Interessen der Wissenschaft ganz allgemein; denn wir halten es für wünschenswert, daß Ansichten, die auf einer breiten Herleitung aus Fakten beruhen und durch jahrelanges Nachdenken gereift sind, so schnell wie möglich ein Ziel bilden können, das anderen als Ausgangspunkt dient, und daß einige der Hauptergebnisse von Mr. Darwins Bemühungen wie auch der Bemühungen seines vortrefflichen Briefpartners gemeinsam der Öffentlichkeit vorgelegt werden, solange die wissenschaftliche Welt noch auf das Erscheinen von Mr. Darwins vollständigem Werk wartet.

Wir haben die Ehre zu sein

Ihre sehr ergebenen

Charles Lyell
Jos. D. Hooker

J. J. Bennett, Esq.,
Sekretär der Linnean Society

Auszug aus einem unveröffentlichten Werk über die Arten von C. Darwin, Esq., bestehend aus dem Teil eines Kapitels mit dem Titel »Über das Variieren organischer Wesen im natürlichen Zustand; über die natürlichen Mittel der Selektion; über den Vergleich zwischen domestizierten Rassen und echten Arten«

De Candolle erklärte in einem beredten Passus, die ganze Na tur befinde sich im Krieg, ein Organismus kämpfe mit dem anderen oder mit der umgebenden Natur. Sieht man deren friedliches Antlitz, möchte man dies zunächst bezweifeln; denkt man darüber nach, wird sich unvermeidlich erweisen, daß es wahr ist. Dieser Krieg währt jedoch nicht ununterbrochen, er kehrt vielmehr in kurzen Zeitabständen in geringer Intensität und gelegentlich in längeren Zeitabständen in größerer Intensität wieder; und deshalb können seine Auswirkungen leicht übersehen werden. Es ist die Lehre von Malthus, mit zehnfacher Kraft auf die meisten Fälle übertragen. Wie es in jedem Klima für alle Bewohner Jahreszeiten mit größerem und mit geringerem Überfluß gibt, so pflanzen sich alle jedes Jahr fort; und die moralische Zurückhaltung, die das Wachstum der Menschheit geringfügig hemmt, verliert jede Wirkung. Sogar die sich langsam fortpflanzende Menschheit hat sich innerhalb von fünfundzwanzig Jahren verdoppelt; und wenn sie ihre Nahrungsmittel leichter vermehren könnte, würde sie sich in noch kürzerer Zeit verdoppeln. Bei Tieren aber, die über keine künstlichen Mittel verfügen, ihr Nahrungsangebot zu vergrößern, muß deren Menge für jede Spezies *durchschnittlich* konstant bleiben, während alle Organismen dazu tendieren, sich in einer geometrischen Reihe und in den allermeisten Fällen mit einer enormen Zuwachsrate zu vermehren. Nehmen wir an, an einem bestimmten Ort leben acht Vogelpaare, und *nur* vier Paare (die zweimal brüten) ziehen jedes Jahr nur vier Junge auf, die wiederum mit derselben Zuwachsrate ihre Jungen aufziehen. Nach sieben Jahren (ein kurzes Leben für einen Vogel, gewaltsame Todesursachen ausgeschlossen) werden es statt der ursprünglichen sechzehn 2048 Vögel sein. Da ein solcher Zuwachs vollkommen ausgeschlossen ist, müssen wir entweder folgern, daß Vögel nicht einmal annähernd die Hälfte ihrer Jungen aufziehen oder daß die durchschnittliche Lebenserwartung eines Vogels infolge von Unglücksfällen nicht einmal annähernd sieben Jahre beträgt. Wahrscheinlich wirken beide das Wachstum eingrenzende Bedingungen zusammen. Dieselbe Berechnung, angewandt auf alle Pflanzen und Tiere, ergibt mehr oder weniger verblüffende Ergebnisse, jedoch kaum verblüffendere als beim Menschen.

Es sind viele praktische Beispiele für diese Tendenz zu einer raschen Vermehrung bekannt, darunter die außergewöhnlich große Zahl bestimmter Tiere zu bestimmten Zeiten; etwa in den Jahren 1826 bis 1828 in La Plata, wo infolge von Dürre mehrere Millionen Rinder umkamen und es im ganzen Land von Mäusen nur so *wimmelte*. Ich glaube nun, es kann keinen Zweifel geben, daß sich während der Brutzeit alle Mäuse (mit Ausnahme einiger in der Überzahl vorhandener Männchen oder Weibchen) in üblicher Weise paarten und daß daher die erstaunliche Vermehrung in diesen drei Jahren dem

Umstand zugeschrieben werden muß, daß eine größere Zahl als gewöhnlich das erste
Jahr überlebte und sich dann vermehrte und so weiter bis zum dritten Jahr, wo ihre Zahl
mit der Wiederkehr feuchter Witterung wieder auf das übliche Niveau zurückkehrte.
Wo der Mensch Pflanzen und Tiere in ein neues und günstiges Gebiet eingeführt hat,
gibt es viele Berichte darüber, wie in überraschend wenigen Jahren das ganze Gebiet von
ihnen bevölkert wurde. Dieser Zuwachs wird zwangsläufig aufhören, wenn das ganze
Gebiet bevölkert ist; dennoch haben wir, nach dem, was wir von wilden Tieren wissen,
jeden Grund zu der Annahme, daß sich im Frühjahr *alle* paaren. In den meisten Fällen
kann man sich nur schwer vorstellen, wo hier Eingrenzungen wirksam werden – gewöhnlich sind es jedoch zweifellos die Samen, die Eier und die Jungen; wenn wir aber
bedenken, wie unmöglich es selbst beim Menschen ist (der so viel besser bekannt ist als
jedes andere Lebewesen), aus wiederholten zufälligen Beobachtungen zu folgern, wie
hoch die durchschnittliche Lebensdauer ist, oder in verschiedenen Ländern die Prozent-
anteile von Sterbefällen und Geburten zu ermitteln, dürfen wir uns nicht wundern, daß
wir nicht sagen können, wo bei einem Tier oder einer Pflanze Eingrenzungen wirksam
werden. Man sollte stets bedenken, daß in den meisten Fällen diese begrenzenden Faktoren Jahr für Jahr in geringem, regelmäßigem Maße und in außergewöhnlich kalten, heißen, trockenen oder feuchten Jahren in extremem Maße wirksam werden, je nach Kon-
stitution des jeweiligen Lebewesens. Schwächt sich ein eingrenzender Faktor auch nur
geringfügig ab, wird infolge der geometrischen Kraft der Vermehrung, die jeder Organismus in sich trägt, die Durchschnittszahl der begünstigten Spezies fast augenblicklich
steigen. Die Natur läßt sich mit einer Oberfläche vergleichen, auf der zehntausend spitze
Keile einander berühren und mit beständigen Schlägen nach innen getrieben werden.
Um sich diese Ansichten zu verdeutlichen, ist viel Nachdenken erforderlich. Malthus'
Werk über den Menschen sollte studiert werden; und auch solche Fälle wie jener der
Mäuse in La Plata, der ersten verwilderten Rinder und Pferde in Südamerika und der
Vögel in unserem Rechenbeispiel &c. sollten wohlerwogen werden. Man denke über die
enorme vervielfältigende Kraft nach, die allen Tieren *innewohnt und Jahr um Jahr am
Werk ist;* über die zahllosen Samen, die von hundert sinnreichen Einrichtungen Jahr um
Jahr über die gesamte Fläche des Landes verteilt werden; und doch haben wir allen
Grund zu der Annahme, daß die Zahl der vor Ort existierenden Lebewesen jedweder Art
in der Regel konstant bleibt und so einem durchschnittlichen Prozentsatz in der Verteilung der verschiedenen Species entspricht. Und schließlich darf man nicht vergessen,
daß diese durchschnittliche Zahl von Individuen (bei gleichbleibenden äußeren Lebensbedingungen) in jedem Land aufgrund immer wiederkehrender Kämpfe gegen andere
Spezies oder gegen die umgebende Natur gewahrt bleibt (wie an den Grenzen der arktischen Regionen, wo die Kälte dem Leben Einhalt gebietet) und daß gewöhnlich jedes
Individuum jeder Spezies seinen Platz behauptet, entweder durch seinen eigenen Kampf
und seine Fähigkeit, sich zu jedem Zeitpunkt seines Lebens Nahrung zu beschaffen,
angefangen vom Ei; oder durch den Kampf seiner Eltern (bei kurzlebigen Organismen,
bei denen die wesentlichen eingrenzenden Bedingungen nur über längere Perioden
wirksam sind) mit anderen Individuen *derselben* oder *verschiedener* Spezies.

Aber nehmen wir einmal an, daß sich die äußeren Bedingungen einer Gegend ändern. Erfolgt dies in geringem Maße, werden sich die relativen Populationsanteile zumeist nur leicht verändern; ist aber die Zahl der Bewohner klein, etwa auf einer Insel, und der freie Zugang zu dieser Insel beschränkt, und verbessern sich ferner die Bedingungen kontinuierlich (so daß neue Lebensräume entstehen), können die ursprünglichen Bewohner den veränderten Lebensbedingungen bald nicht mehr so perfekt angepaßt sein, wie sie es ursprünglich waren. In einem vorangehenden Teil dieser Arbeit wurde gezeigt, daß solche Veränderungen der äußeren Bedingungen aufgrund ihrer Wirkung auf das Fortpflanzungssystem wahrscheinlich dazu führen, daß die Organisation jener Lebewesen, die am stärksten betroffen sind, [über die Folge der Generationen] verformbar ist, wie im domestizierten Zustand. Kann also bezweifelt werden, daß aufgrund des Kampfes, den das Individuum für seinen Lebenserhalt führen muß, jede noch so kleine Variation seines Körperbaus, seiner Lebensweise oder seiner Instinkte, durch die jenes Individuum den neuen Bedingungen besser angepaßt ist, auf seine Stärke und Gesundheit Auswirkungen hat? Es wird bessere *Chancen* im Kampf ums Überleben haben; und diejenigen seiner Nachkommen, die diese Variation geerbt haben, und sei sie noch so geringfügig, werden gleichfalls bessere *Chancen* haben. Jahr für Jahr werden mehr geboren, als am Leben bleiben können; das kleinste Gran in der Waagschale muß auf lange Sicht entscheiden, wer sterben und wer überleben wird. Wenn nun diese Selektion auf der einen und der Tod auf der anderen Seite über eintausend Generationen hin wirksam ist, wer wird dann zu behaupten wagen, daß dies folgenlos bleibt, wenn wir uns nur daran erinnern, was binnen weniger Jahre mit genau diesem Prinzip der Selektion Bakewell bei den Rindern und Western bei den Schafen bewirkt hat?

Um ein aus der Luft gegriffenes Beispiel für die fortschreitenden Veränderungen auf einer Insel zu geben: – Nehmen wir an, die Organisation eines hundeartigen Tieres, das hauptsächlich Kaninchen und manchmal auch Hasen jagt, ist [in der benannten Weise] plastisch; nehmen wir weiterhin an, daß aufgrund von etwaigen Veränderungen die Zahl der Kaninchen sehr langsam zurückgeht und die Zahl der Hasen sehr langsam steigt; mit der Folge, daß der Fuchs oder der Hund genötigt wären zu versuchen, mehr Hasen zu fangen: Wo ihr Bau in geringem Maße variiert, werden diejenigen Individuen mit dem leichtesten Bau, den längsten Beinen und den besten Augen, und wäre der Unterschied noch so geringfügig, tendenziell länger leben und die Zeit des Jahres überstehen, in der die Nahrung am knappsten ist; sie würden auch mehr Junge aufziehen, die diese geringfügigen Besonderheiten tendenziell erben würden. Die am wenigsten schnellen würden unerbittlich untergehen. Ich sehe nicht mehr Grund zu bezweifeln, daß diese Ursachen nach tausend Generationen deutlich Wirkung zeigen und sich der Körperbau des Fuchses oder des Hundes der Hasenstatt der Kaninchenjagd anpaßt, als daß Windhunde durch Selektion und sorgfältige Zucht veredelt werden können. Dasselbe gilt für Pflanzen unter ähnlichen Umständen. Wenn die Zahl der Individuen einer Spezies mit gefiederten Samen durch eine größere Fähigkeit, sich in ihrem eigenen Gebiet zu verbreiten (vorausgesetzt, die die Vermehrung eingrenzende Faktoren wirken insbesondere auf die Samen), erhöht werden kann, werden sich die Samen, die mit etwas mehr, und sei es noch so wenig, Federhaaren versehen sind, auf lange Sicht am meisten verbreiten; infolgedessen würde eine größere Anzahl so gestalteter Samen keimen und tendenziell Pflanzen hervorbringen, die diese geringfügig besser angepaßte Fiederung erben.[2]

Neben diesem natürlichen Mittel der Selektion, durch das diejenigen Individuen am Leben bleiben, die, sei es im Ei- oder Larvenstadium oder im reifen Zustand, am besten dem Ort angepaßt sind, den sie in der Natur besetzen, gibt es eine zweite Kraft, die bei den meisten eingeschlechtigen Tieren wirksam ist und tendentiell dieselben Folgen hat: den Kampf der Männchen um die Weibchen. Dieser Wettstreit wird im allgemeinen durch das Gesetz des Kampfes entschieden, bei den Vögeln dagegen allem Anschein nach durch den Zauber ihres Gesangs, durch ihre Schönheit oder ihre Kunst des Werbens, wie bei dem tanzenden Felshuhn von Guyana. In der Regel werden die kräftigsten und gesündesten Männchen, die den Erfordernissen ihrer Umwelt am besten angepaßt sind, den Wettkampf gewinnen. Diese Art der Selektion ist jedoch weniger rigoros als die andere; sie verlangt nicht den Tod der weniger Erfolgreichen, gewährt ihnen aber weniger Nachkommen. Der Kampf fällt zudem in eine Jahreszeit, in der gewöhnlich Nahrung im Überfluß vorhanden ist; und vielleicht ist der wichtigste dadurch hervorgerufene Effekt die Modifizierung der sekundären Geschlechtsmerkmale, die nicht mit der Fähigkeit in Zusammenhang stehen, sich Nahrung zu beschaffen oder sich gegen Feinde zu verteidigen, sondern nur dazu da sind, mit anderen Männchen zu kämpfen oder sich mit ihnen zu messen. Das Ergebnis dieses Kampfes unter den Männchen ist in mancher Hinsicht dem vergleichbar, was die Landwirte hervorbringen, die ihr Augenmerk weniger auf die sorgfältige Selektion aller ihrer Jungtiere, sondern mehr auf den gelegentlichen Einsatz eines ausgesuchten Männchens legen.

Zusammenfassung eines Briefes von C. Darwin, Esq., an Prof. Asa Gray, Boston, USA, datiert Down, 5. September 1857

1. Es ist wunderbar, was das vom Menschen angewandte Prinzip der Selektion, das heißt, die Auslese von Individuen mit erwünschten Eigenschaften und das Züchten von ihnen und die erneute Auslese, bewirken kann. Selbst Züchter staunten über ihre Resultate. Sie können auf Unterschiede Einfluß nehmen, die für das ungeschulte Auge gar nicht wahrnehmbar sind Die Selektion wurde in *Europa* erst in den letzten fünfzig Jahren *systematisch* betrieben; gelegentlich und in gewisser Weise sogar systematisch jedoch erfolgte sie schon in den ältesten Zeiten. Schon vor sehr langer Zeit muß auch eine Art unbewußte Selektion stattgefunden haben, nämlich in der Haltung einzelner Tiere (ohne einen Gedanken an ihre Nachkommen), die der jeweiligen Menschenrasse in ihren spezifischen Lebensumständen am nützlichsten waren. Das »Ausjäten«, wie der Gärtner die Vernich-

---

[2] Ich kann hierin keine größere Schwierigkeit erkennen als bei dem Pflanzer, der seine Varietäten der Baumwollpflanze verbessert. – C. D. I858.

tung der von ihrem Typus abweichenden Pflanzen nennt, ist eine Form der Selektion. Ich bin überzeugt, daß gezielte und gelegentliche Selektion bei der Hervorbringung unserer domestizierten Rassen die entscheidende Rolle spielte; aber wie dem auch sei, ihr großes Potential zur Veränderung hat sich erst in späteren Zeiten unstreitig gezeigt. Die Selektion wirkt einzig durch die Akkumulation geringfügiger oder größerer, durch äußere Bedingungen verursachter Variationen oder durch die bloße Tatsache, daß in der Generationenfolge das Kind seinen Eltern nicht vollkommen gleicht. Auf diesem Weg, nämlich Variationen zu akkumulieren, paßt der Mensch lebende Wesen seinen Bedürfnissen an – man könnte sagen, er macht die Wolle des einen Schafes für Teppiche, die eines anderen für Tuch &c. geeignet.

2. Stellen wir uns nun ein Wesen vor, das nicht bloß nach der äußerlichen Erscheinung urteilt, sondern das die ganze innere Organisation studieren könnte; das nie launenhaft wäre und über Millionen von Generationen hinweg zielgerichtet selektieren würde; wer wird sagen wollen, was dieses Wesen nicht bewirken könnte? In der Natur treten gelegentlich *geringfügige* Variationen in allen Teilen auf; und ich glaube, es läßt sich zeigen, daß veränderte Lebensbedingungen die Hauptursache dafür sind, daß das Kind nicht exakt seinen Eltern gleicht; und in der Natur zeigt uns die Geologie, welche Veränderungen stattgefunden haben und immer noch stattfinden. Fast unbegrenzt steht Zeit zur Verfügung; nur ein praktizierender Geologe kann dies voll und ganz ermessen. Man denke nur an die Eiszeit, in deren gesamtem Verlauf dieselben Spezies zumindest von Muscheln existiert haben; in dieser Zeit müssen Millionen von Generationen aufeinandergefolgt sein.

3. Ich glaube, es läßt sich zeigen, daß bei der *Natürlichen Selektion* (der Titel meines Buches) eine so unfehlbare Kraft am Werk ist, daß ausschließlich zum Besten eines jeden organischen Wesens selektiert wird. Der ältere De Candolle, W. Herbert und Lyell haben vortrefflich über den Kampf ums Dasein geschrieben; aber auch sie nicht nachdrücklich genug. Man bedenke nur, daß jedes Wesen (selbst der Elefant) in der Lage ist, sich so dramatisch zu vermehren, daß in wenigen oder höchstens ein paar hundert Jahren die Erdoberfläche nicht mehr imstande wäre, die Nachkommen eines einzigen Paares zu fassen. Es ist mir schwergefallen, mir immer wieder klarzumachen, daß der Vermehrung jeder einzelnen Spezies zu irgendeinem Zeitpunkt ihres Lebens oder in kurz aufeinanderfolgenden Generationen Einhalt geboten wird. Nur wenige dieser Jahr für Jahr Geborenen leben lange genug, um sich fortpflanzen zu können. Was für ein geringfügiger Unterschied bestimmt da oft, wer überlebt und wer untergeht!

4. Nehmen wir nun das Beispiel eines Landes, in dem sich eine Veränderung vollzieht. Diese wird dazu führen, daß einige seiner Bewohner geringfügig variieren nicht etwa, daß ich glaube, die meisten Lebewesen variierten zu allen Zeiten genug, um die Selektion wirksam werden zu lassen. Einige der Bewohner werden ausgerottet; und die Übriggebliebenen werden der wechselseitigen Einwirkung einer anderen Gruppe von Bewohnern ausgesetzt sein, was, wie ich glaube, für das Überleben jedes Wesens weitaus bedeutsamer ist als das Klima allein. Bedenkt man, mit was für unendlich vielfältigen Methoden lebende Wesen sich im Kampf gegen andere Organismen Nahrung beschaffen, zu bestimmten

Zeiten ihres Lebens Gefahren entgehen, ihre Eier oder Samen verbreiten &c. &c., so habe ich keinen Zweifel, daß im Laufe von Millionen Generationen gelegentlich Individuen einer Spezies mit einer geringfügigen Variation geboren werden, die für irgendeinen Teil ihres Lebenshaushalts vorteilhaft ist. Diese Individuen haben eine bessere Chance zu überleben und ihren neuen und geringfügig abweichenden Körperbau weiterzugeben; und die Modifikation kann durch die kumulative Tätigkeit der natürlichen Selektion allmählich bis zu einem vorteilhaften Ausmaß gesteigert werden. Die so gebildete Varietät wird entweder neben ihrer elterlichen Form existieren oder diese verdrängen, was häufiger der Fall ist. Ein organisches Wesen wie der Specht oder die Mistel kann sich auf diese Weise einer Vielzahl von Bedingungen anpassen – die natürliche Selektion akkumuliert diese geringfügigen Variationen in denjenigen Teilen seiner Struktur, die ihm zu irgendeinem Zeitpunkt seines Lebens irgendwie von Nutzen sind.

5. Bei dieser Theorie wird man auf vielerlei Schwierigkeiten stoßen. Viele dieser Schwierigkeiten können, glaube ich, zufriedenstellend gelöst werden. *Natura non facit saltum* löst einige der naheliegenden Probleme. Das geringe Tempo der Veränderung und die Tatsache, daß nur sehr wenige Individuen jeweils gleichzeitig einer Veränderung unterworfen sind, löst andere, die extreme Unvollständigkeit unserer geologischen Daten wieder andere.

6. Ein weiteres Prinzip, das man das Prinzip der Divergenz nennen könnte, spielt, glaube ich, für die Entstehung der Arten eine wichtige Rolle. Ein Ort kann mehr Leben beherbergen, wenn er von sehr unterschiedlichen Formen bewohnt wird. Das sehen wir an den vielen generischen Formen auf einem Stück Rasen von der Größe eines Quadratyards und an den Pflanzen oder Insekten auf einer kleinen gleichförmigen Insel, die fast immer von ebenso vielen Gattungen und Familien wie Spezies bewohnt wird. Wir können die Bedeutung dieses Faktums bei den höheren Tieren erkennen, deren Lebensweise wir verstehen. Es ist, wie wir wissen, experimentell nachgewiesen, daß ein Stück Land mehr abwirft, wenn darauf verschiedene Gräserarten und -gattungen gesät sind, als wenn nur zwei oder drei Arten ausgesät wurden. Von jedem organischen Wesen läßt sich sagen, daß es durch rasche Fortpflanzung mit aller Macht danach strebt, seine Zahl zu vermehren. Dasselbe gilt für die Nachkommen einer Art, die sich in Varietäten oder Unterarten oder echte Arten diversifiziert hat. Und aus dem oben Gesagten folgt, wie ich glaube, daß die variierenden Nachkommen einer jeden Spezies versuchen werden, im Haushalt der Natur so viele verschiedene Orte wie möglich zu besetzen (nur wenigen wird es gelingen). Jede neue Varietät oder Spezies wird, wenn sie einmal gebildet ist, in der Regel den Platz ihrer den Verhältnissen weniger gut angepaßten Eltern einnehmen und diese damit verdrängen. Das ist, glaube ich, der Ursprung der Klassifikation und Verwandtschaften organischer Wesen zu allen Zeiten; denn organische Wesen *scheinen* sich immer weiter zu verzweigen – wie die Äste eines Baumes von einem gemeinsamen Stamm, wobei die gut gedeihenden, divergierenden Zweige die weniger kräftigen zerstören; die toten und abgestorbenen Zweige repräsentieren, grob gesprochen, die ausgestorbenen Gattungen und Familien.

Dieser Entwurf ist *äußerst* unvollkommen; aber auf so knappem Raum kann ich es nicht besser machen. Ihre Phantasie muß beträchtliche Lücken füllen.

Über die Tendenz von Varietäten, unbegrenzt vom Originaltypus abzuweichen. Von Alfred Russel Wallace

Eines der stärksten Argumente, die zum Beweis der ursprünglichen und dauerhaften Verschiedenheit der Arten angeführt wurden, lautet, daß *Varietäten*, die im domestizierten Zustand hervorgebracht wurden, mehr oder weniger unbeständig sind und, sich selbst überlassen, oft dazu tendieren, zur normalen Form der elterlichen Art zurückzukehren; und diese Unbeständigkeit wird als eine charakteristische Besonderheit aller Varietäten betrachtet, sogar jener, die unter wilden Tieren im natürlichen Zustand vorkommen, und als eine Vorkehrung, um die ursprünglich geschaffenen unterschiedlichen Arten unverändert zu erhalten.

Da es zu den *Varietäten* unter wilden Tieren keine oder nur spärliche Fakten und Beobachtungen gibt, hat dieses Argument bei Naturforschern großes Gewicht und führte zu einem sehr gängigen und ziemlich voreingenommenen Glauben an die Unveränderlichkeit der Arten. Gleichermaßen gängig jedoch ist der Glaube an die sogenannten »dauerhaften oder echten Varietäten« – Tierrassen, die fortwährend ihresgleichen hervorbringen, von einer anderen Rasse aber so geringfügig (wenn auch in konstanter Weise) abweichen, daß die eine als eine *Varietät* der anderen betrachtet wird. In der Regel gibt es keine Möglichkeit zu bestimmen, welche die *Varietät* und welche die ursprüngliche *Spezies* ist, ausgenommen jene seltenen Fälle, in denen man weiß, daß eine Rasse einen Nachkommen hervorgebracht hat, der ihr selbst unähnlich und der anderen Rasse ähnlich ist. Das erscheint absolut unvereinbar mit der »dauerhaften Unveränderlichkeit der Arten«; doch diese Schwierigkeit wird dadurch überwunden, daß man annimmt, solche Varietäten unterlägen strikten Beschränkungen und könnten nie noch weiter von dem Originaltypus abweichen, obwohl sie zu ihm zurückkehren können, was aufgrund der Analogie der domestizierten Tiere als sehr wahrscheinlich, wenn auch nicht sicher bewiesen gilt.

Man sieht, daß dieses Argument vollständig auf der Annahme beruht, daß *Varietäten*, die im natürlichen Zustand vorkommen, mit denen domestizierter Tiere in jeder Hinsicht analog oder sogar identisch sind, und daß für ihre Dauerhaftigkeit oder fortschreitende Variation dieselben Gesetze gelten. Ziel des vorliegenden Aufsatzes jedoch ist es zu zeigen, daß diese Annahme vollkommen falsch ist; daß es vielmehr in der Natur ein allgemeines Prinzip gibt, welches bewirkt, daß viele *Varietäten* die Form der elterlichen Art überdauern und nun ihrerseits fortlaufend Varietäten zeugen, die immer weiter vom Originaltypus abweichen, und daß bei domestizierten Tieren die Varietäten tendenziell zu ihrer Ursprungsform zurückkehren.

Das Leben wilder Tiere ist ein Kampf ums Dasein. Sie müssen all ihre Fähigkeiten und Kräfte einsetzen, um zu überleben und für das Überleben ihrer Jungen Sorge zu tragen. Sich in den ungünstigsten Jahreszeiten Nahrung zu beschaffen und den Angriffen der gefährlichsten Feinde auszuweichen, sind Grundvoraussetzungen für das Überleben der Individuen wie der gesamten Art. Diese Voraussetzungen entscheiden auch über die Population einer Spezies; und eine sorgfältige Betrachtung aller Umstände läßt uns verstehen und bis zu einem gewissen Grad auch erklären, was auf den ersten Blick so unerklärlich scheint – die unverhältnismäßig große Anzahl von Individuen bestimmter Spezies und die große Seltenheit anderer, die eng mit ihnen verwandt sind.

Es ist plausibel, daß bestimmte Gruppen von Tieren in einem groben Verhältnis zueinander stehen müssen. Große Tiere können nicht in derselben Vielzahl vorhanden sein wie kleine; die Fleischfresser dürfen nicht so zahlreich sein wie die Pflanzenfresser; es kann nie genauso viele Adler und Löwen geben wie Tauben und Antilopen; die Wildesel der tatarischen Wüste können den Pferden der üppigen Prärien und Pampas Amerikas an Zahl nicht gleichkommen. Die größere oder geringere Fruchtbarkeit eines Tieres gilt oft als eine Hauptursache für seine Viel- oder Minderzahl; eine Betrachtung der Fakten jedoch wird uns zeigen, daß es in Wirklichkeit wenig oder gar nichts damit zu tun hat. Selbst das am wenigsten fruchtbare Tier würde sich rapide vermehren, wenn es nicht bestimmten Beschränkungen unterläge, während klar ist, daß die Gesamtgröße der Tierpopulation der Erde unverändert bleiben oder unter dem Einfluß des Menschen sogar zurückgehen muß. Es mag Schwankungen geben; aber ein beständiger Zuwachs, außer an eng begrenzten Orten, ist nahezu unmöglich. So muß uns die Beobachtung davon überzeugen, daß Vögel sich nicht jedes Jahr in geometrischer Folge vermehren, wie es der Fall wäre, wenn es für ihre natürliche Vermehrung keine dieser eingrenzenden Faktoren gäbe. Nur sehr wenige Vögel bringen jedes Jahr weniger als zwei Junge hervor, viele haben sechs, acht oder zehn; vier ist sicher unterdurchschnittlich; und wenn wir annehmen, daß jedes Paar nur viermal in seinem Leben Junge bekommt, so ist auch dies ein unterdurchschnittlicher Wert, wenn wir davon ausgehen, daß sie weder durch Gewalt noch durch Mangel an Nahrung umkommen. Und dennoch: Wie enorm wäre in diesem Fall der Zuwachs eines einzigen Paares in wenigen Jahren! Eine einfache Rechnung zeigt, daß nach fünfzehn Jahren jedes Vogelpaar fast zehn Millionen Nachkommen hätte! Wir haben jedoch keinen Grund zu glauben, daß die Zahl der Vögel eines Landes in fünfzehn oder in hundertfünfzig Jahren überhaupt zunimmt. Bei so gewaltigen Fähigkeiten zur Vermehrung muß die Population schon wenige Jahre nach der Entstehung einer Spezies ihre Grenzen erreicht haben und nunmehr [numerisch] konstant bleiben. Daher ist es offenkundig, daß jedes Jahr eine riesige Zahl von Vögeln umkommen muß – tatsächlich ebenso viele, wie geboren werden; noch aus der am niedrigsten angesetzten, Rechnung, der zufolge die Zahl der Nachkommen jedes Jahr zweimal so groß ist wie die Zahl ihrer Eltern, ergibt sich, daß *jährlich zweimal so viele umkommen müssen*, egal, wie groß die Durchschnittszahl der Individuen in einem bestimmten Gebiet ist – ein überraschendes Ergebnis, das jedoch zumindest sehr wahrscheinlich und wohl eher unter- als übertrieben ist. Daher scheint es, daß für den Bestand der Art und der Aufrechterhaltung der durchschnittlichen Zahl von Individuen eine große Zahl von Nachkommen überflüssig ist. Durchschnittlich alle bis auf *einen* werden zur Nahrung für Habichte und Milane, Wildkatzen und Wiesel oder gehen an Kälte und Hunger zugrunde, wenn der Winter kommt. Am Beispiel bestimmter Arten läßt sich das eindrucksvoll belegen, denn wir entdecken absolut keinen Zusammenhang zwischen der Vielzahl an Individuen und deren Fruchtbarkeit. Das vielleicht bemerkenswerteste Beispiel für eine riesige Vogelpopulation ist die Wandertaube in den Vereinigten Staaten, die nur ein oder höchstens zwei Eier legt und in der Regel angeblich nur ein einziges Junges aufzieht. Warum ist dieser Vogel so außerordentlich zahlreich, während andere, die zwei- oder dreimal so viele Junge hervorbringen, sehr viel weniger zahlreich sind? Die Erklärung ist nicht schwierig. Die dieser Spezies am meisten entsprechende Nahrung, die sie am besten gedeihen läßt, ist in reichlichem Maße über ein weiträumiges Gebiet verteilt, das so große Boden- und Klimaunterschiede aufweist, daß in dem einen oder anderen Teil immer genügend Nahrung vorhanden ist. Der Vogel verfügt über ein so schnelles und ausdauerndes Flugvermögen, daß er mühelos das gesamte von ihm bewohnte Gebiet überfliegen und sofort einen neuen Nahrungsplatz finden kann, wenn an dem einen Ort die Nahrung ausgeht. Dieses Beispiel zeigt treffend, daß das Vorhandensein eines konstanten Vorrats an zuträglicher Nahrung beinahe die einzige Voraussetzung dafür ist, das schnelle Wachstum einer bestimmten Spezies zu gewährleisten, da hier weder die begrenzte Fruchtbarkeit noch die uneingeschränkten Angriffe durch Raubvögel oder den Menschen ausreichen, um der Vermehrung Einhalt zu gebieten. Bei keinem anderen Vogel sind diese besonderen Umstände so eindrucksvoll miteinander verknüpft. Entweder es fehlt an Nahrung, oder die Tiere besitzen kein ausreichendes Flugvermögen, um in einem weiträumigen Gebiet danach zu suchen, oder die Nahrung wird in einer bestimmten Jahreszeit sehr knapp, oder in der ungünstigsten Jahreszeit müssen weniger zuträgliche Nahrungsquellen erschlossen werden; und damit kann ihre Zahl trotz ihrer größeren Nachkommenschaft niemals größer sein, als der Nahrungsvorrat in den ungünstigsten Zeiten dies zuläßt. Wird die Nahrung knapp, können viele Vögel nur durch den Wechsel in Regionen mit einem milderen oder zumindest anderen Klima überleben; da diese Zugvögel jedoch selten in besonders großer Zahl vorhanden sind, ist offenkundig, daß auch die Gegenden, die sie aufsuchen, nicht über einen konstanten und reichlichen Vorrat an zuträglicher Nahrung verfügen. Diejenigen Vögel, deren Organisation ihnen keine Wanderung erlaubt, wenn ihre Nahrung in einer bestimmten Jahreszeit knapp wird, können nie eine große Population aufbauen. Das ist wohl auch der Grund, warum der Specht bei uns so selten ist, während er in den Tropen zu den am häufigsten vorkommenden solitär lebenden Vögeln zählt. So ist der Haussperling zahlreicher als das Rotkehlchen, weil seine Nahrung konstanter und reichlicher vorhanden ist – Grassamen gibt es auch im Winter, und unsere Bauernhöfe und Stoppelfelder liefern einen fast unerschöpflichen Vorrat. Warum sind in der Regel Wasser- und besonders Seevögel sehr zahlreich? Nicht weil sie fruchtbarer sind als andere, in der Regel ist genau das Gegenteil der Fall; sondern weil ihr Nahrungsvorrat nie zur Neige geht und die Fluß- und Meeresufer tagtäglich von frischem Nachschub an kleinen Mollusken und Krebstieren nur so wimmeln. Genau dieselben Gesetze gelten auch für Säugetiere. Wildkatzen sind fruchtbar und haben kaum Feinde; warum sind sie nie so zahlreich wie Kaninchen? Die einzig einleuchtende Antwort lautet, daß ihr Nahrungsvorrat unsicherer ist. Es erscheint daher offenkundig, daß die Zahl der Tiere in einem bestimmten Gebiet materiell nicht wachsen kann, solange dieses Gebiet physisch unverändert bleibt. Wenn sich eine Spezies vermehrt, müssen andere, die dieselbe Nahrung benötigen, im Verhältnis weniger werden. Ja, die Zahl derer, die zugrunde gehen, muß gewaltig sein; und da das individuelle Überleben jedes Tieres von diesem selbst abhängt, müssen diejenigen, die zugrunde gehen, die schwächsten sein – die sehr jungen, die alten und die kranken Tiere –, während diejenigen, die länger am Leben bleiben, die gesündesten und kräftigsten sein müssen: diejenigen, die am besten befähigt sind, sich regelmäßig Nahrung zu beschaffen und ihren zahlreichen Feinden zu entkommen. Es ist, wie eingangs bemerkt, »ein Kampf ums Dasein«, in dem die Schwächsten und am unvollkommensten Organisierten stets unterliegen müssen.

Es ist nunmehr klar, daß das, was unter den Individuen einer Art stattfindet, auch für die verschiedenen verwandten Arten einer Gruppe gelten muß, – nämlich daß die, die am besten befähigt sind, sich regelmäßig Nahrung zu beschaffen und sich gegen die Angriffe ihrer Feinde und die Wechselfälle der Jahreszeiten zu schützen, notwendigerweise eine Überlegenheit ihrer Population erlangen und bewahren müssen; während die Arten, die aufgrund eines Mangels an Kraft oder Organisation am wenigsten befähigt sind, den Wechselfällen der Nahrung, der Nahrungsbeschaffung &c. zu begegnen, an Zahl schwinden und im äußersten Fall sogar aussterben. Zwischen diesen Extremen gibt es verschiedene Abstufungen in der Fähigkeit der Arten, sich die Mittel zum Überleben zu sichern; und auf diese Weise erklären wir die Vielzahl oder Seltenheit einer Spezies. Für gewöhnlich hindert uns unsere Unwissenheit daran, die Wirkungen auf ihre genauen Ursachen zurückzuführen; wenn wir uns aber mit der Organisation und den Lebensgewohnheiten der verschiedenen Tierarten vertraut machen und die Fähigkeit jeder einzelnen Spezies beurteilen könnten, unter den für sie geltenden variierenden Umständen die für ihre Sicherheit und ihr Überleben notwendigen Maßnahmen zu ergreifen, wären wir vielleicht sogar imstande, die entsprechende relative Anzahl der Individuen zu berechnen, die sich zwangsläufig daraus ergibt.

Wenn es uns nun gelungen ist, diese beiden Punkte zu beweisen – 1., *daß der Umfang der Tierpopulation eines Landes im allgemeinen konstant ist und durch regelmäßige Nahrungsknappheit sowie durch andere Eingrenzungen niedrig gehalten wird;* und 2., *daß die relative Vielzahl oder Seltenheit der Individuen der verschiedenen Arten ausschließlich von ihrer Organisation und den daraus resultierenden Lebensgewohnheiten abhängt, die, da es für die einen schwieriger ist als für die anderen, sich regelmäßig Nahrung zu beschaffen und für ihre persönliche Sicherheit Sorge zu tragen,. nur durch einen Unterschied in der Population ausgeglichen werden können, welche in einem bestimmten Gebiet leben muß –,* können wir zur Betrachtung der *Varietäten* fortschreiten, mit denen die vorausgehenden Bemerkungen in einem unmittelbaren und sehr wesentlichen Zusammenhang stehen.

Die meisten oder vielleicht sogar alle Variationen im Bau einer Spezies müssen konkrete Auswirkungen auf die Lebensweise und die Fähigkeiten der Individuen haben, und seien sie noch so geringfügig. Selbst eine Veränderung der Farbe zeitigt Folgen für ihre Sicherheit, indem sie sie mehr oder weniger gut sichtbar macht; die stärkere oder schwächere Behaarung verändert ihre Lebensweise. Bedeutendere Veränderungen wie zum

Beispiel ein Zuwachs an Kraft und Größe der Gliedmaßen oder anderer äußerer Organe hat Auswirkungen auf die Art und Weise, sich Nahrung zu beschaffen, und auf die Größe des Gebiets, in dem sie leben. Ebenso offenkundig ist, daß sich die meisten Veränderungen zum Vorteil oder zum Nachteil der Überlebensfähigkeit auswirken. Eine Antilope mit kürzeren oder schwächeren Beinen ist den Angriffen von Fleischfressern aus der Familie der katzenartigen Raubtiere zwangsläufig stärker ausgesetzt; die Wandertaube mit weniger kräftigen Flügeln, wird früher oder später in ihrer Fähigkeit beeinträchtigt, sich regelmäßig Nahrung zu beschaffen; und in beiden Fällen ist die zwangsläufige Folge eine Verringerung der Population der veränderten Spezies. Wenn andererseits eine Spezies eine Varietät hervorbringt, deren lebenserhaltende Fähigkeiten geringfügig verbessert sind, erlangt diese Varietät mit der Zeit unvermeidlich eine numerische Überlegenheit. Das ist so sicher wie die Tatsache, daß hohes Alter, Unmäßigkeit oder Nahrungsknappheit die Sterblichkeit erhöht. Hier wie dort kann es einzelne Ausnahmen geben; im Durchschnitt aber wird diese Regel unabänderlich Geltung besitzen. Daher lassen sich alle Varietäten in zwei Klassen einteilen – eine, die unter gleichbleibenden Bedingungen nie [die Stärke] der Population der Ursprungsart erreicht; und eine, die mit der Zeit eine numerische Überlegenheit erlangt und auch behauptet. Tritt nun irgendeine Veränderung der physischen Bedingungen in diesem Gebiet ein – eine anhaltende Dürre, die Vernichtung der Vegetation durch Heuschrecken, das Eindringen eines neuen fleischfressenden Tieres, das »neue Weideplätze« sucht – irgendeine Veränderung, die der betreffenden Spezies das Überleben erschwert und ihre Kräfte aufs äußerste fordert, um dem vollständigen Aussterben zu entgehen –, so ist offenkundig, daß von allen Individuen dieser Spezies die am wenigsten zahlreiche und am schwächsten organisierte Varietät zuerst betroffen ist und, wenn der Druck stark ist, bald ausstirbt. Bleiben diese Ursachen weiter wirksam, so wird als nächstes die Ursprungsart betroffen sein; ihre Zahl wird sich allmählich verringern, und sie wird aussterben, wenn ähnlich unvorteilhafte Bedingungen wiederkehren. Die überlegene Varietät wird dann als einzige übrigbleiben und mit der Rückkehr günstiger Umstände schnell wachsen und an die Stelle der ausgestorbenen Spezies und Varietät treten.

Die *Varietät* hätte somit die *Spezies* ersetzt, deren vollkommener entwickelte und höher organisierte Form sie jetzt wäre. Sie wäre in jeder Hinsicht besser geeignet, für ihren eigenen Schutz zu sorgen und ihr individuelles Überleben und das der Rasse zu gewährleisten. Eine solche Varietät *könnte nicht* zur Originalform zurückkehren; denn diese Form ist eine unterlegene und könnte nie in einen Überlebenswettstreit mit ihr treten. Selbst die »Tendenz« vorausgesetzt, den Originaltypus der Spezies zu reproduzieren, muß die Varietät dennoch zahlenmäßig stets größer bleiben und unter widrigen physischen Bedingungen *erneut als einzige überleben*. Aber diese neue, verbesserte und populationsreiche Rasse wird im Laufe der Zeit selbst neue Varietäten mit abweichenden Formveränderungen hervorbringen, die aufgrund ihrer Tendenz, die eigenen Überlebensfähigkeiten immer weiter zu verbessern, derselben Gesetzmäßigkeit folgend, ihrerseits dominant werden müssen. Hier haben wir also die *Entwicklungsprogression und fortlaufende Formdiversifizierung* von den Grundgesetzen abgeleitet, die das Überleben der Tiere im Naturzustand gewährleisten. Dabei konnten wir von dem zweifelsfreien Faktum ausgehen, daß [innerhalb der verschiedenen Populationen] Varietäten häufig auftreten. Damit wird jedoch nicht behauptet, daß dieses Ergebnis unabänderlich sei; eine Veränderung der physischen Bedingungen in einem Gebiet kann dieses bisweilen materiell in der Weise verändern, daß die Rasse, die unter den bis dahin herrschenden Bedingungen ihr Überleben am besten sichern konnte, dies jetzt am schlechtesten kann, und daß sogar die neuere und eine Zeitlang überlegene Rasse ausstirbt, während die alte oder Ursprungsart und deren erste, [zunächst] unterlegene Varietäten weiterhin gedeihen. Es können auch Variationen an unwichtigen Teilen auftreten, die auf die lebenserhaltenden Fähigkeiten keinen sichtbaren Einfluß haben; die derart ausgestatteten Varietäten können ausgehend von der Ursprungsart einen parallelen Weg verfolgen und entweder weitere Variationen hervorbringen oder zum früheren Typus zurückkehren. Es geht uns hier aber allein darum, zu zeigen, daß bestimmte Varietäten die Tendenz haben, länger zu überleben als die ursprüngliche Form, und diese Tendenz muß in sich selbst bestimmt sein; schließlich kann einem Wahrscheinlichkeitskalkül in kleinen Dimensionen nie getraut werden. Wenden wir es auf größere Zahlen an, sokönnen wir zu den Ergebnissen kommen, die die Theorie fordert, und sie werden absolut präzise, wenn wir uns einer unendlichen Zahl von Beispielen annähern. Nun sind die Größenordnungen, mit denen die Natur arbeitet, so gewaltig und ist die Zahl der Individuen und Zeiträume, mit denen sie zu tun hat, so nah am Unendlichen, daß jede Ursache, so geringfügig sie auch sein mag und so sehr sie durch zufällige Umstände verschleiert und abgeschwächt wird, zu guter Letzt ihre volle gesetzmäßige Wirkung entfalten muß.

Wenden wir uns nun domestizierten Tieren zu und fragen, wie die unter ihnen erzeugten Varietäten von den hier formulierten Prinzipien beeinflußt werden. Der wesentliche Unterschied zwischen wilden und domestizierten Tieren liegt darin, daß das Gedeihen, ja selbst das Weiterleben wilder Tiere vom vollen Einsatz und von der Gesundheit all ihrer Sinnesorgane und physischen Kräfte abhängt, während die domestizierten Tiere diese nur teilweise und in manchen Fällen gar nicht gebrauchen. Ein wildes Tier muß sich jeden Bissen Nahrung selbst suchen, oft unter großer Mühe, und Sehsinn, Hörsinn und Geruchssinn benutzen, um Futter zu finden, Gefahren aus dem Weg zu gehen, sich vor den Widrigkeiten der Jahreszeiten zu schützen und für die Versorgung und die Sicherheit seiner Nachkommen zu sorgen. Kein Muskel seines Körpers, der nicht täglich und stündlich gefordert ist; kein Sinnesorgan und keine Fähigkeit, die nicht durch tägliche Übung gestärkt werden. Das domestizierte Tier dagegen wird mit Nahrung versorgt, behütet und oft eingesperrt, um es vor den Wechselfällen der Jahreszeiten zu schützen; es wird vor den Angriffen seiner natürlichen Feinde sorgsam bewahrt und braucht sogar seine Jungen nur selten ohne menschliche Hilfe aufzuziehen. Seine Sinnesorgane und Fähigkeiten bleiben zur Hälfte ungenutzt, die andere Hälfte wird nur gelegentlich zaghaft erprobt, und sogar sein Muskelapparat ist nur unregelmäßig gefordert.

Taucht nun bei einem solchen Tier eine Varietät auf, die die Kraft oder Fähigkeit eines Körper- oder Sinnesorgans steigert, so ist dies völlig sinnlos, da sie nie genutzt wird und oft vorhanden ist, ohne daß das Tier dies überhaupt bemerkt. Beim wilden Tier dagegen, dessen sämtliche Fähigkeiten und Kräfte voll und ganz im Dienst seines Überlebens stehen, wird jede Verbesserung sofort genutzt und durch Übung gestärkt, und verändert in geringem Maße sogar die Nahrung, die Lebensgewohnheiten und die gesamte Ökonomie der Rasse. Es entsteht gleichsam ein neues Tier mit überlegenen Kräften, das zwangsläufig zahlreicher vorkommt und länger lebt als die Tiere, die ihm unterlegen sind.

Bei einem domestizierten Tier haben alle Variationen dieselbe Chance weiterzubestehen; und die Variationen, die einem wilden Tier im Wettstreit mit seinen Artgenossen und Überlebenskampf deutliche Nachteile bringen würden, fallen bei einem domestizierten Tier nicht ins Gewicht. Unsere schnell gemästeten Schweine und kurzbeinigen Schafe, unsere Kropftauben und Pudel hätten unter natürlichen Bedingungen niemals ins Leben treten können, weil schon der allererste Schritt in Richtung auf solche unterlegenen Formen zum raschen Aussterben der Rasse führen würde; noch viel weniger könnten sie jetzt im Wettbewerb mit ihren wilden Verwandten überleben. Die große Schnelligkeit, aber geringe Ausdauer des Rennpferds und die ungelenke Kraft des bäuerlichen Pferdegespanns wären unter natürlichen Bedingungen nutzlos. Würden solche Tiere in den Pampas verwildern, würden sie wohl bald aussterben; unter günstigen Bedingungen würden sie ebenjene extremen Eigenschaften verlieren, die nie zum Einsatz kämen, und sie würden innerhalb weniger Generationen zu einem gewöhnlichen Typus zurückkehren, bei dem alle Kräfte und Fähigkeiten so aufeinander abgestimmt sind, daß sie für die Nahrungsbeschaffung und den Schutz des Individuums am besten geeignet sind – dem Typus, der allein dem Tier bei voller Ausübung aller Teile seiner Organisation das Überleben ermöglicht. Wenn domestizierte Varietäten verwildern, *müssen* sie zu einem Zustand zurückkehren, der dem Typus des ursprünglichen, wilden Artbestandes annähernd entspricht, wenn sie nicht *vollständig aussterben wollen.*

Wir sehen also, daß aus der Beobachtung der Varietäten von domestizierten Tieren keine Schlüsse auf die Varietäten von Tieren im natürlichen Zustand gezogen werden können. Die beiden sind einander in jeder Hinsicht derart entgegengesetzt, daß das, was auf die einen angewandt werden kann, mit großer Sicherheit nicht für die anderen gilt. Domestizierte Tiere sind anormal, irregulär, künstlich; sie zeigen Strukturvariationen, die im natürlichen Zustand niemals vorkommen und niemals vorkommen können; ihr Überleben ist vollständig von der Fürsorge des Menschen abhängig – so sehr haben viele von ihnen jene richtige Ausgewogenheit ihrer Fähigkeiten und jenes wahre Gleichgewicht ihrer Organisation verloren, die allein einem Tier, das sich selbst überlassen ist, sein Überleben und den Fortbestand seiner Rasse sichern.

Lamarcks Hypothese, die fortschreitenden Veränderungen der Arten seien das Ergebnis des Bemühens der Tiere, die Entwicklung ihrer Organe zu optimieren und ihren Körperbau und ihre Lebensweise zu verändern, wurde von allen, die über Varietäten und Arten geschrieben haben, mehrfach und spielend widerlegt; man glaubte offensichtlich, wenn dies geschehen sei, sei das ganze Problem endgültig erledigt; doch die hier entwickelte Ansicht macht eine solche Hypothese völlig überflüssig, indem sie zeigt, daß ähnliche Ergebnisse allein durch das Wirken von Prinzipien zustande kommen müssen, wie

sie in der Natur unablässig am Werk sind. Die mächtigen einziehbaren Krallen der Fal-
ken- und Katzenartigen entstanden oder wuchsen nicht durch einen Willensakt dieser
Tiere; vielmehr *lebten* unter den verschiedenen Varietäten, die unter den früheren, weniger gut organisierten Formen dieser Gruppen auftauchten, stets *diejenigen am längsten, die am besten befähigt waren, ihre Beute zu fassen.* Auch kam die Giraffe nicht
dadurch zu ihrem langen Hals, daß sie den Wunsch hatte, die Blätter hochgewachsener
Sträucher zu erreichen, und folglich ihren Hals streckte, sondern dadurch, daß es unter
ihren Konkurrenten Variationen gab, die einen längeren Hals als die gewöhnlichen
Formen besaßen *und sich so im Habitat ihrer kurzhalsigen Gefährten problemlos einen
zusätzlichen Nahrungsplatz sichern und diese deshalb bei der nächsten Nahrungsknappheit überleben konnten.* Selbst die eigentümlichen Farben vieler Tiere, besonders der
Insekten, die so stark dem Boden, den Blättern oder dem Baumstamm ähneln, wo sie
sich gewöhnlich aufhalten, lassen sich mit diesem Prinzip erklären; denn auch wenn im
Verlauf großer Zeiträume Varietäten mit vielen unterschiedlichen Färbungen auftreten,
*leben doch zwangsläufig diejenigen Rassen am längsten, die aufgrund ihrer Farbe am
besten befähigt sind, sich vor ihren Feinden zu verstecken.* Wir haben also hier eine wirkende Ursache, die jenes in der Natur so oft beobachtete Gleichgewicht erklären kann –
das Defizit des einen Organs wird stets durch Optimierung eines anderen Organs ausgeglichen: kräftige Flügel kompensieren schwache Beine, große Schnelligkeit kompensiert
das Fehlen von Verteidigungswaffen; denn wir haben gezeigt, daß Varietäten mit einem
unausgeglichenen Defizit nicht lange überlebten. Dieses Prinzip entspricht exakt dem
des Fliehkraftreglers einer Dampfmaschine, der sämtliche Unregelmäßigkeiten aufzeigt
und korrigiert, beinahe noch bevor sie sichtbar werden; in ähnlicher Weise können un-
ausgeglichene Defizite im Tierreich nie besonders gravierend ausfallen, würden sie doch
schon ganz am Anfang die Existenz spürbar erschweren und fast sicher zum baldigen
Aussterben des Lebewesens führen. Ein Ursprung, für den hier plädiert wird, entspricht
auch dem besonderen Charakter der Veränderungen von Form und Struktur, wie sie bei
organisierten Lebewesen auftreten – die vielen von einem zentralen Typus abweichenden Linien, die zunehmende Effizienz und Kraft eines bestimmten Organs in einer Aufeinanderfolge verwandter Arten und die bemerkenswerte Persistenz unbedeutender
Elemente wie Farbe, Textur des Gefieders und Fells, Form der Hörner oder Kämme in
einer Aufeinanderfolge von Arten, die sich in wesentlicheren Merkmalen stark voneinander unterscheiden. Und diese Theorie liefert uns auch eine Begründung für jene
»spezialisiertere Struktur«, die Professor Owen zufolge ein Merkmal jüngerer gegenüber
ausgestorbenen Formen ist und die augenscheinlich das Ergebnis einer fortschreitenden
Veränderung in der tierischen Ökonomie ist.

Wir glauben nun gezeigt zu haben, daß es in der Natur. eine Tendenz gibt, der zufolge
bestimmte Gruppen von *Varietäten* sich Schritt für Schritt vom Originaltypus ausgehend weiterentwickeln. Wobei wir dieses mögliche Fortschreiten durch keinerlei Begrenzungen eingeschränkt sehen. Und es sind die gleichen Prinzipien, die im Naturzustand wirken und die erklären können, warum domestizierte Varietäten die Tendenz
haben, zum Originaltypus zurückzukehren.

Diese Weiterentwicklung vollzieht sich in kleinen, ungerichteten Schritten, die [in ihrem Effekt] jeweils durch Notwendigkeiten eingegrenzt und ausbalanciert werden, unter denen allein ein Überleben möglich ist. Diese Vorstellung kann, glaube ich, so verallgemeinert werden, daß sie auf alle bei organisierten Lebewesen beobachtbaren Phänomene Anwendung findet: auf ihr Aussterben bzw. ihre Aufeinanderfolge in vergangenen Epochen und auch auf alle außergewöhnlichen Veränderungen ihrer Form, ihres Instinkts und ihrer Lebensweise.

Ternate, Februar 1858

Teil II
Uwe Hoßfeld, Lennart Olsson: *Kommentar*

Einleitung: Was ist Evolution?

Wagt man als Naturwissenschaftler einen Rückblick auf die vergangenen Jahrhunderte, ragt bis heute eine biowissenschaftliche Fachdisziplin heraus, die in fast alle Bereiche menschlichen Daseins hineinspielt: die Erforschung der organischen Evolution. Nicht wenige Wissenschaftler haben sich begeistert, intensiv, manchmal sogar ein Leben lang mit dieser Aufgabe auseinandergesetzt und viel Zeit und Energie darauf verwandt, die Dynamik und Prozesse evolutiver Entwicklung zu erforschen. Durch diese Arbeiten wurde die Evolution zu einem zentralen Problem, zum Brennpunkt der Biowissenschaften. In diesem Sinne hat auch ein Altmeister der Evolutionsbiologie des 20. Jahrhunderts, der russisch-amerikanische Populationsgenetiker Theodosius Dobzhansky, betont: „Nichts in der Biologie ergibt Sinn, außer man betrachtet es im Licht der Evolution."

Nach der Physik und Chemie im neunzehnten und zwanzigsten Jahrhundert schickt sich nun in diesem Jahrhundert insbesondere die Biologie an, durch immer mehr Anwendungen unser Alltagsleben zu verändern. Wir denken in erster Linie an die Gentechnik, die Molekularbiologie und die Entwicklung von neuen Therapien in der Medizin, die nur durch die unglaublich gestiegenen Kenntnisse biologischer Fakten möglich geworden sind.

Als Grundlage für alle Lebenswissenschaften dient dabei seit 150 Jahren die Evolutionsbiologie, deren großer Wegbereiter und Pionier der englische Privatgelehrte Charles Darwin (1809–1882) war. Darwin hat eigentlich mehrere Theorien aufgestellt und (neben Alfred R. Wallace) als erster erkannt, dass natürliche und sexuelle Selektion die treibenden Kräfte der Evolution sind. Man kann bereits in Darwins *Origin of Species* (1859) fünf Teiltheorien unterscheiden[1]:

1. die Veränderlichkeit der Arten oder „Evolution als Tatsache";
2. die Abstammungslehre, die besagt, dass Organismen eine gemeinsame Abstammung haben und nicht einzeln erschaffen wurden;

---

[1] Wir folgen hier der Einteilung Ernst Mayrs in *Das ist Evolution*, München 2003; vgl. ebenso ders., *One long Argument*, Cambridge, MA 1991, S. 35 ff. (dt. *... und Darwin hat doch recht. Charles Darwin, seine Lehre und die moderne Entwicklungsbiologie*, München, Zürich 1994); ders., *Das ist Biologie*, Heidelberg, Berlin 1997, S. 233 ff.; ders., *Konzepte der Biologie*, Stuttgart 2005, S. 113 ff.

U. Hoßfeld, L. Olsson (Hrsg.), *Charles Darwin*, Klassische Texte der Wissenschaft, DOI 10.1007/978-3-642-41961-4_5, © Springer-Verlag Berlin Heidelberg 2014

3. den Gradualismus, dem zufolge Evolution allmählich, in der Regel über längere Zeiträume und nicht sprunghaft stattfindet;

4. die Aufspaltung der Arten, wonach sich Evolution durch Aufspaltung einer Stammart in zwei neue Arten ereignet;

5. die Selektionslehre, die darauf hinweist, dass die Evolution der Organismen durch natürliche und sexuelle Auslese gesteuert wird.

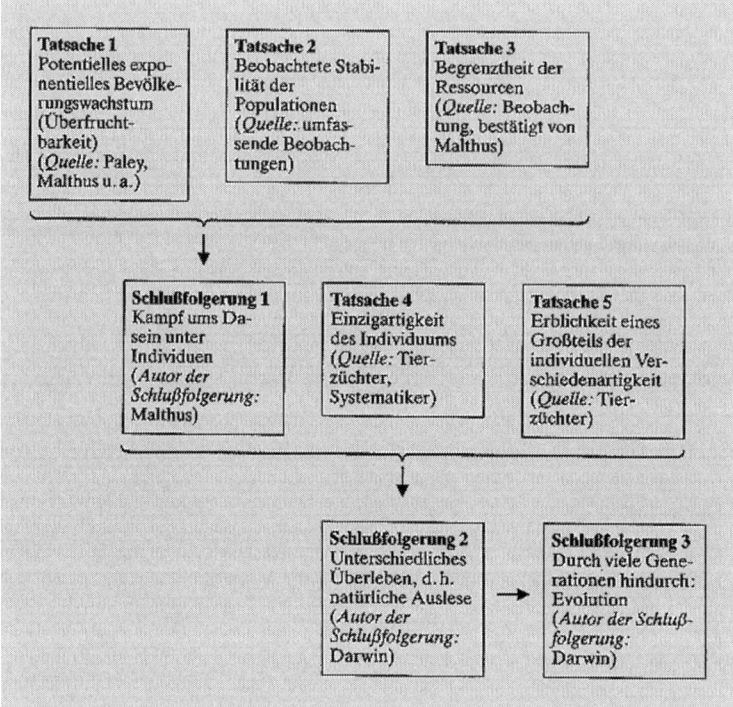

Abb. 5.1 Darwins Selektionstheorie (Mayr, E.: … und Darwin hat doch recht. München 1994, 101)

Diese fünf Teiltheorien[2] beinhalten alle wichtigen Aspekte der Evolution und sind auch heute noch, obwohl in weiterentwickelter Form, als Grundbausteine der Evolutionsbiologie erhalten geblieben. Die einzelnen Teiltheorien haben zur Zeit Darwins mal mehr, mal weniger Akzeptanz erfahren. Unter Wissenschaftlern kam es schnell zur Annahme der Teiltheorien 1, 2 und 4. Der Gradualismus (3) wurde sehr lange in Frage gestellt,

---

[2] Wie Ernst Mayr in *One long Argument* bemerkt, hat sich lange die Meinung gehalten, es handele sich bei Darwinismus um eine homogene Theorie. Das trifft aber schon deshalb nicht zu, weil die organische Evolution aus zwei völlig unabhängigen Prozessen besteht: dem Wandel in der Zeit (Transformation) sowie der Aufspaltung im ökologischen und geographischen Raum (Diversifizierung). Dennoch sprachen – manchmal heute noch – fast alle, die über Darwin diskutierten, schrieben und stritten, von der Kombination dieser fünf verschiedenen Theorien als „Darwinscher Theorie" im Singular.

insbesondere von Vertretern einer sprunghaften Evolution (Saltationismus), und wird teilweise immer noch kontrovers diskutiert. Die Selektionstheorie (5) stieß anfangs auf starke Kritik, weil unterstellt wurde, die Selektion sei viel zu schwach, um wesentlich zur Richtunggebung von Evolutionsprozessen beitragen zu können. Erst hundert Jahre nach der Veröffentlichung von Darwins Hauptarbeit ist auch das Selektionsprinzip unter den Wissenschaftlern Allgemeingut geworden.

Nach dem Tod Darwins im Jahre 1882 kam es dann zu einer Spaltung unter den Evolutionisten. Seitdem mussten die Anhänger des Evolutionsgedankens vielfältige Auseinandersetzungen bestehen, die bis ins nächste Jahrhundert hinüberreichen sollten. Von 1859 bis zur Jahrhundertwende ging es den Evolutionsforschern in erster Linie um Beweise für die Evolution und um die Erstellung von Stammbäumen; der Schwerpunkt lag in der phylogenetischen Forschung. In der Zeit danach, etwa bis zur Begründung der Synthetischen Theorie der Evolution (1930er Jahre), standen hingegen Kausalfragen der Evolution – wie die nach der direkten bzw. indirekten Vererbung, nach der Rolle von Mutation, Isolation und Selektion im Evolutionsprozess bzw. nach dem (graduellen oder saltationistischen) Verlauf der Evolution – im Vordergrund der Auseinandersetzungen zwischen den Forschungstraditionen. Da der Evolutionsgedanke nun in den meisten biologischen Teildisziplinen diskutiert wurde und deren Vertreter sich mit unterschiedlichem Erfolg an diesen Debatten beteiligten, schien eine Synthese des Gedankenguts nahezu unmöglich. Auch die Wiederentdeckung der Mendelschen Gesetze im Jahre 1900 veranlasste die meisten Biologen vorerst nicht zu einer Änderung ihrer Einstellung zur natürlichen Auslese, denn die Mendelschen Gesetze waren statischer Natur und gaben keine Antwort auf die kausalen Mechanismen der Evolution. Die Mehrzahl der Biologen wollte und konnte aus unterschiedlichen Gründen keineswegs die Tatsache akzeptieren, dass es sich bei der natürlichen Auslese um die eigentliche Ursache der Anpassung handelte. Infolge dieser Entwicklung kamen im ersten Drittel des 20. Jahrhunderts experimentell arbeitende Genetiker und Naturbeobachter (Systematiker, Paläontologen) bei der Beurteilung von evolutionsbiologischen Prozessen zu sehr kontroversen Auffassungen. Diese sich unversöhnlich gegenüberstehenden Forschungstraditionen unterschieden sich in ihrer Sprache, in ihrer wissenschaftlichen Interpretation und Methodologie derart stark, dass es so aussah, als wäre ein Kompromiss in weite Ferne gerückt. Die Genetiker befassten sich mit Genen, die Naturforscher dagegen mit Populationen, Arten und höheren Taxa – es war die Periode „Evolution ohne Genetik".[3]

Das Akzeptieren der Evolutionstheorie im Darwinschen Sinne stellte insbesondere alle diejenigen vor Probleme, die Darwins erklärendes Prinzip der natürlichen Auslese negierten. Was aber, wenn nicht die natürliche Auslese, konnte sonst der bestimmende Faktor der Evolution sein? Es kam zu einem Aufschwung alternativer Evolutionstheorien, die in den fast hundert Jahren nach dem Erscheinen von Darwins *Origin of Species*

---

[3] Vgl. unten, Abschn. 8 und 9.

andere Erklärungsmuster für Evolution gaben, sich großer Popularität erfreuten und das Meinungsklima unter den Biowissenschaftlern stark beeinflussten. Dabei konzentrierten sich die „Anti-Darwinisten" in ihrer ablehnenden Haltung besonders auf drei Punkte der Darwinschen Theorien: die Vererbung erworbener Eigenschaften, den Gradualismus sowie den Finalismus. Je nachdem, welche Komponente von Darwins Theorie die Gegner nun nicht akzeptieren, unterschied man Befürworter saltationistischer, neo-lamarckistischer und orthogenetischer Theorien.[4]

Zu Beginn des 20. Jahrhunderts hatten sich schließlich die Theorien der gemeinsamen Abstammung und der Evolution allgemein durchgesetzt, und sie wurden nur noch von Außenseitern bestritten. Als nach 1900 die moderne Genetik entstand, wurde die neue Wissenschaft von ihren wichtigsten frühen Vertretern als eine weitere Alternative zum Darwinismus aufgefasst. Die Genetik sollte nicht nur eine Vererbungs-, sondern auch eine Evolutionstheorie sein; man hoffte die Kontroversen des 19. Jahrhunderts zu überwinden, indem man Orthogenese, Lamarckismus, Selektionstheorie und andere gleichermaßen ablehnte und Mutationen zum zentralen Faktor der Evolution erklärte. In diesem Umfeld gelang es Mitte der 1920er Jahre einer internationalen Gruppe von Biowissenschaftlern aus verschiedenen Fachgebieten in enger Zusammenarbeit, die Widersprüche zwischen Genetik und Selektionstheorie zu überwinden, Alternativtheorien zu widerlegen, weitere theoretische Elemente zu integrieren und so die moderne Evolutionstheorie zu schaffen. Man sprach von ‚Evolutionärer' oder ‚Moderner Synthese', von ‚Synthetischer Theorie', Neo-Darwinismus oder einfach ‚Darwinismus', ohne sich auf einen Namen einigen zu können. Der Kernpunkt dieser Theorie war die Vereinigung von (Populations-)Genetik und Evolutionsbiologie. Diese kausale Theorie setzte sich in den 1930er Jahren durch und hat seither die Evolutionsbiologie weitgehend dominiert. Daneben existierte aber auch noch eine Reihe von Alternativtheorien, die andere, weiterführende Erklärungsversuche zu Kausalfragen der Evolution unternahmen und besonders im deutschen Sprachraum bis in die Mitte der 1950er Jahre große Bedeutung erlangten.[5]

Charles Darwins Theorien und die Herausforderungen der Evolutionsbiologie gehören also bis heute zu den kontroversesten und faszinierendsten Themen der Biowissenschaften überhaupt. Es gibt nur wenig andere wissenschaftliche Ideen, die das moderne Bild der Welt ähnlich tiefgreifend geprägt haben und für den fundamentalen Wandel kultureller Werte ebenso wichtig waren.

Wie Charles Darwin (und parallel zu ihm, Alfred Russell Wallace) zu ihren Einsichten gelangten, soll nachfolgend in einer kurzen historischen Einführung ausgeführt werden.

---

[4] Ebd.
[5] Ebd.

Abb. 5.2 Ernst Mayr (1904–2005), Museum für Naturkunde Berlin

Historische Einführung[1]

Das Wort ‚Evolution' (lat. *evolutio*, von dem Verb *evolvere*, ‚aufrollen', ‚entwickeln', ‚ablaufen') wurde zur Beschreibung des ‚Auswickelns' einer bereits bestehenden kompakten Struktur benutzt.[2] Im 18. Jahrhundert wurde ‚Evolution' dann speziell in der Embryologie für das ‚Auswickeln' präformierter Strukturen verwendet. Noch zu Beginn des 18. Jahrhunderts bildete die Frage nach der Gültigkeit der Präformationstheorie ein zentrales Problem der Embryologie. Dabei stritten die *Ovulisten* wie Francesco Redi, Marcello Malpighi, Jan Swammerdam oder Reignier de Graaf, die den Keim im Ei ansiedelten, mit den *Animalkulisten* wie Antoni van Leeuwenhoek, Nicolas Malebranche, Gottfried Wilhelm Leibniz, Jan Ham oder Nicolas Hartsoeker, die als Sitz des vorgebildeten Keims die neuentdeckten Spermatozoen favorisierten.[3] Die von ihnen zurückgedrängten Epigenetiker, die zuletzt in William Harvey einen prominenten Fürsprecher gefunden hatten, erhielten dann aber aus weiteren Studien zur Organregeneration und Keimentwicklung, die von Abraham Trembley, Pierre Louis Moreau de Maupertuis, John Turberville Needham oder Georges Buffon durchgeführt worden waren, neue Argumente, die Caspar Friedrich Wolff schließlich aufgrund tatsächlicher Beobachtungen in einer überzeugenden *Theoria generationis* (1759) vereinte. Wolffs Überzeugung einer epigenetischen Entwicklung der Lebewesen fand zahlreiche Befürworter, weckte aber auch antike Urzeugungsideen zu neuem Leben.[4]

---

[1] Zur Geschichte der Evolution vgl. weiterführend Thomas Junker und Uwe Hoßfeld, *Die Entdeckung der Evolution*, Darmstadt 2009. Aus der Reihe allgemeiner Werke zur Geschichte der Biologie, die auch die Evolutionstheorie ausführlicher behandeln und in denen sich zu vielen weiterführende Informationen und Literaturhinweise finden, möchten wir vor allem hinweisen auf: Peter J. Bowler, *Evolution, the History of an Idea*, Berkeley, Los Angeles, London 1984, Ernst Mayr, *The Growth of Biological Thought*, Cambridge, MA, London 1982 (dt. *Die Entwicklung der biologischen Gedankenwelt*, Berlin, Heidelberg, New York, Tokyo 1984) und Ilse Jahn (Hg.), *Geschichte der Biologie*, Jena, Stuttgart 1998.

[2] Bowler, *Evolution, the History of an Idea*.

[3] Jahn (Hg.), *Geschichte der Biologie*, S. 211 ff.; Uwe Hoßfeld und Lennart Olsson, „The road from Haeckel: The Jena tradition in evolutionary morphology and the origin of ‚Evo-Devo'", in: *Biology & Philosophy* 18 (2003), S. 285–307; dies., „Entwicklung und Evolution – ein zeitloses Thema", in: *Praxis der Naturwissenschaften (PdN)* 57 (2008), S. 4–8; Lennart Olsson, Georgy S. Levit und Uwe Hoßfeld, „Evolutionary Developmental Biology: Its Concepts and History with a Focus on Russian and German Contributions", in: *Naturwissenschaften* 97 (2010), S. 951–969; Uwe Hoßfeld, Lennart Olsson & Georgy S. Levit, „Evolutionäre Entwicklungsbiologie (Evo-Devo)", in: Daniel Dreesmann et al., *Evolutionsbiologie – Moderne Themen für den Unterricht*, Heidelberg 2011, S. 151–179.

[4] Ebd.

U. Hoßfeld, L. Olsson (Hrsg.), *Charles Darwin*, Klassische Texte der Wissenschaft, DOI 10.1007/978-3-642-41961-4_6, © Springer-Verlag Berlin Heidelberg 2014

Abb. 6.1 Keimblätter: Längsschnitte verschiedener Organismen (Haeckel, E.: Anthropogenie. Leipzig 1874, Tafel III)

Erst in den 1860er Jahren führte der Philosoph Herbert Spencer den Begriff „Evolution" im modernen Sinn für die Veränderung von Arten ein. Charles Darwin benutzte den Begriff zunächst nicht und sprach von „gemeinsamer Abstammung mit Modifikationen".

Auch vor Charles Darwin gab es Naturforscher (das bekannteste Beispiel ist Jean B. de Lamarck im frühen 19. Jahrhundert), die postuliert hatten, es gebe in der Natur einen Artenwandel, so dass neue Arten entstehen können. Der Mechanismus war aber unklar, und oft wurde der Gebrauch oder Nichtgebrauch eines Organs als bedeutsamer Faktor für eine evolutive Veränderung vorgeschlagen. Diese Vorstellung spielt auch bei Darwin eine gewisse Rolle. Mendels Vererbungslehre stand Darwin noch nicht zur Verfügung, so dass er eigene Ideen zur Vererbung erworbener Eigenschaften entwickelte (Pangenesistheorie).

Lamarck und anderen frühen Evolutionisten gelang es aber nicht, ihre Zeitgenossen zu überzeugen, und die Evolutionsideen galten weithin als reine Spekulation. Obwohl sich die Überzeugung durchgesetzt hatte, dass die Erde in ständigem Wandel begriffen sei und die biologischen Arten einander im Laufe der Erdgeschichte ablösten, sollten diese doch unveränderlich sein: Konstante Arten entstehen und sterben wieder aus, ohne dass sie durch eigene Veränderungen auf den Wandel der Umwelt reagieren können. Erst mit Darwin wurde auch diese letzte Rückzugsposition des statischen Schöpfungsglaubens unhaltbar. Mehr als jeder andere hat Darwin dafür gesorgt, dass die Vorstellung von der Veränderung der biologischen Arten zur allgemeinen Überzeugung wurde. Und er zeigte, dass es nicht nötig ist, von außen gesetzte Zwecke als Ursache für die Zweckmäßigkeit der Organismen anzunehmen. Indem er ungerichtete, zufällige Variationen mit dem blinden Mechanismus der natürlichen Auslese verband, machte er teleologische (und theologische) Erklärungen des Lebens überflüssig. Innerhalb weniger Jahre wurde die Idee der Evolution von einer Phantasie zu einer wissenschaftlichen Tatsache, die nur noch von wenigen Biologen bestritten wurde.

6.1   Wie Charles Darwin die Evolutionslehre entdeckte

> „Schließlich kamen Lichtschimmer, und ich
> bin fest überzeugt (ganz im Gegenteil zu der
> Ansicht, mit der ich begonnen habe), daß
> Arten nicht (es ist wie einen Mord geste-
> hen) unveränderlich sind."
>
> *Charles Darwin in einen Brief an*
> *Joseph Dalton Hooker in Januar 1844*[5]

Charles Darwin wurde am 12. Februar 1809 in Shrewsbury, England, als zweiter Sohn und fünftes von sechs Kindern geboren.[6] An seine Mutter, die bereits 1817 starb, konnte er sich kaum erinnern. Sein Vater, Robert Waring Darwin, war ein wohlhabender Arzt; sein Großvater, der bedeutende Naturforscher Erasmus Darwin, hatte sich in seiner Schrift *Zoonomia* (1794–96) zu evolutionistischen Gedanken bekannt. Beide Großväter, Josiah Wedgwood und Erasmus Darwin, waren wichtige Persönlichkeiten der aufstrebenden industriellen Elite Großbritanniens. Sie waren radikale Deisten bzw. Unitarier und damit *dissenter*, religiöse Abweichler, in einem Staat, in dem nur Mitglieder der Kirche von England politische Chancen hatten. Diese unorthodoxen politischen und religiösen Familientraditionen waren für Charles Darwins geistige Entwicklung von großer Bedeutung. Darwin hatte sich schon als Kind für die Natur interessiert und begann sehr früh zu sammeln; später wurde er ein begeisterter Käfersammler. Die Natur faszinierte den jungen Charles Darwin viel mehr als der Schulunterricht. Als er 16 Jahre alt war, wurde er von seinem Vater zum Medizinstudium an die Universität Edinburgh geschickt. Dort wandte er sich jedoch eher den Naturwissenschaften als der Medizin zu. Der Zoologe Robert Grant machte ihn mit den Theorien Lamarcks vertraut. Darwin gab schließlich sein Medizinstudium auf und begann ein Studium der Theologie in Cambridge. Auch in Cambridge verbrachte der junge Charles mehr Zeit mit anderen Tätigkeiten als mit dem eigentlichen Studium. Seine Briefe und Notizen vermitteln den Eindruck, dass das Jagen und Sammeln (vor allem von Käfern) am wichtigsten für ihn waren. Er knüpfte Kontakt mit John Steven Henslow, einem Botanikprofessor. Später, als Darwin seine große Weltreise unternahm, korrespondierte er intensiv mit Henslow. Teile dieser Korrespondenz wurden in den vorliegenden Band aufgenommen; sie geben erste Einblicke in Darwins Gedankenwelt zur Zeit der *Beagle*-Reise.[7]

---

[5] Charles Darwin, *The Correspondence of Charles Darwin*, hg. von Frederick Burkhardt et al., Cambridge 1985–1999, Bd. 3, S. 2. Siehe auch http://www.darwinproject.ac.uk/.
[6] Zur Biographie Darwins vgl. die in der Auswahlbibliographie genannten Titel, unten. S. 192.
[7] Siehe oben, S. 3–15.

Abb. 6.2 Charles Darwin, 1840. Skizze von George Richmond; Cambridge University Library

Als Student der Theologie musste sich Darwin intensiv mit der Naturtheologie William Paleys beschäftigen und war von der Richtigkeit dieser Lehre überzeugt. Er schloss im April 1831 sein Theologiestudium ab, hatte aber kein Interesse, Pfarrer zu werden. Noch im selben Jahr erhielt er das Angebot, eine Weltreise mit dem Forschungsschiff *Beagle* anzutreten. Der Kapitän der *Beagle*, Robert Fitzroy, brauchte jemanden (wie Darwin), der ihn als zusätzlicher Naturforscher, aber auch als *gentleman companion* begleiten konnte. Die Besatzung der *Beagle* sollte die Küsten von Südamerika vermessen, um die Seekarten der englischen Admiralität zu aktualisieren. Am 27. Dezember 1831 verließ die *Beagle* Plymouth und kehrte erst am 2. Oktober 1836 nach England zurück. Während der Reise konnte Charles Darwin zahllose lebende wie fossile Organismen sammeln und viele geologische Untersuchungen durchführen. Während der Reise las er Charles Lyells *Principles of Geology* (1830–33) und lernte dadurch dessen gradualistische Auffassungen der geologischen Entwicklung der Erde kennen. Später übernahm Darwin den Gradualismus aus der Geologie und führte ihn als Prinzip in seine Evolutionslehre ein.[8] In Lyells *Principles* wird auch Lamarcks Evolutionstheorie in Frage gestellt, was für Darwin ein wichtiger Denkanstoß war.

Durch exakte Beobachtung, Studien von mitgebrachten Büchern, Korrespondenz mit Kollegen und eigenes Nachdenken entstanden bei Darwin während der Reise erste Zweifel an der Konstanz der Arten, allerdings so spät (im Sommer 1836), dass ihm bei seinem Besuch auf den Galápagosinseln seine Evolutionslehre noch nicht zur Verfügung stand. Nach seiner Rückkehr begann Darwin dann seine Sammlungen zu sortieren und die Funde an verschiedene Spezialisten zur Auswertung zu verschicken. Erst da wurde klar, dass die Schildkröten, Finken und Spottdrosseln der verschiedenen Galápagosinseln jeweils verschiedenen Arten angehörten. Die wissenschaftliche Bearbeitung der reichen Funde seiner Weltreise wurde in den nächsten Jahren Darwins hauptsächliche Beschäftigung. Er publizierte ideenreiche Schriften auch zu geologischen Themen; so entwickelte er beispielsweise eine Theorie zur Entstehung der Korallenriffe, die in ihren Grundideen bis heute Bestand hat. Der zweite Text Darwins im vorliegenden Band ist ein Aufsatz über „bestimmte Gebiete der Hebung und Senkung im Pazifischen und im Indischen Ozean" und hängt direkt mit seinen Studien zur Korallenriffbildung zusammen.[9] Nach seiner Rückkehr begann Darwin damit, seine Gedanken zur Entstehung der Arten und anderen Themen der Evolution in die sogenannten *Notebooks on Transmutation* niederzuschreiben. Dadurch ist es heute möglich, seine intellektuelle Entwicklung zu rekonstruieren.

Bereits ein halbes Jahr nach seiner Ankunft in England, zwischen März und Juni 1837, war er dann von der allmählichen Entstehung neuer Arten und gemeinsamen Abstammung der Organismen überzeugt. Jetzt ging es aber darum, eine Erklärung, einen Mechanismus für diese Artenwandel zu finden. Im Juli 1837 hatte Darwin eine erste Theorie des Artenwandels ausgearbeitet, die in wesentlichen Punkten an Lamarcks Ideen erinnert. Wie Lamarck vermutete auch er, dass die Umwelt über den Gebrauch oder Nichtgebrauch von Organen, über Verhaltensweisen und erworbene Eigenschaften erbliche Veränderungen bewirken kann. Der entscheidende Anstoß, einen völlig anderen Evolutionsmechanismus in Erwägung zu ziehen, kam ihm im September 1838, als er Thomas Robert Malthus' *Essay on the Principle of Population* (1826) las. Dort fand er das Konzept des Kampfes ums Dasein und damit das Selektionsprinzip. Darwin übernahm von Malthus den Gedanken, dass jede biologische Art eine starke Tendenz zur Vermehrung hat, die größer ist als die mögliche Vermehrung der Nahrungsmittel. Zusammen mit der Beobachtung, dass sich die Anzahl der Individuen einer Art auf lange Sicht meist nur wenig verändert, lässt sich aus diesen Beobachtungen schließen, dass es zwischen Mitgliedern derselben Art zu einem Kampf ums Dasein kommen muss.

Im Jahre 1938 setzte Darwin seine geologischen Studien fort, besuchte im Juni die schottischen Highlands und studierte unter anderem die Parallelstraßen von Glen Roy. Dabei entwickelte er eine Interpretation, die auf seine unmittelbaren Erfahrungen mit

---

[8] Oben, S. 92, als Teiltheorie 3 bezeichnet.
[9] Siehe oben, S. 17–19.

südamerikanischen Küstenformationen zurückging. Danach sind die merkwürdigen Parallelstraßen von Glen Roy marinen Ursprungs. In der dritten hier abgedruckten Arbeit Darwins sind diese Thesen und Interpretationen nachzulesen.[10] Im nachhinein wurde klar, dass Darwins Erklärung nicht zutrifft, aber seine Schrift gibt dem heutigen Leser wichtige Einblicke in seine Forschungsmethodik.

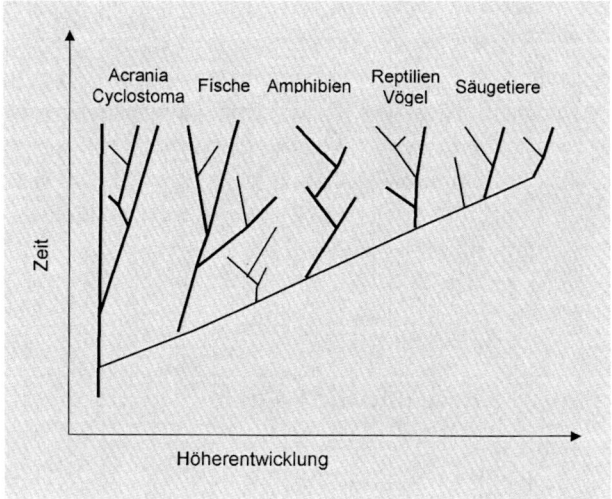

Abb. 6.3 Darwins Modell: Evolution und gemeinsame Abstammung. (Junker, T. & Hoßfeld, U.: *Die Entdeckung der Evolution*, Darmstadt 2009, 79)

Nach der Entdeckung des Selektionsprinzips im September 1838 arbeitete Darwin stetig an seiner Theorie des Artenwandels weiter. Im Sommer 1842 fühlte er sich dann endlich sicher genug, seine Erkenntnisse in Form einer Skizze niederzuschreiben. In diesem *Sketch* von 1842 ist die allgemeine Struktur seiner Theorie schon in einem überraschenden Maße vorhanden. Zwei Jahre später verfasste er eine erweiterte Version, den *Essay* von 1844.[11] Keiner der beiden Aufsätze wurde aber veröffentlicht. Statt dessen widmete sich Darwin acht Jahre lang (1846–1854) ausschließlich morphologischen und taxonomischen Forschungen über Cirripedien (Rankenfußkrebse). Warum zögerte er? Ein Grund war sicher, dass es ihm bewusst war, welche Auswirkungen seine Theorie haben würde. Sehr vorsichtig heißt es später in *On the Origin of Species*: „Licht wird auf den Ursprung des Menschen und seine Geschichte fallen".[12] Dass der Mensch mit dem Affen

---

[10] Siehe oben, S. 21–69.
[11] Francis Darwin (Hg.), *The Foundations of the Origin of Species: Two Essays Written in 1842 and 1844 by Charles Darwin,* Cambridge 1909.
[12] Charles Darwin, *On the Origin of Species by Means of Natural Selection, or the Preservation of Favoured Races in the Struggle for Life,* London 1859, S. 488; dt. *Über die Entstehung der Arten durch natürliche*

verwandt sei, war nur ein Aspekt seiner Evolutionslehre, der das viktorianische England sehr schockieren musste.

Erst im September 1854, als er die Arbeit an den Cirripedien abgeschlossen hatte, wandte sich Darwin mit ganzer Arbeitskraft wieder der Artentheorie zu. Er modifizierte und verbesserte sie an wichtigen Punkten und führte zahlreiche spezielle Untersuchungen durch. In einem regen Briefwechsel mit einem weltweiten Netz von Spezialisten suchte er nach Informationen zu den verschiedensten Fragen und begab sich in die Welt der Tier- und Pflanzenzüchter, um Wissenswertes über die Zucht von Enten, Kaninchen und Tauben zu erfahren. Sie bestätigten ihn in seiner Ansicht, dass die Variabilität der Arten sehr viel größer ist, als gemeinhin vermutet wurde. Diese Variabilität war für Darwin außerordentlich wichtig, denn die natürliche Auslese kann nur zur Wirkung kommen, wenn es Variationen gibt, die selektiert werden können. Er hoffte auch, die Züchtung zur experimentellen Basis der Evolutionstheorie zu machen und damit einer wichtigen methodologischen Forderung der Wissenschaftstheorie seiner Zeit genügen zu können.

6.2   Ein Brief aus Ternate und die Folgen

Charles Darwin war intensiv mit einem wichtigen Aspekt seiner Evolutionslehre, der Frage nach der Aufspaltung der Arten, beschäftigt[13] und schrieb bereits an seinem „Big Species Book", als er am 18. Juni 1858 einen Brief des Naturforschers *Alfred Russel Wallace* (1823–1913) erhielt.[14] Wallace war ein Naturforscher und Sammler, der sich auf der Insel Ternate im heutigen östlichen Indonesien (Molukken) aufhielt. Der Brief enthielt ein Manuskript, das Wallace veröffentlichen wollte. Als Darwin es las, war er schockiert: Wallace vertrat nicht nur eine Theorie der Evolution und der gemeinsamen Abstammung, sondern er schlug auch einen Evolutionsmechanismus vor, der fast völlig mit seiner eigenen Selektionstheorie übereinstimmte. In einem Brief, den er noch am selben Tag an Lyell schickte, heißt es: „Ich habe niemals ein auffallenderes Zusammentreffen gesehen; wenn Wallace meinen handschriftlichen Sketch aus dem Jahre 1842 besäße, hätte er kein besseres Exzerpt davon anfertigen können! Selbst seine Begriffe stehen jetzt als Überschriften über meinen Kapiteln."[15]

Zuchtwahl oder die Erhaltung der begünstigten Rassen im Kampfe um's Dasein, übersetzt von J. Victor Carus, reprographischer Nachdruck der 9. Auflage 1920, Darmstadt 1992, S. 564.

[13] Oben, S. 92, als Teiltheorie 4 bezeichnet.

[14] Alfred Russel Wallace stand immer im Schatten Darwins. Über ihn wurde viel weniger geschrieben als über Darwin. Es gibt mittlerweile jedoch mehrere Wallace-Biographien (vgl. unten, Abschn. 8, und die Auswahlbibliographie in diesem Band).

[15] Darwin, Correspondence, Bd. 7, S. 107.

Abb. 6.4 Alfred Russell Wallace (1895). Borderland Magazine, April 1896

Wallace' Ideen sind in der Tat mit denjenigen Darwins fast deckungsgleich. So schreibt er an Darwin: „Wir glauben nun gezeigt zu haben, dass es in der Natur eine Tendenz gibt, der zufolge bestimmte Gruppen von Varietäten sich Schritt für Schritt vom Orginaltypus ausgehend weiterentwickeln. Wobei wir dieses mögliche Fortschreiten durch keinerlei Begrenzungen eingeschränkt sehen. […] Diese Weiterentwicklung vollzieht sich in kleinen, ungerichteten Schritten […].“[16] Dieser Brief wurde, zusammen mit gleichzeitig veröffentlichten Texten Charles Darwins, in den vorliegenden Band aufgenommen.[17] Das kurze Zitat zeigt, dass Wallace sowohl Darwins Teiltheorie 1 (die Veränderlichkeit der Arten) als auch die Teiltheorien 2 (die Abstammungslehre), 3 (den Gradualismus) und 4 (die Aufspaltung der Arten) formuliert hatte. Noch wichtiger ist aber, dass Wallace genau wie Darwin die große Bedeutung der Teiltheorie 5 (Auslese) als treibende Kraft der Evolution anerkannte.

---

[16] Oben, S. 86–87.
[17] Oben, S. 79–87.

Können biographische Parallelen zwischen Darwin und Wallace diese geistige Konvergenz erklären? Sowohl Darwin als auch Wallace waren Engländer, beide hatten längere Forschungsreisen unternommen, beide haben ähnliche Bücher (Lyells *Principles of Geology*, Malthus' *Essay*) gelesen, und beide waren begeisterte Naturbeobachter. Die soziale Herkunft könnte aber nicht unterschiedlicher sein. Darwin war sehr wohlhabend, gut ausgebildet in Edinburgh und Cambridge und ein angesehener Wissenschaftler. Wallace dagegen wuchs als Sohn verarmter Kleinbürger auf, war Autodidakt und hat keine Höhere Schule besucht. Seinen Lebensunterhalt musste er sich als Sammler von Vögeln und Insekten in tropischen Ländern verdienen. Auch für Wallace war aber Malthus' *Essay* als Inspirationsquelle wichtig, um die Idee der Selektion als Mechanismus der Evolution ausbilden zu können. Als er das Manuskript schrieb, im Februar 1858, litt Wallace unter einem schweren Anfall von Malaria. Er hatte somit viel Zeit, über Evolution nachzudenken, und verfiel auf den Gedanken, den Kampf ums Dasein aus Malthus' *Essay* auf die Natur zu übertragen.

Charles Darwin wollte Wallace' Manuskript sofort veröffentlichen und auf eigene Prioritätsansprüche verzichten. Er schrieb an Lyell, dass er „viel lieber [sein] ganzes Buch verbrennen [würde], als dass er [Wallace] oder irgend jemand anderes denken sollte, ich hätte mich in einer elenden Weise benommen."[18] Der Botaniker Hooker und der Geologe Lyell wussten aber beide, dass Darwin schon lange Zeit über dieses Thema nachgedacht hatte, und konnten ihn überzeugen, eine Veröffentlichung seiner eigenen Ideen zusammen mit dem Manuskript von Wallace – dessen Prioritätsrechte dadurch nicht verletzt würden – vorzulegen. Bei der Versammlung der *Linnean Society* am 1. Juli 1858 wurde das Manuskript von Wallace zusammen mit Ausschnitten aus Darwins Manuskripten und einem Brief von Lyell und Hooker verlesen.[19] Weder Charles Darwin noch Alfred R. Wallace waren anwesend: Wallace war noch auf seiner Reise durch Indonesien, und Darwin hatte nur wenige Tage zuvor ein Kind durch Scharlach verloren und fühlte sich nicht in der Lage, nach London zu reisen.[20] – Das war der Geburtsstunde der Evolutionslehre.

Im nachhinein ist es merkwürdig, dass dieses Ereignis kaum für größere Aufregung sorgte, weder in der Öffentlichkeit noch unter den Wissenschaftlern, etwa in der Linnean Society, wo die Dokumente präsentiert worden waren. Der Präsident der Society (London), Thomas Bell, schrieb im Rückblick auf das Jahr 1858: „The year which has passed has not, indeed, been marked by any of those striking discoveries which at once

---

[18] Deutsche Übersetzung zitiert nach Gerhard Heberer (Hg.), *Darwin-Wallace: Dokumente zur Begründung der Abstammungslehre vor 100 Jahren 1858/59 – 1958/59*, Stuttgart 1959, S. 6.

[19] Später im *Journal of the Proceedings of the Linnean Society (Zoology)* 3 (1859), S. 45–62 veröffentlicht.

[20] Eine erste Übersetzung dieser Dokumente ins Deutsche wurde zum 100jährigen Jubiläum von Gerhard Heberer herausgegeben *(Darwin-Wallace. Dokumente zur Begründung der Abstammungslehre vor 100 Jahren 1858/59 1958/59*, Stuttgart 1959). Sie erscheinen im vorliegenden Band in einer längst überfälligen Neuübersetzung (oben, S. 71–87).

revolutionize, so to speak, the department of science on which they bear."[21] Um so stärker war dann die öffentliche Reaktion, als Darwin im November 1859 eine „Kurzfassung" seines „Big Species Book" unter dem Titel *On the Origin of Species* (dt. *Über die Entstehung der Arten*) vorlegte.

6.3 Ein Buch verändert unser Weltbild

„Es liegt eine Großartigkeit in dieser Ansicht des Lebens, mit seinen verschiedenen Kräften des Wachstums, der Fortpflanzung und der Empfindung, wie sie ursprünglich nur in wenige Formen, vielleicht nur in eine einzige gelegt worden sind, und darin, dass, während unser Planet nach unwandelbaren Gesetzen der Schwerkraft seine Bahn durchlief und während Länder und Meere einander ablösten – dass von einem so einfachen Ursprung aus durch die Selektion zahlloser Varietäten unendlich viele der schönsten und wundervollsten Formen entwickelt worden sind" – so lauten die Schlussworte der *Entstehung der Arten* in der Skizze von 1844.[22] Wie das Zitat belegt, überzeugt Darwins Buch *Über die Entstehung der Arten* nicht nur durch die Fülle der Tatsachen und die logische Stringenz seiner Argumentation, sondern auch durch die Schönheit seiner Sprache und seines Stils. Auf diesen letzten Satz des Buches spielen bis heute die Titel unzähliger Veröffentlichungen an, zum Beispiel Sean B. Carrolls *Endless Forms Most Beautiful*, ein Buch über evolutionäre Entwicklungsbiologie.[23] Stephen Jay Gould, einer der führenden Evolutionsbiologen des zwanzigsten Jahrhunderts, schrieb über 30 Jahren lang eine Kolumne in der Zeitschrift *Natural History* unter dem Titel „This View of Life".

Darwins Buch hatte enormen Einfluss auf die Meinungsbildung der englischen Öffentlichkeit und wurde frühzeitig – als wissenschaftliches Werk! – zu einem außerordentlichen Verkaufsschlager. Allein in den ersten zwölf Monaten wurden 3800 Exemplare verkauft, und innerhalb weniger Jahre erschienen Übersetzungen in den wichtigsten europäischen Sprachen. Darwins Theorie wurde in den ersten Jahren vor allem in England und den USA, später aber auch auf dem europäischen Kontinent, hier in erster Linie in den deutschsprachigen Ländern, umfassend rezensiert und rezipiert, aber auch scharf kritisiert.

Schon unmittelbar nach der Publikation des *Origin of Species* kam es in Großbritannien zu einer breiten öffentlichen Diskussion. Es erschienen positive und kritische Rezensionen, und man setzte sich auf wissenschaftlichen Tagungen mit der neuen Theorie auseinander. Vom 27. Juni bis zum 4. Juli 1860 trafen sich die britischen Naturforscher in Oxford, wo eine hitzige Debatte um Darwins Theorien entstand. Darwin

---

[21] Zitiert nach Andrew Berry und Janet Browne, „The other beetle-hunter", in: *Nature* 453 (2008), S. 1189.
[22] Zitiert nach Heberer (Hg.), *Darwin-Wallace*, S. 64.
[23] London 2006 (dt. unter dem Titel *Evo Devo. Das neue Bild der Evolution*, Berlin 2008).

hatte ursprünglich geplant, selbst nach Oxford zu kommen, musste aber aus gesund-
heitlichen Gründen absagen. Auf der Versammlung sprach eine ganze Reihe von Ver-
teidigern und Gegnern der Evolutionstheorie zu verschiedenen speziellen Fragen. Auch
der ehemalige Kapitän der *Beagle*, Admiral Fitzroy, meldete sich zu Wort und bedauer-
te die Veröffentlichung von Darwins Buch. Im Zentrum der meisten Beiträge stand die
Frage, ob die Menschen aus affenähnlichen Vorfahren entstanden sind. Darwin hatte in
Origin of Species versucht, dieser Diskussion auszuweichen, und nur mit einem (bereits
zitierten) Satz auf dieses Problem hingewiesen: „Licht wird auf den Ursprung des Menschen und seine Geschichte fallen." Dies war für ihn allerdings vor allem eine taktische
Vorsichtsmaßnahme. Im Januar 1860 schrieb er in einem Brief: „Was den Menschen
angeht, möchte ich auf keinen Fall meine Überzeugung aufdrängen; aber ich empfand
es als unehrlich, meine Meinung völlig zu verheimlichen. – Natürlich steht es jedem
frei, zu glauben, daß der Mensch durch ein besonderes Wunder erschien, obwohl ich
persönlich die Notwendigkeit oder Wahrscheinlichkeit nicht sehe."[24]

Zu diesem Thema vertrat Alfred R. Wallace eine andere Auffassung als Darwin.
Wallace glaubte, dass der menschliche Geist nicht biologisch zu erklären sei, und wurde zum überzeugten Spiritualisten. Ansonsten hat Wallace Darwins Priorität bedin-
gungslos anerkannt und ihm oft seine Bewunderung ausgedrückt. Als Wallace 1909 in
Cambridge die Darwin-Wallace-Medaille überreicht wurde, sagte er: „Wie verschieden
von dieser langen Forschung und Vorbereitung – von dieser philosophischen Vorsicht
– dieser Entschlossenheit, seinen fruchtbaren Begriff nicht eher bekanntzumachen, bis
er ihn durch überwältigende Beweise stützen konnte – war doch mein eigenes Verhal-
ten. Die Idee kam zu mir, wie sie zu Darwin kam, in einer plötzlichen aufblitzenden
Einsicht: sie wurde in wenigen Stunden durchdacht – wurde niedergeschrieben in einer
Skizze mit ihren verschiedenen Anwendungen und Entwicklungen, wie sie mir in dem
Augenblick einfielen – dann auf dünnes Briefpapier kopiert und an Darwin geschickt –
alles innerhalb einer Woche. Ich war also (wie oft seitdem) der ‚junge Mann in Sturm
und Drang'; er der sorgfältige und geduldige Forscher, der stets eher den vollständiger
Beweis der Wahrheit suchte, die er entdeckt hatte, als darauf aus zu sein, sogleich per-
sönlichen Ruhm zu erwerben. Wenn die Überredung seiner Freunde bei ihm Erfolg
gehabt hätte und er hätte seine Theorie veröffentlicht, nach 10 Jahren – 15 Jahren –
oder sogar 18 Jahren ihrer Ausarbeitung –, ich würde keinerlei Anteil gehabt haben an
ihr, und er wäre sofort anerkannt worden und würde immer anerkannt worden sein,
als der einzige und unbestrittene Entdecker des großen Gesetzes der ‚Natürlichen Selektion' in all ihren weitreichenden Folgerungen."[25]

---

[24] Darwin, *Correspondence,* Bd. 8, S. 25.
[25] Zitiert nach Heberer (Hg.), *Darwin-Wallace,* S. 6 f.

6.4 Darwin in Deutschland und Ernst Haeckel, der ‚deutsche Darwin'

In Deutschland entwickelte sich die Situation für Darwin sehr viel günstiger als in vielen anderen Ländern (zum Beispiel in Frankreich oder Italien). Hier fand er bald in dem renommierten Zoologen Heinrich Georg Bronn einen Übersetzer und kritischen Fürsprecher. Bronns Engagement ist es zu verdanken, dass *On the Origin of Species* bereits im Juni 1860 in deutscher Sprache vorlag.[26] Während Bronn aus der Sicht eines älteren Naturforschers eher vorsichtig und kritisch an Darwins Theorien herangegangen war, fanden die neuen Ideen in dem jungen Jenaer Zoologen *Ernst Haeckel* (1834–1919) bald einen energischen Vertreter. Als die Versammlung Deutscher Naturforscher und Ärzte, die im September 1863 in Stettin tagte, hielt Haeckel einen engagierten und offensiven Vortrag „Ueber die Entwickelungstheorie Darwin's".[27] Die Evolutionstheorie sei, so stellte er gleich zu Beginn seiner Ausführungen klar, eine „die ganze Weltanschauung modificirende Erkenntniss". Mit ihr werde behauptet, dass alle heutigen und früheren Pflanzen, Tiere und Menschen sich aus „einigen wenigen, vielleicht sogar aus einer einzigen Stammform, einem höchst einfachen Urorganismus, allmählich entwickelt" haben. Haeckel richtete in seiner Rede (im Gegensatz zu Darwin) den Blick von vornherein auf die Entstehung des Humanen: „Was uns Menschen selbst betrifft, so hätten wir also consequenter Weise, als die höchst organisirten Wirbelthiere, unsere uralten gemeinsamen Vorfahren in affenähnlichen Säugethieren, weiterhin in känguruhartigen Beutelthieren, noch weiter hinauf in der sogenannten Secundärperiode in eidechsenartigen Reptilien, und endlich in noch früherer Zeit, in der Primärperiode, in niedrig organisirten Fischen zu suchen."[28] Haeckel war sich bewusst, dass sein Eintreten für Darwins Ideen nicht ohne Kontroversen und wissenschaftlich geführte Kämpfe vor sich gehen konnte. In diesem Zusammenhang liest man: „Wenn ich trotzdem, dieser und vieler anderer Bedenken ungeachtet, Sie in den Kampf, der durch die Darwin'sche Entwickelungs-Theorie entbrannt ist, hineinzuführen versuche, so geschieht es hauptsächlich wegen der großartigen Dimensionen, die dieser Kampf bereits angenommen hat. Bereits ist das ganze große Heerlager der Zoologen und Botaniker, der Palaeontologen und Geologen, der Physiologen und Philosophen in zwei schroff gegenüberstehende Parteien gespalten: auf der Fahne der progressiven Darwinisten stehen die Worte: ‚Entwickelung und Fortschritt!' Aus dem Lager der conservativen Gegner Darwin's tönt der Ruf: ‚Schöpfung und Species!' Täglich wächst die Kluft, die beide Parteien trennt, täglich werden neue Waffen für und wider von allen Seiten herbeigeschleppt; täglich werden weitere Kreise von der gewaltigen Bewegung ergriffen; auch Fernstehende werden in

---

[26] Thomas Junker, „Einführung" in: Charles Darwin, *Über die Entstehung der Arten*, Nachdruck der Übersetzung von Heinrich Georg Bronn 1860, Darmstadt 2008.
[27] Ernst Haeckel, „Ueber die Entwicklungstheorie Darwins", in: *Amtlicher Bericht über die 38. Versammlung Deutscher Naturforscher und Ärzte in Stettin im September 1863*, Stettin 1864, S. 17–30; Uwe Hoßfeld, *Geschichte der biologischen Anthropologie*, Stuttgart 2005; ders., *Ernst Haeckel*, Freiburg 2009.
[28] Haeckel, „Ueber die Entwicklungstheorie Darwins", S. 17.

ihren Strudel hineingezogen […].“[29] Da die Bedeutung des Vortrags für die Entwicklung
der Evolutionstheorie bereits schon mehrfach erörtert worden ist, sollen hier einige Aussa-
gen Haeckels zur biologischen Anthropologie (Herkunft und Entwicklung des Menschen)
im Stettiner Vortrag angeführt werden. So findet sich, auf Darwin fußend, zunächst eine
Bemerkung, die zentral für die Geschichte der biologischen Anthropologie werden sollte:
„Keine Art, vielleicht mit Ausnahme der ersten, ist also selbstständig erschaffen worden.
[…] Neue Arten können aus bestehenden Arten hervorgehen.“[30] Nach der relativ präzisen
Darlegung der Darwinschen Ideen und einem historischen Abriß zur Geschichte des Ent-
wicklungsgedankens kommt Haeckel dann zu dem Schluss, dass auch der Mensch nicht „als
eine gewappnete Minerva aus dem Haupte des Jupiter“ bzw. „als ein erwachsener sünden-
freier Adam aus der Hand des Schöpfers“ hervorgegangen sein müsse.[31] Dafür sprächen
neuere Entdeckungen aus der Geologie und Altertumsforschung ebenso wie aus der vergleichenden Sprachforschung; fossile Funde konnte er noch nicht anführen. Verwandt-
schaftsbeziehungen der Menschen und der Sprachen (vgl. den Einfluss von August Schleicher) gingen somit auf das Prinzip der gemeinsamen Abstammung zurück und ließen sich
mit fortschreitender Entwicklung erklären: „Nur dem Fortschritte gehört die Zukunft.“[32]
Als stärksten Beweis „der Wahrheit der Entwickelungstheorie“ führte Haeckel die „dreifache Parallele zwischen der embryologischen, der systematischen und der palaeontologi-
schen Entwickelung der Organismen“ an[33] – eine Konstruktion, die für die interdisziplinäre
Genese bestimmter biowissenschaftlicher Disziplinen ausschlaggebend werden sollte. Es ist
das konkrete Verdienst von Haeckel, mit diesen Aussagen die vergleichende Anatomie und
Entwicklungsgeschichte zu Beweismitteln der Deszendenztheorie gemacht zu haben. So
legte er das größte (theoretische) Gewicht in seinen Darstellungen auf die Parallele, die sich
zwischen der Stufenfolge embryonaler Entwicklungsformen und der Reihe niederer und
höherer Tierformen beim Studium der vergleichenden Anatomie und Systematik erkennen
ließ. Letztlich war dieser methodologische Zugang auch für die biologische Anthropologie
von Bedeutung. Im dreifachen Parallelismus der phyletischen (paläontologischen), der
biontischen (individuellen) und der systematischen Entwicklung sah Haeckel eine der
größten, merkwürdigsten und wichtigsten allgemeinen Erscheinungsreihen der organischen Natur.[34] Die Erklärung dieser „dreifache[n] genealogische[n] Parallele“ bezeichnete
er als das „Grundgesetz der organischen Entwickelung oder kurz das ‚biogenetische
Grundgesetz‘“.[35] Haeckel betonte dann am Schluss seines Stettiner Vortrags, dass er von der

---

[29] Haeckel, „Ueber die Entwicklungstheorie Darwins“, S. 18.
[30] Haeckel, „Ueber die Entwicklungstheorie Darwins“, S. 20.
[31] Haeckel, „Ueber die Entwicklungstheorie Darwins“, S. 26.
[32] Haeckel, „Ueber die Entwicklungstheorie Darwins“, S. 28.
[33] Haeckel, „Ueber die Entwicklungstheorie Darwins“, S. 28.
[34] Ernst Haeckel, *Generelle Morphologie der Organismen*, Bd. II, Berlin 1866, S. 371 ff.
[35] Ebd. Die umfassendste Anwendung des Biogenetischen Grundgesetzes unternahm Haeckel jedoch mit
der Gastraea-Theorie. Bei der Gastraea handelt es sich um die hypothetische Urform aller vielzelligen
Tiere (Metazoa). Sie lässt sich nicht paläontologisch, sondern laut Haeckel nur in der Embryonalentwicklung vieler Tiere als Gastrula-Stadium nachweisen (vgl. Ernst Haeckel, *Monographie der Kalk-
schwämme*, 3 Bde., Berlin 1872, 1, S. 467).

„Wahrheit der Abstammungstheorie so fest, als Darwin selbst überzeugt" sei, und gab der Hoffnung Ausdruck, dass er mitzuhelfen könne, die auch für „diese Theorie noch vorhandenen grossen Schwierigkeiten endlich zu überwinden".[36]

Abb. 6.5 Ernst Haeckel in seinem Arbeitszimmer (1914), Foto privat.

Erste konkretere Aussagen von Haeckel zum Thema „Herkunft der Menschen" finden sich dann in seinen beiden Vorträgen *Ueber die Entstehung und den Stammbaum des Menschengeschlechts* (gedruckt 1868)[37], die er auf Anregung von August Schleicher im Herbst 1865 vor einem kleinen Privatkreis in Jena hielt.

Als früher leidenschaftlicher Anhänger Darwins trug Ernst Haeckel mit richtungweisenden Arbeiten insbesondere zur Morphologie, Systematik und Entwicklungsgeschichte niederer Tiere und mit populärwissenschaftlichen Schriften entscheidend zur Verbrei-

---

[36] Haeckel, „Ueber die Entwicklungstheorie Darwins", S. 30.
[37] Im Jahre 1881 war bereits die 4. verbesserte Auflage erschienen (3. Aufl. 1873). Diese beinhaltete neben Abbildungen nun auch präzisierte, erweiterte Übersichten und Textteile: Die Ahnenreihe des Menschen umfasste jetzt 22 Stufen (und nicht mehr 12); an der Spitze der Übersicht über die Menschenarten stand der „Homo mediteraneus (Mittelländer)" und nicht mehr der Kaukasier usw. Vgl. auch Dirk Preuß, Uwe Hoßfeld und Olaf Breidbach (Hg.), *Anthropologie nach Haeckel,* Stuttgart 2006.

tung der Darwinschen Entwicklungsvorstellungen bei. Einen bedeutenden Beitrag zu ihrer Fundierung leistete er mit seiner zweibändigen programmatischen *Generellen Morphologie der Organismen* (1866). Es war ein besonderes Anliegen Haeckels, die *Anthropogenie oder Entwicklungsgeschichte des Menschen* (1874) in die phylogenetischen Überlegungen einzubeziehen und auf der Basis seiner naturwissenschaftlichen Überzeugungen eine monistische Weltanschauung zu entfalten, die ihn in unzählige öffentliche Auseinandersetzungen verwickelte. Der streitbare Zoologe errichtete in Jena eine berühmte Schule der Evolutionsmorphologie, die mehrere Generationen junger Zoologen nachhaltig beeinflusste.[38]

6.5   Charles Darwin über Menschwerdung und sexuelle Selektion

Die Veröffentlichung der *Entstehung der Arten* wurde zum entscheidenden Anstoß zu den unterschiedlichsten theoretischen Entwicklungen in vielen Bereichen der Biologie.[39] Auch Darwin selbst war weiter außerordentlich produktiv. Im Vertrauen auf die Richtigkeit seiner Theorie wandte er sich neuen evolutionstheoretischen Projekten zu, die zeigen sollten, wie mit Evolution und Selektion zahlreiche biologische Phänomene erklärt werden können, die man bisher nur beschreiben konnte. Außer der *Entstehung der Arten* ist sein 1871 veröffentlichtes Buch *The Descent of Man, and Selection in Relation to Sex* (dt. *Die Abstammung des Menschen und die geschlechtliche Zuchtwahl*) vielleicht der wichtigste Beitrag von Charles Darwin zur Evolutionslehre. Schon auf den ersten Seiten der *Notebooks on Transmutation* (1837–38) hatte er über den Ursprung und Zweck der sexuellen Fortpflanzung und der Begrenztheit des Lebens spekuliert und folgende Thesen aufgestellt: 1. Sexualität ist für die Evolution der Arten notwendig, da Organismen, die sich vegetativ fortpflanzen, weniger variieren. 2. Durch die Sexualität entstehen Gruppen von Organismen, die nach innen relativ homogen und nach außen gegenüber anderen Gruppen (Arten) isoliert sind. Bei reiner Selbstbefruchtung sei dagegen ein Formenchaos, eine Zersplitterung jeder Art in unzählige Varietäten und nicht deutlich getrennte Arten zu erwarten.[40] In seinem Buch über die *Abstammung des Menschen* nutzte er seine Einsichten über die Bedeutung der sexuellen Fortpflanzung, zum Teil erworben durch Studien an Orchideen und anderen Pflanzen, ebenso zur Lösung der Frage der menschlichen Evolution. In der *Entwicklung der Arten* war Darwin dem Problem noch ausgewichen, um die Widerstände gegen seine Theorie nicht weiter zu verstärken. Nun wagte er sich, einige Jahre später, an den innersten Festungsring des Schöp-

---

[38] Uwe Hoßfeld, Lennart Olsson und Olaf Breidbach (Hg.), „Carl Gegenbaur and evolutionary morphology", Special Issue der Zeitschrift *Theory in Biosciences* 122 (2003); Lennart Olsson, Uwe Hoßfeld und Olaf Breidbach (Hg.), „From Evolutionary Morphology to the Modern Synthesis and ‚Evo Devo': Historical and Contemporary Perspectives", Special Issue der Zeitschrift *Theory in Biosciences* 124 (2006).
[39] Jahn, *Geschichte der Biologie.*
[40] Charles Darwin, *Notebooks 1836–1844,* Cambridge [1838] 1987, B: 3–5; E: 48, 164.

fungsglauben, die natürliche Erklärung des menschlichen Geistes: „the citadel itself – the mind is function of body".[41] Im Laufe der 1860er Jahre war die Abstammung der Menschen bereits von verschiedenen Anhängern Darwins diskutiert worden. Thomas Henry Huxley, „Darwin's Bulldog", hatte 1863 ein Buch darüber veröffentlicht, und andere Autoren folgten (August Schleicher, Friedrich Rolle, Matthias J. Schleiden, Carl Vogt, Ludwig Büchner u. a.).[42] Darwin selbst schien aber, zur Erleichterung vieler Zeitgenossen, die Sonderstellung der Menschen nicht anzutasten. Für viele Jahre hatte er „Notizen über den Ursprung oder die Abstammung des Menschen gesammelt, ohne daß mir etwa der Plan vorgeschwebt hätte, über den Gegenstand einmal zu schreiben, vielmehr mit dem Entschlusse, es nicht zu thun", da er fürchtete, dass er dadurch nur die Vorurteile gegenüber seinen Ansichten verstärken würde.[43]

Drei Fragen will Darwin in *Descent of Man* besprechen: 1. Stammt der Mensch, wie jede andere biologische Art, auch von einer früheren Form ab? 2. Welche sind die Mechanismen dieser Entwicklung? 3. Welche Bedeutung haben die Unterschiede zwischen den sogenannten Menschenrassen?

Die erste Frage beantwortete er eindeutig im Sinne der Evolutionstheorie: „Der hauptsächliche Schluß, zu dem ich in diesem Buche gelangt bin [...], ist der, dass der Mensch von einer weniger hoch organisierten Form abstammt."[44] Das Prinzip der Evolution bewährt sich eindeutig, wenn man die embryologischen und morphologischen Ähnlichkeiten zwischen den Mitgliedern derselben Gruppe, ihre geographische Verteilung in der Vergangenheit und Gegenwart sowie ihre geologische Aufeinanderfolge im Zusammenhang betrachtet: „Es ist unglaublich, dass alle diese Thatsachen Falsches aussagen sollten. Jeder, der nicht, wie ein Wilder, damit zufrieden ist, die Erscheinungen der Natur als unverbunden anzusehen, kann nicht länger glauben, dass der Mensch das Werk eines besonderen Schöpfungsactes ist."[45] Was die konkrete Stammesgeschichte der Menschen angeht, kommt Darwin zu einer ähnlichen Genealogie wie Haeckel: Von den Larven der Ascidien (Seescheiden) über fisch-, amphibien- bzw. reptilienähnliche Tiere habe die Entwicklung über Beuteltiere, höhere Säugetiere und Affen bis zu den Menschen geführt.[46] Die größte Schwierigkeit bei dieser Abstammung stellen die geistigen Fähigkeiten und die moralischen Neigungen der Menschen dar. Es sei aber offensichtlich, dass die geistigen Anlagen der höheren Tiere denen der Menschen qualitativ ähnlich seien, auch wenn es quantitative Unterschiede gebe, und dass sie verbesserungsfähig seien. Geistige Fähigkeiten seien variabel, erblich und wichtig für das Überleben der Tiere. Aus diesen Gründen könnten sie durch die natürliche Auslese entwickelt werden.

---

[41] Darwin, *Notebooks 1836–1844,* N: 5.
[42] Hoßfeld, *Geschichte der biologischen Anthropologie.*
[43] Charles Darwin, *The Descent of Man, and Selection in Relation to Sex,* 2 Bde., London 1871, Bd. 1, S. 1; dt. *Die Abstammung des Menschen und die geschlechtliche Zuchtwahl,* nach der 2. revidierten Auflage 1874 übersetzt von J. Victor Carus, reprographischer Nachdruck: Wiesbaden ³1966, S. 1.
[44] Darwin, *The Descent of Man,* Bd. 2, S. 385; dt. S. 686.
[45] Darwin, *The Descent of Man,* Bd. 2, S. 386; dt. S. 687.
[46] Darwin, *The Descent of Man,* Bd. 2, S. 389 f.; dt. S. 689.

Dasselbe gelte für die Menschen. Auch ihr moralischer Sinn sei ursprünglich in Form sozialer Instinkte durch die natürliche Auslese entstanden.[47]

Damit ist die zweite Frage nach den Mechanismen dieser Entwicklung zum Teil schon beantwortet. Wie Darwin ausführt, gibt es auch beim Menschen ständig individuelle Unterschiede in allen Teilen des Körpers und in den geistigen Fähigkeiten. Diese Varianten entstehen durch die gleichen Ursachen wie bei niederen Tieren, und es herrschen ähnliche Vererbungsgesetze vor. Auch die Menschen zeigten starke Fruchtbarkeit, und deshalb komme es gelegentlich zu einem harten Kampf ums Dasein und zur Auslese. Weitere Faktoren der Evolution seien die Vererbung erworbener Eigenschaften, eine direkte Wirkung der Lebensbedingungen, das Prinzip der Korrelation und schließlich die sexuelle Auslese.[48] Charles Darwin war zudem der Auffassung, dass sich die Menschen durch diese Faktoren zu ihrem jetzigen Zustand entwickelt und sich dann in verschiedene Gruppen (Rassen oder Unterarten) aufgespalten hätten. Zwei Fragen interessierten ihn in diesem Zusammenhang besonders: Wie sind die Unterschiede zwischen den Menschengruppen aus Sicht der Systematik einzuschätzen, und durch welche Evolutionsmechanismen sind sie entstanden? Um zu entscheiden, ob es sich um Arten oder um Rassen (Varietäten, Unterarten) handelt, ruft er dem Leser die verschiedenen Kriterien in Erinnerung, die von den Biologen in dieser Hinsicht benutzt wurden, beispielsweise die Dauerhaftigkeit der Merkmale und der Grad der Sterilität. Das Fortdauern zweier Formen in derselben Gegend, ohne dass es zu Vermischungen kommt, gelte normalerweise als Beweis für die Existenz zweier Arten und umgekehrt. „Wir wollen nun", fährt er fort, „diese allgemein angenommenen Grundsätze auf die Rassen des Menschen anwenden und ihn in demselben Sinne betrachten, in welchem ein Naturforscher irgend ein anderes Thier ansehen würde."[49] Für die Menschenrassen folgt daraus, dass die enge Übereinstimmung in zahlreichen physischen und psychischen Details die Entstehung aller Menschen aus einem gemeinsamen Vorfahren und die Zugehörigkeit zu einer einzigen Art beweisen. Der Vergleich aller gegenwärtigen Menschengruppen macht es zudem sehr wahrscheinlich, dass der unmittelbare gemeinsame Vorfahr bereits sehr menschenähnlich war und dass seine geistigen und sozialen Fähigkeiten kaum unter denen der heutigen „niedrigsten Wilden" lagen. So habe er beispielsweise schon Sprache besessen, da eine mehrfache Entstehung dieser Fähigkeit unplausibel sei.[50]

Darwins weitere Erklärung, auf welche Evolutionsmechanismen das unterschiedliche Aussehen der Menschenrassen zurückzuführen sei, war zu seiner Zeit höchst unbeliebt und erfuhr erst in den letzten Jahrzehnten eine Renaissance. Er argumentiert, dass die Unterschiede zwischen den Menschenrassen in Haut- und Haarfarbe, Grad der Behaarung, Schädel- und Nasenform sowie im Körperbau nur zum geringsten Teil unter dem direkten Einfluss der Lebensbedingungen, durch die Vererbung von Ge-

---

[47] Darwin, *The Descent of Man*, Bd. 2, S. 390–394; dt. S. 690–694.
[48] Darwin, *The Descent of Man*, Bd. 2, S. 387; dt. S. 688 f.
[49] Darwin, *The Descent of Man*, Bd. 1, S. 215; dt. S. 186.
[50] Darwin, *The Descent of Man*, Bd. 1, S. 233 f.; dt. S. 201 f.

brauch und Nichtgebrauch und das Prinzip der Korrelation entstanden seien. Da kein einziger dieser körperlichen Unterschiede zwischen den Rassen (die geistigen, moralischen und sozialen Fähigkeiten schließt er hier aus) einen direkten Nutzen hat, komme auch die natürliche Auslese nicht in Frage. Es bleibt also nur ein wichtiger Evolutionsfaktor: die sexuelle Auslese. Darwin behauptet zwar nicht, dass die sexuelle Auslese die Unterschiede zwischen den Rassen restlos erkläre, aber es handele sich doch um den wichtigsten Faktor: „Ich für meinen Theil komme zu dem Schlusse, daß von allen den Ursachen, welche zu den Verschiedenheiten in der äußeren Erscheinung des Menschen und den niederen Thieren geführt haben, die geschlechtliche Zuchtwahl bei weitem die wirksamste gewesen ist."[51]

Im weiteren Verlauf seines Buches bespricht Darwin nun eingehend das Prinzip der sexuellen Auslese: *Selection in Relation to Sex*. Dieser Teil umfasst mehr als zwei Drittel des Buchumfangs (!) und wurde doch fast hundert Jahre lang weitgehend ignoriert. Die sexuelle Auslese erlaubt es Darwin, solche Merkmale selektionistisch zu erklären, die offensichtlich keinen direkten Überlebenswert für das Individuum haben, wie etwa das prächtige Gefieder zahlreicher Vogelarten. Diese Art der Auslese „hängt von dem Erfolge gewisser Individuen über andere desselben Geschlechts in Bezug auf die Erhaltung der Species ab", während es bei der natürlichen Auslese um den Erfolg „beider Geschlechter auf allen Altersstufen in Bezug auf die allgemeinen Lebensbedingungen" geht.[52] Der sexuelle Kampf erfolge stets zwischen den Individuen desselben, meist des männlichen Geschlechts, entweder indem sie ihre Rivalen vertreiben oder töten, während die Weibchen passiv bleiben, oder indem sie das andere Geschlecht, meist die Weibchen, erregen und bezaubern, worauf diese sich den annehmbarsten Partner auswählen.

Beim Menschen erklärt Darwin durch dieses Prinzip nicht nur die Unterschiede zwischen den Rassen, sondern auch einen Teil der Evolution aus tierähnlichen Vorfahren. Bei den Männern seien Bartwuchs, Größe, Stärke, Mut, Aggressivität, geistige Fähigkeiten und Erfindungsgeist wesentlich auf diese Weise entstanden; bei den Frauen auch die Haarlosigkeit des Körpers, angenehmere Stimmen und größere Schönheit. Alle diese Eigenschaften wurden durch den Einfluss von Liebe, Eifersucht, Bewunderung der Schönheit von Klang, Farben oder Formen und durch die Möglichkeit der Auswahl erworben.[53] Darwins Bemühen, zwischen natürlicher und sexueller Auslese zu trennen, stieß auf heftige Kritik. Im Jahre 1876 sprach sich sogar Wallace dagegen aus, und in späteren Jahrzehnten folgten dem die meisten Experimentalbiologen sowie die Vertreter der mathematischen Populationsgenetik. Auch Darwins Hervorhebung der weiblichen Wahlmöglichkeiten wurde von der Mehrheit der zeitgenössischen Biologen abgelehnt und erst in den letzten Jahrzehnten eindrucksvoll bestätigt. Im übrigen, schreibt Darwin, solle man unsere nahe verwandten Menschenaffen nicht unterschätzen. Er selbst ziehe es

---

[51] Darwin, *The Descent of Man*, Bd. 2, S. 384; dt. S. 685.
[52] Darwin, *The Descent of Man*, Bd. 1, S. 256, Bd. 2, 398; dt. S. 695.
[53] Darwin, *The Descent of Man*, Bd. 2, S. 383, 402; dt. S. 684, 699.

vor, von einem alten Pavian abzustammen, „welcher, von den Hügeln herabsteigend, seinen jungen Kameraden aus einer Menge erstaunter Hunde herausführte, – als von einem Wilden, welcher ein Entzücken an den Martern seine Feinde zu foltern, blutige Opfer darbringt, Kindesmord ohne Gewissensbisse begeht, seine Frauen wie Sclaven behandelt, keine Züchtigkeit kennt und von dem gröbsten Aberglauben beherrscht wird".[54]

6.6 Ausblick

In den folgenden Jahren forschte Darwin weiter, vor allem zu botanischen Themen. Am 19. April 1882 starb er in seinem Haus in Down. Er selbst und seine Familie hatten gehofft, dass er in der Familiengruft in Down begraben werde. Doch einige seiner einflussreichen Anhänger – Francis Galton, Thomas H. Huxley und andere – waren davon überzeugt, dass nur die Londoner Westminster Abbey, die berühmteste Begräbnisstätte des Britischen Empire, seiner Bedeutung angemessen sei. „Die Abbey brauchte ihn mehr, als er die Abbey", bemerkte die *Times*, und so wurde Darwin mit kirchlichem Pomp feierlich am 26. April in der Nachbarschaft von Newton, Faraday und Lyell beigesetzt.[55]

Auch Darwins Kollege Alfred Russel Wallace hatte sich gegen Ende seines Lebens mehrfach mit der Frage nach der Herkunft der Menschheit beschäftigt. So gab er dem fünfzehnten und letzten Kapitel seines Buches *Der Darwinismus* (1891) die Überschrift „Anwendung des Darwinismus auf den Menschen" und ließ 1903 noch ein Buch über *Des Menschen Stellung im Weltall* folgen. Im Darwinismus-Buch referierte Wallace zunächst „Rudimente und Abänderungen als Beweise der Verwandtschaft des Menschen mit den übrigen Säugethieren", ging auf die embryologische Entwicklung des Menschen und der Säugetiere ein und verglich anschließend den Menschen und die ihm nächstverwandten Tiere (Vergleich des Hirns und der äußeren Unterschiede mit den Affen). Bei der Datierung des Alters des Menschen folgte er weitgehend der Interpretation von Thomas Henry Huxley[56], zur Ursprungsstätte des Menschengeschlechts äußerte er keine Vermutung. Hinsichtlich einer Klassifikation der Menschen bezog er sich primär auf die Entwicklung der menschlichen Fähigkeiten, beispielsweise auf den „Ursprung der mathematischen Anlagen", und bemerkte dazu: „Wir haben hinreichende Beweise dafür, daß bei allen niederen Menschenrassen das, was wir mathematische Anlagen nennen können, entweder fehlt oder, wenn es vorhanden, gänzlich ungeübt ist. Die Buschmänner und die Indianer der Wälder Brasiliens sollen nicht über zwei zählen können. […] Zu den civilisirteren Rassen uns wendend, finden wir den Gebrauch der Zahlen und das Zählen sehr gesteigert."[57] Ausgehend von seinen spiritu-

---

[54] Darwin, *The Descent of Man*, Bd. 2, S. 404 f.; dt. S. 701.
[55] Adrian Desmond und James Moore, *Charles Darwin*, 1991, S. 664–677.
[56] Alfred Russel Wallace, *Der Darwinismus*, Braunschweig 1891, S. 705 ff.
[57] Wallace, *Der Darwinismus*, S. 719 f.

ellen Neigungen konstatierte er zu diesem Themenkomplex: „So finden wir denn, daß der Darwinismus, selbst wenn er bis zu seinen letzten logischen Folgerungen fortgeführt wird, dem Glauben an eine spirituelle Seite der Natur des Menschen nicht nur nicht widerstreitet, sondern ihm vielmehr eine entschiedene Stütze bietet. Er zeigt uns, wie der menschliche Körper sich aus niederen Formen nach dem Gesetze der natürlichen Zuchtwahl entwickelt haben kann; aber er lehrt uns auch, daß wir intellectuelle und moralische Anlagen besitzen, welche auf solchem Wege sich nicht hätten entwickeln können, sondern einen anderen Ursprung gehabt haben müssen – und für diesen Ursprung können wir eine ausreichende Ursache nur in der unsichtbaren geistigen Welt finden.“[58] Diese spiritistische Sichtweise wurde dann in dem Buch über *Des Menschen Stellung im Weltall* weiter vertieft.

So verband Wallace in einem späteren Lebensabschnitt religiöse Motive mit dem Darwinismus und verließ an dieser Stelle den Boden einer biologischen Argumentation. Obwohl er wie Darwin und Huxley die Darwinschen Theorien in ihrer Anwendung auf den Menschen akzeptierte, gelang es ihm nicht, diesen Forschungsansatz weiter auszubauen.

---

[58] Wallace, *Der Darwinismus,* S. 741 f.

Präsentation des Textes

Darwin war ein Beobachter. Durch Vermittlung des Botanikers Henslow kam er als ausgebildeter Kleriker – mit starken biowissenschaftlichen Interessen, aber eben noch ohne naturwissenschaftlichen Universitätsabschluss – als Naturforscher auf das Vermessungsschiff *Beagle*. Während der nun folgenden, sich über fünf Jahre erstreckenden Weltumsegelung auf diesem kleinen Schiff der britischen Navy notiert Darwin mit weitumfassendem Blick, immensem Fleiß und bemerkenswerter Gründlichkeit Details und Zusammenhänge aus allen Bereichen der Naturkunde. Er zeigt sich vorurteilsfrei und lässt sich – auch in seinem Bemerkungen zu den Menschen, die er trifft, und zu den sozialen Bedingungen, in denen er sie findet – von seiner Beobachtung, nicht von Autoritäten leiten. Besondere Bedeutung für seine Art der Naturerfahrung kam dabei der Geologie zu, speziell den Auffassungen Charles Lyells.

Lyell hatte in seinen *Prinzipien der Geologie*, die Darwin auf der Fahrt der *Beagle* las, die Auffassung vertreten, dass die Prozesse der geologischen Erdveränderungen, so wie sie in der Gegenwart stattfinden, in genau der gleichen Weise auch für die Vergangenheit anzunehmen seien. Lyell beschreibt einfache, im Kleinen wirkende Mechanismen, die heute studiert werden können und in ebendieser Weise auch in der Vergangenheit abgelaufen sind. Komplexe geologische Gebilde der Vergangenheit sind demnach als Resultat einfacher, heute noch zu studierender Mechanismen zu betrachten. Es kommt nun nur darauf an, diese Abläufe aus der vor unseren Augen liegenden Geologie einer Landschaft ,herauszulesen' und so die mikrodynamischen Vorgänge zu verstehen, die unsere heutige Landschaft entstehen ließen.

Ist ein solcher Mechanismus isoliert, so lässt sich umgekehrt die Gestalt der aktuellen Landschaft als Effekt eines entsprechend postulierten Mechanismus beschreiben. Das heißt also, der induktive Ansatz des beschreibenden Naturforschers, der nach den Phänomenen sucht, mit denen er die Dynamik des Aufbaus einer Landschaft erfassen kann, wird durch den deduktiven Blick des Theoretikers ergänzt, der einen einmal erkannten Mechanismus dann am Naturobjekt demonstriert. Darwins kurze Notiz über die Entstehung der verschiedenen Typen von Korallenriffen ist eine solche theoretisch geführte Deduktion, die anhand des ihm vorliegenden Datenmaterials einen Mecha-

U. Hoßfeld, L. Olsson (Hrsg.), *Charles Darwin*, Klassische Texte der Wissenschaft, DOI 10.1007/978-3-642-41961-4_7, © Springer-Verlag Berlin Heidelberg 2014

nismus plausibel macht und damit den Aufbau der Landschaft – im diesen Falle der Riff-Formen – erklärt.

Da die geologische Beobachtung zur Zeit Darwins sich ihre Phänomene erst greifbar machen musste, war Darwin gezwungen, seine Beobachtungsobjekte zunächst umfassend zu beschreiben. Und da er noch nicht an die Klassifikationsraster einer bestehenden Fachterminologie gebunden war, konnte und musste er anhand detaillierter Skizzen das, was er erfahren hatte, seinen Lesern vorführen und selbst die Theorien bilden, aus denen dann das beobachtete Landschaftsgefüge als Resultat einer Evolution verständlich wird. Die hier abgedruckte Studie zu den geologischen Verhältnissen in Schottland ist ein mustergültiges Stück Wissenschaftsprosa, an welcher der Leser auch heute noch die Präzision der Gedankenführung Darwins erfahren kann.[1] Hier werden – Jahre vor dem Erscheinen der *Entwicklung der Arten* – detaillierte Beobachtungen und aus ihnen folgende Deduktionen zu einem exakt gezeichneten Bild einer Landschaftsentwicklung verdichtet und anschließend in den größeren Rahmen der damaligen Fachdiskussion eingebettet. Die Übersetzung hält sich bewusst auch dort, wo unter Verwendung heutiger Terminologie sprachliche Vereinfachungen möglich gewesen wären, sehr eng an Darwins Formulierungen. Denn gerade die manchmal sperrigen Satzkonstruktionen machen deutlich, wie sich im Rahmen der Geologie – einer terminologisch noch nicht ‚erwachsenen' Disziplin mit einer stark deskriptiv orientierten Wissenschaftssprache – das Denken des Evolutionsbiologen Darwin entwickelt.

7.1   Auszüge aus Briefen an Professor Henslow (S. 3–15)[2]

Während seiner Reise auf der *Beagle* hielt Darwin brieflichen Kontakt mit zahlreichen Freunden, Kollegen und Familienmitgliedern, so auch mit dem Cambridger Botanikprofessor John Steven Henslow. Als Darwins Briefe an Henslow am 16. November 1835 auf einer Sitzung der Cambridge Philosophical Society verlesen wurden, erregten sie besonders wegen der darin enthaltenen geologischen Mitteilungen großes Interesse; sie wurden gedruckt und an die Mitglieder verteilt. Im folgenden werden zehn Ausschnitte aus Briefen wiedergegeben, die zwischen dem 18. Mai 1832 (Rio de Janeiro) und dem 18. April 1835 (Valparaiso) geschrieben wurden. Die Briefe verdeutlichen Darwins breites naturwissen-

---

[1] Vgl. zum Thema „Darwin als Geologe" die Arbeiten von Nicolaas A. Rupke, *The Great Chain of History. William Buckland and the English School of Geology (1814–1849)*, Oxford 1983, und Sandra Herbert, *Charles Darwin, Geologist,* Ithaca, London 2005. In diesem Zusammenhang kommt es gelegentlich zu einer metaphorischen Verwendung von Darwins Namen; vgl. etwa den Buchtipp der *Berliner Zeitung* vom 8. Oktober 2007 unter dem Titel „Der Darwin der Geologie", der sich auf das Buch von Jack Repcheck, *Der Mann, der die Zeit fand. James Hutton und die Entdeckung der Erdgeschichte.* Stuttgart 2007, bezieht.

[2] Charles Darwin, *The Collected Papers*, hg. von Paul H. Barrett, Bd. 1, S. 3–16 („Read at a meeting of the Cambridge Philosophical Society, 16 November 1835. A reprint of the original pamphlet dated Cambridge, 1 December 1835").

schaftliches Interesse während seiner Reise mit der *Beagle* und enthalten umfangreiche Überlegungen zur Zoologie, Botanik, Paläontologie und Geologie. Die geologischen Mitteilungen nehmen dabei eine herausragende Stellung ein, weil sich hier nach der deskriptiven Darstellung oftmals analytisch-wertende Informationen finden – „Patagonien muß eindeutig erst in jüngerer Zeit aus dem Wasser emporgestiegen sein" (18. Juli 1833, S. 7) oder „Ich habe zwar nicht genügend Argumente, glaube aber nicht, daß mehr als ein kleiner Bruchteil der Andengipfel im Tertiär entstanden ist" (S. 10). Auch bezieht Darwin stets Aspekte der Kultur, der Bevölkerung und des Klimas in seine Schilderungen ein.

Darwin hatte sich auf Anraten Henslows ab 1831 mit Geologie beschäftigt. Von Henslow hatte er zudem das exakte Beobachten und das systematische naturwissenschaftliche Arbeiten erlernt. So durfte er den seinerzeit berühmten Geologen Adam Sedgwick auf einer Exkursion nach Nordwales begleiten. Von dieser Expedition zurückgekehrt, fand er zu Hause einen Brief Henslows vor, in dem dieser ihm anbot, als „unbezahlter Naturforscher" mit Kapitän Fitzroy auf eine Weltreise zu gehen.

Abb. 7.1 Photograph of John Stevens Henslow (6 February 1796–16 May 1861). Quelle: Published 1851, T. H. Maguire

7.2 Über bestimmte Gebiete der Hebung und Senkung im Pazifischen und im Indischen Ozean, abgeleitet vom Studium der Korallenformationen (S. 17–19)[3]

Noch in Südamerika, wo Darwin während seiner Reise mit der *Beagle* die Hebung von Land und Inseln als Folge geotektonischer Kräfte eingehend beobachtet und Charles Lyells Theorien aus den *Principles of Geology* überprüft hatte, problematisierte er be-

---

[3] Darwin, *The Collected Papers,* Bd. 1, S. 46–49 („Presented at the meeting of 31 May 1837", in: *Proceedings of the Geological Society of London* 2 (1838), S. 552–554).

sonders dessen Aussagen zur Entstehung von Korallenriffen. Lyell ging davon aus, dass sich die Welt in ewigen Kreisläufen wandelt (Uniformitarianismus). Die gleichen chemischen und physikalischen Prozesse, die gleichen Klimafaktoren usw., die für das gegenwärtige Aussehen der Erde verantwortlich sind, waren auch in der Vergangenheit wirksam. Wenn die sich ändernde Welt für bestimmte Arten ungeeignet wird, sterben diese aus, und neue entstehen an ihrer Stelle. Einen langsamen Artenwandel hielt er dagegen nur für sehr begrenzt möglich. Arten können sich zwar in gewissem Maße an veränderte äußere Bedingungen anpassen und einige dieser erworbenen Eigenschaften auch vererben. Jede weitere Abwandlung würde dann aber zum Tod des jeweiligen Organismus führen.[4]

Vor Feuerland hatte sich Darwin dann mit Polypen und Hydrozoen beschäftigt und Henslow am 11. April 1833 berichtet, er habe etwas Neues über die Fortpflanzung der Korallen herausgefunden. Die Korallenarten dieser Gewässer bildeten nach seiner Beobachtung keine Riffe. So konzipierte er schon an der Westküste Südamerikas, mit der Erhebung von Inseln und Küsten vor Augen, eine neue Theorie zur Entstehung der Korallenriffe (1835) – bevor er überhaupt ein echtes Riff gesehen hatte. Nach Darwin wächst mit dem allmählichen Absinken einer Insel das sie umgebende Wallriff höher. Wenn die Insel dann im Wasser völlig untergetaucht ist, bleibt an der Meeresoberfläche nur noch häufig ein ringförmiges Riff (Atoll) sichtbar, das eine flache Lagune umschließt (S. 31 ff.).

Gelegenheit zur Beobachtung und Festigung der Hypothese erhielt Darwin dann unter anderem bei den Kokos-Keeling-Inseln im Indischen Ozean (April 1836; 600 Seemeilen südwestlich von Sumatra) und vor der Insel Mauritius. Die drei Klassen von Riffen, die Darwin zu Gesicht bekam – Lagunenriffe, Atolle und das große Barriereriff vor der Nordostküste Australiens – festigten seine neuen Überlegungen zu den Korallenriffen und führten ihn zu dem Schluss, dass riffbildende Korallen nicht in außergewöhnlicher Tiefe leben können. Daraus gewann er vier Hypothesen, die er (1838) als Resultat seines Textes vortrug (S. 33). Bereits frühzeitig hatte Darwin Unterstützung von James Dwight Dana erhalten, der ab 1850 Geologie und Mineralogie an der Yale-Universität lehrte. Im 20. Kapitel seines Reisetagebuches (1839 und 1845) erörterte Darwin seine Erkenntnisse ein weiteres Mal und widmete ihnen zudem 1842 eine eigene Monographie *The Structure and Distribution of Coral Reefs* (dt. 1876).

---

[4] Junker und Hoßfeld, *Die Entdeckung der Evolution*.

7.3   Beobachtungen zu den Parallelstraßen des Glen Roy und anderer Teile von Lochaber in Schottland nebst dem Versuch zu beweisen, dass sie marinen Ursprung sind (S. 21–69)[5]

Im Juni 1838 besuchte Darwin die Highlands und insbesondere die Parallelstraßen des Glen Roy.[6] Diese geologischen Formationen, die den Eindruck erweckten, als seien sie ehemalige Küstenformationen, lagen zur Zeit Darwins wie auch heute weit über dem Meeresspiegel. Zugleich gab es keinerlei Indizien dafür, dass ein See diese Küstenformationen verursacht hätte, da die Parallelstraßen des Glen Roy zum Meer hin offen erscheinen; insofern war also kein eventuelles Seegebiet zu kartieren. Ausgehend von seinen Erfahrungen mit Küstenformationen in Südamerika, die er auf seiner Reise mit der *Beagle* gemacht hatte, beschrieb Darwin die geologische Formation der Parallelstraßen des Glen Roy als Uferformationen marinen Ursprungs. Seiner Erfahrung nach war dieser Formation in geologischer Hinsicht kaum Gleichwertiges zur Seite zu stellen.[7] Deshalb war es für ihn eine besondere Herausforderung, die Entstehung dieser Struktur zu erklären. Darwin ging dabei von dem methodischen Ansatz Charles Lyells aus, dessen Lehrbuch der Geologie ihn schon auf der Südamerika-Reise begleitet hatte.[8] Er legte eine minutiöse Darstellung der geologischen Eigentümlichkeiten dieses Geländes vor, die er im Sinne einer Aktualgeologie Lyells interpretierte.[9] Diese hier abgedruckte Darstellung erlaubt es, den Arbeitsstil Darwins exemplarisch zu verfolgen. Ausgangspunkt seiner Analysen ist eine Details aufnehmende Beschreibung, in der die Einzelheiten zumindest hypothetisch schon in einen Gesamtzusammenhang gesetzt werden. Bereits im Zuge seiner Beschreibungen diskutiert Darwin mehrere mögliche Zuordnungen der registrierten Befunde, die es gestatten, die Einzelheiten als Merkmale eines Ganzen zu interpretieren. Somit sind ihm aufgrund seiner Beschreibung Deduktionen möglich, in denen zunächst hypothetisch angenommene Interpretationszusammenhänge anhand der Beobachtungen plausibel gemacht werden. Die derart nach einem Prinzip strukturierten Einzelheiten offerieren eine in sich stimmige Interpretation. Wenn sich also bei einer solchen Zuordnung der Einzelbeobachtungen zueinander keine Brüche ergeben, erscheint die Interpretation als berechtigt. Dieses Argumentationsverfahren benutzt Darwin – anhand eines noch überschaubaren Datenbestands – in seinem Bericht über die

---

[5] Darwin, *The Collected Papers*, Bd. 1, S. 89–137 („Read 7 February 1839". *Philosophical Transactions of the Royal Society of London*, Teil 1, 1839, S. 39–81).
[6] Die erste gedruckte Beschreibung dieser Landschaft der Highlands findet sich in dem 1774 von Thomas Pennant (1726–1774) vorgelegten zweiten Teil des Bandes *A Tour in Scotland*, London. Zur geologischen Situation nach der aktuellen Forschungslage vgl. http://www.snh.org.uk/publications/online/geology/glen_roy/foundations.asp.
[7] *Darwin Correspondence Project*, Brief 424 von Charles R. Darwin an Charles Lyell vom 9. August 1838.
[8] Charles Lyell, *Elements of Geology*, London 1837.
[9] *Darwin Correspondence Project*, Brief 425 von Charles Lyell an Charles R. Darwin vom 6. September 1838.

Parallelstraßen des Glen Roy. Insoweit gibt diese Darstellung einen guten Einblick in Darwins Denkstil. Zugleich wird deutlich, von welchen methodischen Ansätzen Darwin ausgehend die Grundmuster seines evolutionsbiologischen Denkens gewann.[10]

Weniger bedeutsam ist unter diesem Gesichtspunkt, dass die von Darwin vorgelegte Interpretation der geologischen Formation des Glen Roy unzutreffend ist. Darwins Deutung war – wie er in seinen Briefen an Thomas Jamieson, Dekaden später eingestand – schlicht falsch.[11] Es war Louis Agassiz (1807–1873)[12], der nach einer Exkursion im Jahre 1840 die These formulierte, dass die Formationen des Glen Roy von einem See herrührten, dessen Ufer während der Eiszeit auf der einen Seite von einer Gletscherfront gebildet wurde. Jamieson nahm diese Idee auf, entwickelte sie weiter und publizierte im Jahr 1863 einen Artikel über den eiszeitlichen Ursprung der Parallelstraßen des Glen Roy, der die heutige Sichtweise bestimmt.[13] Dieser Idee zufolge blockierte eine Eisfront den Abfluss der Wässer des Glen Roy nach Westen, so dass sich dieses Wasser nach Osten hin aufstaute. Schwankungen in der Ausdehnung dieser Eisblockade veränderten nun die Formationen des Seeufers und führten zu den von Darwin beschriebenen Formationen.

7.4 Über die Tendenz von Arten, Varietäten zu bilden; und über den Fortbestand von Varietäten und Arten auf dem natürlichen Weg der Selektion (von Charles Darwin und Alfred Wallace) – (S. 71–87)[14]

Am 18. Juni 1858 war Darwin in der Arbeit an seinem „Big Species Book", in dem er seine Evolutionstheorien darstellen wollte, jäh unterbrochen worden. Er hatte bereits einen großen Teil dieses Manuskriptes vollendet, als bei ihm ein Brief von Alfred Russel Wallace eintraf, der sich zu dieser Zeit auf den Molukken im Malaiischen Archipel aufhielt. Der Brief enthielt ein Manuskript, das Wallace veröffentlichen wollte. Als Darwin es las, war er schockiert, vertrat Wallace darin doch nicht nur eine Theorie der Evolution und der gemeinsamen Abstammung, sondern schlug für diese auch noch einen Evoluti-

---

[10] Sandra Herbert, *Charles Darwin, Geologist,* Ithaca 2005.

[11] *Darwin Correspondence Project,* Brief 3247 von Charles R. Darwin an T. F. Jamieson vom 6. September 1861. Auch in seiner Autobiographie (S. 84) spricht Darwin von dem großen Fehler seiner Arbeit über Glen Roy.

[12] Louis Agassiz, *Geological Sketches,* Bd. 2, Boston 1876.

[13] Thomas Francis Jamieson, „On the parallel roads of Glen Roy, and their place in the history of the glacial period", in: *Quarterly Journal of the Geological Society of London* 19 (1863), S. 235–259; vgl. weiterführend R. Boog Watson, „On the Marine Origin of the Parallel Roads of Glen Roy", in: Quarterly *Journal of the Geological Society* 22 (1866), S. 9–12.

[14] Darwin, *The Collected Papers,* Bd. 2, S. 3–18 („Read 1 July 1858. Charles Darwin and Alfred Wallace. Communicated by Charles Lyell und J. D. Hooker", in: *Journal of the Proceedings of the Linnean Society (Zoology)* 3 (1859), S. 45–62).

onsmechanismus vor, der fast völlig mit seiner Selektionstheorie übereinstimmte. Es fragt sich hier natürlich, ob Wallace' Theorie tatsächlich mit der von Darwin identisch war und, wenn ja, wie diese erstaunliche Übereinstimmung zustande kam. Wenn man bedenkt, dass die Theorie der natürlichen Auslese im viktorianischen England ein radikal neues Konzept war und es mehr als ein halbes Jahrhundert dauern sollte, bis es sich in der Biologie durchsetzte, ist es sicher merkwürdig, dass zwei Autoren das Selektionsprinzip unabhängig voneinander entdecken sollten.[15]

Der hier veröffentlichte Text von Wallace („On the Tendency of Varieties to Depart Indefinitely from the Original Type") zeigt, wie sehr er Darwins Aussagen ähnelte, obgleich beide Theorien nicht völlig identisch waren. Ziel seines Artikels war es, den Nachweis zu führen, „daß […] es vielmehr in der Natur ein allgemeines Prinzip gibt, daß viele *Varietäten* die Form der elterliche Art überdauern und nun ihrerseits fortlaufend Varietäten zeugen, die immer weiter vom Originaltypus abweichen, und dass bei domestizierten Tieren die Varietäten tendenziell zu ihrer Ursprungsform zurückkehren" (S. 128, Hervorhebung im Original). Das Leben der wilden Tiere sei ein Kampf ums Dasein („struggle for existence"), und selbst die Anzahl der am wenigsten fruchtbaren Tiere nähme rapide zu, würden sie nicht an der Vermehrung gehindert (ebd.). In diesem Kampf müssen die schwächsten und am wenigsten perfekt organisierten unterliegen. Mit diesem Vorgang lassen sich, so Wallace, unbegrenzte Evolution, Aussterben und Anpassungen erklären: „Wir glauben nun gezeigt zu haben, daß es in der Natur eine Tendenz gibt, der zufolge bestimmte Gruppen von *Varietäten* sich Schritt für Schritt vom Originaltypus ausgehend weiterentwickeln. Wobei wir dieses mögliche Fortschreiten durch keinerlei Begrenzungen eingeschränkt sehen. […]. Diese Weiterentwicklung vollzieht sich in kleinen, ungerichteten Schritten […]." (S. 140).

Die hier wieder abgedruckten, neu übersetzten Texte belegen, dass die Theorie von Wallace in ihren Grundideen völlig mit der von Darwin (S. 117–126) übereinstimmte – unbegrenzte Variabilität und der Kampf ums Daseins führen auch nach ihm zu andauernder Evolution. Unterschiede lagen hingegen in der Interpretation der menschlichen Züchtungspraxis, der Darwin großes Gewicht beimaß und die Wallace für nicht aussagekräftig hielt.

---

[15] Junker und Hoßfeld, *Die Entdeckung der Evolution.*

Rezeptionsgeschichte

Eine Rezeptionsgeschichte der frühen Schriften zur Darwinschen Evolutionstheorie, konkret also der Darwin-Wallace-Schriften um 1858/59, ist bisher noch nicht geschrieben worden. Das liegt zum Teil an der Dominanz der „Darwin-Industrie"[1], die sich zu Beginn des 20. Jahrhunderts etabliert hat, die noch immer existiert und ihren Gegenstand recht einseitig in den Blick nimmt.[2] Während die Beschäftigung mit Darwin weltweit ein ungebrochenes Interesse genießt, fanden Zeitgenossen wie Thomas Henry Huxley, Ernst Haeckel und Alfred Russel Wallace in der Wissenschaftsgeschichtsschreibung geringere Beachtung. Obgleich der Parallellauf der Entdeckungen Wallace' und Darwins insbesondere in den jüngeren Darwin-Biographien oder Zeitschriftenpublikationen zum Thema gewürdigt wird[3], herrscht in der historisch-biographischen Bearbeitung beider Autoren jedoch ein Ungleichgewicht.[4] Zwar haben sich die Voraussetzungen

---

[1] Timothy Lenoir, „Essay Review: the Darwin industry", in: *Journal of the History of Biology* 20 (1987), S. 115–130.

[2] So ist zum Beispiel die Rede vom „Darwin-Virus", von „Darwins Albtraum", „Darwins Black Box", den „Darwin Awards", „Darwins Launen", von „Darwin und den Göttern der Scheibenwelt", „Darwins Dilemma" und vielem mehr; Zu Darwin vgl. http://darwin-online.org.uk/, http://www.darwinproject.ac.uk/ oder www.darwin200.org; das Heft der Zeitschrift Nature „Beyond the Origin" vom 20. November 2008 (Bd. 456, Issue Nr. 7220), www.nature.com/darwin. Zu Wallace vgl. http://www.wku.edu/~smithch/ wallace/second.htm; zur Korrespondenz zwischen Darwin und Wallace vgl. http://www.darwinproject. ac.uk/darwinletters/namedefs/namedef-4935.html.

[3] Vgl. Gavin de Beer, „The Darwin-Wallace centenary", in: Endeavour 17 (1958), S. 61–76; Arnold C. Brackman, *A Delicate Arrangement: The strange case of Charles Darwin and Alfred Russel Wallace*, New York 1980; Scott A. Kleiner, „Darwin's and Wallace's revolutionary research programme", in: *British Journal for the Philosophy of Science* 36 (1985), S. 367–392; Malcolm Jay Kottler, „Charles Darwin and Alfred Russel Wallace: Two decades of debate over natural selection", in: David Kohn (Hg.), *The Darwinian Heritage*, Princeton 1985, S. 367–432; Ulrich Kutschera, „A comparative analysis of the Darwin-Wallace papers and the development of the concept of natural selection", in: *Theory in Biosciences* 122 (2003), S. 343–359; ders., *Design-Fehler in der Natur. Alfred Russel Wallace und die Gott-lose Evolution*, Berlin 2013; Matthias Glaubrecht, „Alfred Russel Wallace und der Wettlauf um die Evolutionstheorie", Teil 1 und 2, in: *Naturwissenschaftliche Rundschau* 61 (2008), S. 346–353; 403–408; ders., *Am Ende des Archipels. Alfred Russel Wallace*, Berlin 2013.

[4] Eine erste, von Adolf Bernhard Meyer übersetzte und kommentierte kleine Dokumentensammlung erschien im deutschen Sprachraum erstmals im Jahr 1870: Adolf Bernhard Meyer (Hg.), *Charles Darwin*

U. Hoßfeld, L. Olsson (Hrsg.), *Charles Darwin*, Klassische Texte der Wissenschaft,
DOI 10.1007/978-3-642-41961-4_8, © Springer-Verlag Berlin Heidelberg 2014

für eine umfassende biographische und wissenschaftsgeschichtliche Darstellung der Frühgeschichte der Evolutionsbiologie beträchtlich verbessert; James Moore (Oxford) beispielsweise widmet sich nach dem Darwin-Projekt[5] seit einigen Jahren der Erschließung der Wallace-Korrespondenz, und seit 2005 ist auch die 40.000 Briefe umfassende Haeckel-Korrespondenz der Forschung zugänglich.[6] Eine Geschichte der Darwin-Wallace-Schriften hinsichtlich ihrer „Negierung", „Wiederentdeckung", „Akzeptanz" oder gar „Ideologisierung" – wie sie etwa die Mendelschen Gesetze[7] erfahren haben – bleibt jedoch ein Desiderat. Oftmals wurden diese Schriften nur im Rahmen der Rezeptionsgeschichte des Darwinismus, später der Synthetischen Theorie der Evolution erwähnt und wahrgenommen, und ihre Rezeption blieb auf das Engagement einzelner Wissenschaftler, etwa Gerhard Heberer[8] oder Ernst Mayr[9], angewiesen.

---

und Alfred Russel Wallace. Ihre ersten Publikationen über die „Entstehung der Arten" nebst einer Skizze ihres Lebens und einem Verzeichnis ihrer Schriften, Erlangen 1870.

[5] Adrian Desmond und James Moore, *Darwin,* München 1995; James Moore, „Revolution of the Space Invaders. Darwin and Wallace on the Geography of Life", in: David N. Livingstone und Charles W. J. Withers (Hg.), *Geography and Revolution,* Chicago 2005, S. 106–132; James Moore, „Wallace in Wonderland", in: *Annals of the History and Philosophy of Biology* 11 (2006), S. 139–154.

[6] Uwe Hoßfeld und Olaf Breidbach, *Haeckel Korrespondenz. Übersicht über den Briefbestand des Ernst-Haeckel-Archivs,* Berlin 2005; Uwe Hoßfeld und Olaf Breidbach, „In the wake of the ‚Darwin Correspondence'. 40.000 letters to Ernst Haeckel listed and available for study", in: *Annales of the History and Philosophy of Biology* 10 (2006), S. 55–58.

[7] Hugo Iltis, *Gregor Johann Mendel: Leben, Werk und Wirkung,* Berlin 1921; Hans Nachtsheim, *Ein halbes Jahrhundert Genetik,* Berlin 1951; Alfred Barthelmess, *Vererbungswissenschaft,* Freiburg-München 1952; Ilse Jahn, „Zur Geschichte der Wiederentdeckung der Mendelschen Gesetze", in: *Wissenschaftliche Zeitschrift der Friedrich-Schiller-Universität Jena, Mathematisch-naturwissenschaftliche Reihe* 7 (1957/58), S. 215–227; Hans Stubbe, *Kurze Geschichte der Genetik bis zur Wiederentdeckung der Vererbungsregeln Gregor Mendels,* Jena 1965; Paul J. Weindling, *Darwinism and Social Darwinism in Imperial Germany: The Contribution of the Cell Biologist Oscar Hertwig (1849–1922),* New York 1991; Vítězslav Orel, *Gregor Mendel, the First Geneticist,* Oxford/ New York 1996; Michal Simunek und Uwe Hoßfeld, *Die Kooperation der Friedrich-Schiller-Universität Jena und der Deutschen Karls-Universität Prag im Bereich der „Rassenlehre", 1933–1945,* Erfurt 2008; Michal Simunek, Uwe Hoßfeld, Olaf Breidbach & Miklós Mueller (eds.), *Mendelism in Bohemia and Moravia, 1900–1930. Collection of Selected Papers,* Stuttgart 2010; Michal Simunek, Uwe Hoßfeld, Florian Thümmler und Olaf Breidbach (eds.), *THE MENDELIAN DIOSKURI. Correspondence of Armin with Erich von Tschermak-Seysenegg, 1898–1951,* Praha 2011; Michal Simunek, Uwe Hoßfeld, Florian Thümmler & Jiri Sekerak, *The Letters of J. G. Mendel. William Bateson, Hugo Iltis, and Erich von Tschermak-Seysenegg with Alois and Ferdinand Schindler, 1902–1932,* Praha 2011; Michal Simunek, Uwe Hoßfeld und Florian Thümmler, „Selected Bibliography on Science of Heredity/Genetics in Bohemia and Moravia, 1900–1930", in: *Folia Mendeliana* 47 (2011), S. 13–52.

[8] Gerhard Heberer, *Was heißt heute Darwinismus,* Göttingen 1949, 1960; ders., *Der gerechtfertigte Haeckel. Einblicke in seine Schriften aus Anlass des Erscheinens seines Hauptwerkes „Generelle Morphologie der Organismen" vor 100 Jahren,* Stuttgart 1968; Gerhard Heberer und Franz Schwanitz (Hg.), *Fortschritte der Evolutionsforschung,* Stuttgart 1971.

[9] Ernst Mayr, *The Growth of Biological Thought,* Cambridge, MA und London 1982 (dt. *Die Entwicklung der biologischen Gedankenwelt,* Berlin, Heidelberg, New York, Tokyo 1984); ders., *One long Argument,* Cambridge, MA 1991 (dt. *... und Darwin hat doch recht. Charles Darwin, seine Lehre und die moderne Entwicklungsbiologie,* München, Zürich 1994).

Auch auf die politische Komponente in der Rezeption der Darwin-Wallaceschen Theorien muss an dieser Stelle verwiesen werden. Einerseits wurde der *Darwinismus*[10] – nach dem Missbrauch der Evolutionsbiologie durch den Nationalsozialismus – nach 1945 in der deutschsprachigen Öffentlichkeit, aber auch an den Schulen und Hochschulen nur sehr zögerlich wahrgenommen und diskutiert; andererseits trieb die Darwinsche Lehre in den Ostblockstaaten unter den Titeln „Lyssenkoismus", „schöpferischer Darwinismus" oder „Mitschurinismus" in den 1950er Jahren ganz eigene, absonderliche Blüten.[11] Dieses ambivalente Verhältnis hielt ungefähr bis zum Darwin-Jahr 1959 an, als es im Umgang mit der „Evolutionsbiologie" (und „biologischen Anthropologie") zu einer gewissen Entspannung kam. Erst von da an kann man von einer Rezeptionsgeschichte (auch der Darwin-Wallace-Papiere) sprechen.[12]

So waren auch die Jubiläumsfeiern im ersten Darwin-Jahr 1909 bei weitem noch nicht so öffentlichkeitswirksam, wie es die Folgejubiläen (1959, 2009) werden sollten.[13] Nimmt man beispielsweise die Festrede Haeckels *Das Weltbild von Darwin und Lamarck* zur hundertjährigen Geburtstagsfeier von Darwin am 12. Februar 1909 im Volkshaus zu Jena zur Hand, so überrascht es kaum, dass sich Haeckels Ausführungen vornehmlich auf Darwin und Lamarck beziehen, während Wallace nur in einer einzigen Passage der 39 Seiten umfassenden Abhandlung gewürdigt wird. Um 1900 war es noch Gemeingut in den Biowissenschaften, von der „Lamarck-Darwinschen Theorie" und nicht etwa „Darwin-Wallaceschen Theorie" zu sprechen, die endgültig die große Schöpfungsfrage gelöst habe.[14]

---

[10] Übrigens geht die Einführung des Ausdrucks „Darwinismus" (für Deszendenztheorie, Selektionstheorie, Abstammungslehre) in die biologische Terminologie auf Wallace zurück. Vgl. Alfred Russel Wallace, *Darwinism. An Exposition of the Theory of Natural Selection,* London, New York 1889.

[11] Michail G. Jarosevskij (Hg.), *Repressirovannaja nauka,* St. Petersburg 1994; Wolfdietrich Eichler, „Abrechnung mit Lyssenko", in: *Rudolstädter naturhistorische Schriften* 4 (1992), S. 27–35; Loren R. Graham, *Science in Russia and the Soviet Union,* Cambridge 1993; Rudolf Hagemann, „Einige Hauptentwicklungslinien der Genetik seit 1945", in: Günter Wendel (Hg.), *Beiträge zur Wissenschaftsgeschichte. Wissenschaftsentwicklung von 1945 bis zur Gegenwart,* Berlin 1985, S. 93–110; David Joravsky, *The Lysenko Affair,* Chicago, London 1970; Johann-Peter Regelmann, *Die Geschichte des Lyssenkoismus,* Frankfurt/M. 1980; Kirill O. Rossianov, „Joseph Stalin and the ‚new' Soviet biology", in: *Isis* 84 (1993), S. 728–745; Valery N. Soyfer, *Lysenko and the Tragedy of Soviet Science,* New Brunswick 1994.

[12] Wolf-Ernst Reif, „Deutschsprachige Evolutions-Diskussion im Darwin-Jahr 1959", in: Rainer Brömer, Uwe Hoßfeld und Nicolaas A. Rupke (Hg.), *Evolutionsbiologie von Darwin bis heute,* Berlin 2000, S. 361–395 (zugl. *Verhandlungen zur Geschichte und Theorie der Biologie* 4 (2000)); Uwe Hoßfeld und Rainer Brömer (Hg.), *Darwinismus und/als Ideologie. Verhandlungen zur Geschichte und Theorie der Biologie,* Bd. 6, Berlin 2001; Uwe Hoßfeld, *Geschichte der biologischen Anthropologie. Von den Anfängen bis in die Nachkriegszeit,* Stuttgart 2005; Michael Kaasch, Joachim Kaasch und Uwe Hoßfeld, „Für besondere Verdienste um Evolutionsforschung und Genetik. Die Darwin-Plakette der Leopoldina 1959", in: *Acta Historica Leopoldina* 46 (2006), S. 333–427.

[13] Janet Brown, „Birthdays to remember", in: *Nature* 456 (2008), S. 324–325; Joanne Baker, „Darwin: heading to a town near you", in: *Nature* 456 (2008), S. 322–325.

[14] Ernst Haeckel, *Das Weltbild von Darwin und Lamarck,* Leipzig 1923, S. 6. Übrigens liegt – im Unterschied zu der Korrespondenz zwischen Darwin und Haeckel – auch kein Briefwechsel zwischen Wallace und Haeckel im Ernst-Haeckel-Haus vor.

Abb. 8.1 Titelblatt. Privat

Angesichts der angesprochenen Lücken sollen deshalb im folgenden einige internationale und nationale Entwicklungen der Darwin-Wallace-Rezeption skizziert werden, die –
wie gesagt – häufig mit der Darwinismusrezeption im weiteren Sinne zusammenfallen.
Hierfür werden zentral die Jubiläumsfeiern von 1959 in den Blick genommen, weil bei
diesem Anlass Argumente, Quellen und Beweise in die biowissenschaftliche Diskussion
eingebracht und vorgelegt wurden, die über Jahrzehnte hinweg als theoretisch-
methodologische Grundlage innerhalb der Evolutionsforschung gedient und diese berei-
chert haben.[15]

---

[15] Walter Zimmermann, „Die Auseinandersetzung mit den Ideen Darwins", in: Gerhard Heberer und
Franz Schwanitz (Hg.), *Hundert Jahre Evolutionsforschung*, Stuttgart 1960, S. 290–354.

Vergleichbares gilt für die hier abgedruckten und kommentierten Darwin-Texte zur Geologie. Auch hier nimmt sich eine Rezeptionsgeschichte bescheiden aus[16], und es dauerte (nach dem Darwin-Jubiläum von 1909[17]) fünfzig Jahre, bis im deutschen Sprachraum überhaupt eingehender auf Darwins Bedeutung für die Geologie und Paläontologie verwiesen wurde.[18] Fundierte wissenschaftshistorische Beiträge zur Geschichte dieser Fächer sind in neuester Zeit vor allem dem Tübinger Wirbeltierpaläontologen Wolf-Ernst Reif zu danken.[19]

8.1 Das Darwin-Jahr 1959 in Publikationen

Im Jahr 1959, zur 150. Wiederkehr des Geburtstags Darwins sowie zum 100. Jubiläum der Veröffentlichung von dessen *On the Origin of Species*, erschienen weltweit (unter anderem in den USA, in England, Australien und Deutschland) gewichtige Sammelbände,[20] die in der Geschichte der Evolutionsbiologie großen Einfluß hatten, weil sie neben der Festigung der Synthetischen Theorie (der „zweiten darwinschen Revolution") auch einen guten Überblick über das zum damaligen Zeitpunkt Erreichte für ein breiteres Publikum boten.

Die wohl bedeutendste Festschrift zum Darwin-Jahr 1959 aus internationaler Sicht, *Evolution after Darwin*, edierte 1960 der Anthropologe Sol Tax. Sie umfaßt drei Bände mit mehr als 1400 Seiten. Der erste Band ist der Evolutionstheorie gewidmet (20 Artikel), der zweite der Evolution des Menschen und den Problemen der physischen und kulturellen Anthropologie (22 Artikel), der dritte enthält Artikel über Evolution und Religion sowie die Protokolle von Podiumsdiskussionen und Gesprächen der Festtagung, zu der die Autoren für fünf Tage im November 1959 an der University of Chicago zusammengekommen wa-

---

[16] *The Collected Papers of Charles Darwin,* hg. von Paul H. Barrett, 2 Bde., Chicago und London 1977.

[17] Sir Archibald Geikie, *Charles Darwin as Geologist (The Rede Lecture),* Cambridge 1909; John W. Judd, „Darwin and Geology", in: Albert C. Seward, *Darwin and Modern Science,* Cambridge 1909, S. 337–384; vgl. auch http://www.geolsoc.org.uk/gsl/null/lang/en/page1002.html.

[18] Hermann Schmidt, „Darwins Erbe und die Paläontologie", in: Gerhard Heberer und Franz Schwanitz (Hg.), *Hundert Jahre Evolutionsforschung,* Stuttgart 1960, S. 234–276; Karl Andrée, „Charles Darwin als Geologe", in: ebd., S. 277–289.

[19] Wolf-Ernst Reif, Thomas Junker und Uwe Hoßfeld, „The Synthetic Theory of Evolution. General Problems and the German Contribution to the Synthesis", in: *Theory in Biosciences* 119 (2000), S. 41–91; dort ausgewählte Literatur; Wolf-Ernst Reif, „Darwinismus als konzeptionelle Ideologie: Instruktionismus, Selektionismus und Erkenntnistheorie", in: *Verhandlungen zur Geschichte und Theorie der Biologie* 6 (2001), S. 263–286.

[20] Sol Tax (Hg.), *Evolution after Darwin. The University of Chicago Centennial* (Bd. 1: *The Evolution of Life, its Origin, History and Future;* Bd. 2: *The Evolution of Man: Man, Culture and Society;* Bd. 3: *Issues in Evolution: The University of Chicago Centennial Discussions),* Chicago 1960; Samuel Anthony Barnett (Hg.), *A Century of Darwin,* London 1962; Geoffrey Winthrop Leeper, *The Evolution of Living Organisms. A Symposium to Mark the Centenary of Darwin's ‚Origin of Species' and of the Royal Society of Victoria held in Melbourne, December 1959,* Melbourne 1962; Gerhard Heberer und Franz Schwanitz (Hg.), *Hundert Jahre Evolutionsforschung. Das wissenschaftliche Vermächtnis Charles Darwins,* Stuttgart 1960; Otto Schwarz (Hg.), *Arbeitstagung zu Fragen der Evolution zum Gedenken an Lamarck-Darwin-Haeckel. Jena 20.–24. 10. 1959,* Jena 1960.

ren. Die zweite angelsächsische Festschrift *A Century of Darwin* stammt von dem Zoologen
Samuel Anthony Barnett (Glasgow). Das Vorwort datiert vom März 1958, das Buch er-
schien erst 1962. Die Thematik der Beiträge reicht hier von der Evolutionstheorie über verschiedene Zweige der Evolutionsbiologie bis hin zur Analyse einzelner Aspekte in Darwins
Werk. Die dritte Festschrift basiert auf dem Symposium,[21] das die Royal Society of Victoria
im Dezember 1959 in Melbourne veranstaltete; Herausgeber des Bandes war der Chemiker
Geoffrey Winthrop Leeper, der damalige Präsident der Society. 36 Autoren, unter ihnen
Ernst Mayr und Gavin de Beer, diskutierten überwiegend populationsgenetische Fragestellungen und weniger Probleme des Ablaufs der Evolution.

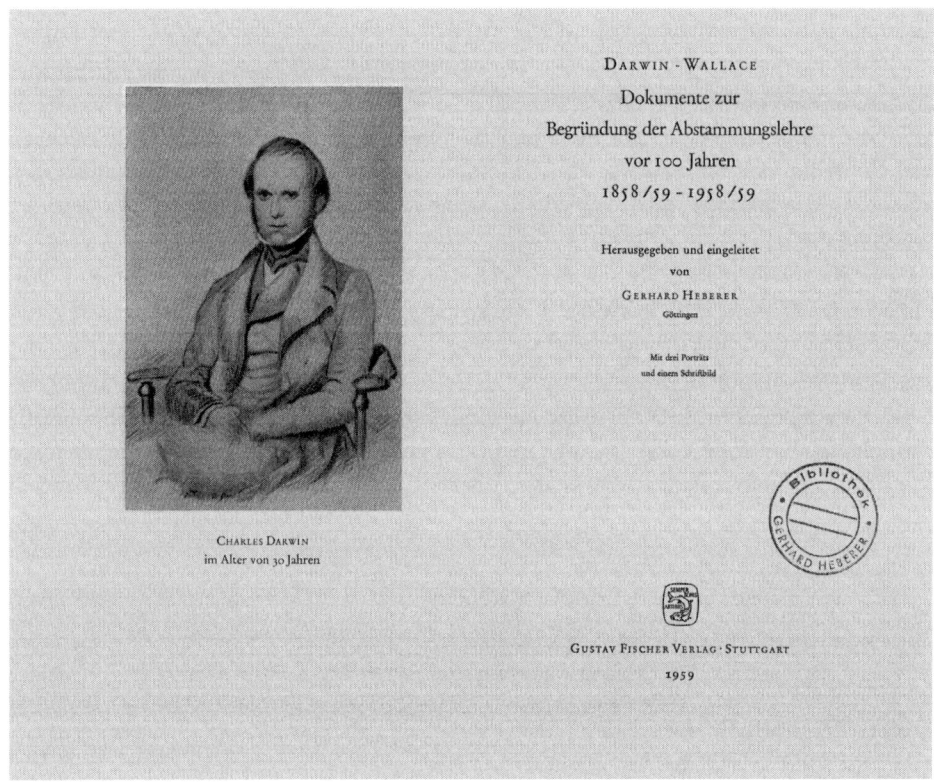

Abb. 8.2   Titelblatt. Privat

Das bei weitem umfangreichste deutsche Werk zum Darwin-Jubiläum war die zweite
Auflage des vom Göttinger Zoologen und Anthropologen Gerhard Heberer herausgegebenen Sammelwerkes über *Die Evolution der Organismen* (1959). Die erste Auflage[22]

---

[21] Leeper, *The Evolution of Living Organisms.*
[22] Gerhard Heberer (Hg.), *Die Evolution der Organismen. Ergebnisse und Probleme der Abstammungsgeschichte*, Jena 1943.

(18 Artikel) gilt als einer der bedeutendsten deutschen Beiträge zu der sich damals entwickelnden Synthetischen Theorie der Evolution.[23]

Diese Einschätzung muß irritieren, war doch der Herausgeber Gerhard Heberer (1901–1973) eine wichtige Figur in der nationalsozialistischen Rassenkunde und Rassenhygiene. Er hatte in Halle Zoologie und Genetik studiert und wurde 1932 in Tübingen in Zoologie und vergleichender Anatomie habilitiert. Heberer, seit 1933 Mitglied der SA, hatte es verstanden, für seine akademische Karriere die Unterstützung der SS und ihrer „Forschungsgruppe SS-Ahnenerbe" zu gewinnen. In einem Artikel von 1936 pries er die „geniale Staatsführung", daß sie „einen Kerngedanken der Abstammungslehre, nämlich die Auslese der Besten und Brauchbaren, also das, was wir biologisch Darwinismus nennen, einsetzt zur Rettung unseres Volkes vor dem biologischen Untergang".[24] Himmler persönlich verwandte sich für seine Berufung zum Ordinarius. Im April 1937 wurde Heberer als Unterstumführer in die SS aufgenommen und erhielt eine Stelle im Stab des SS Rasse- und Siedlungshauptamts. Mit vehementer Unterstützung des Jenaer Medizinprofessors, Kriegsrektors und SS-Sturmbannführers Karl Astel – der in einem Brief an Himmler die Ernennung Heberers als Schritt zum „Ausbau Jenas zu einer rassisch einheitlich ausgerichteten SS-Universität" empfohlen hatte[25] – wurde Heberer im Wintersemester 1938/39 in Jena zum außerordentlichen Professor für „Allgemeine Biologie und Anthropogenie" berufen. 1945 bis 1947 war Heberer wegen seiner SS-Mitgliedschaft interniert; 1947 wurde er entnazifiziert. Von 1949 bis 1970 leitete er die „Anthropologische Forschungsstelle" in Göttingen.[26]

Für die Rezeption der Darwinschen Theorie im 20. Jahrhundert im deutschen Sprachraum ist Heberer dennoch eine zentrale Gestalt. Bei dem von ihm herausgegebenen Sammelband handelt es sich jedenfalls nicht bloß um ein Machwerk der „Deutschen (arischen) Biologie".

---

[23] Hoßfeld, *Gerhard Heberer (1901–1973) Sein Beitrag zur Biologie im 20. Jahrhundert*, Berlin 1997; ders., „Die Entstehung der Modernen Synthese im deutschen Sprachraum", in: Erna Aescht u.a. (Hg.), *Welträtsel und Lebenswunder. Ernst Haeckel – Werk, Wirkung und Folgen*, Linz 1998 (Stapfia 56), zugl. Katalog des OÖ. Landesmuseums Linz, N. F. 131, S. 185–226; verschiedene Autoren in: Thomas Junker und Eve-Marie Engels (Hg.), *Die Entstehung der Synthetischen Theorie. Beiträge zur Geschichte der Evolutionsbiologie in Deutschland 1930–1950*, Berlin 1999 (zugl. *Verhandlungen zur Geschichte und Theorie der Biologie*, Bd. 2 (1999)); Thomas Junker und Uwe Hoßfeld, *Die Entdeckung der Evolution. Eine revolutionäre Theorie und ihre Geschichte*, Darmstadt 2009.

[24] Siehe Peter Weingart, Jürgen Kroll und Kurt Bayertz, *Rasse, Blut und Gene. Geschichte der Eugenik und Rassenhygiene in Deutschland*, Frankfurt/M. 1988, S. 445ff.; Zitat S. 448f.

[25] Zitiert nach Uwe Hoßfeld, *Geschichte der biologischen Anthropologie in Deutschland*, S. 262.

[26] Zur Rolle Heberers siehe Uwe Hoßfeld, *Gerhard Heberer (1901–1973)*; vgl. auch Uwe Hoßfeld, Jürgen John, Rüdiger Stutz und Oliver Lemuth (Hg.), *„Kämpferische Wissenschaft". Studien zur Universität Jena im Nationalsozialismus*, Köln, Weimar, Wien 2003; Uwe Hoßfeld, „Staatsbiologie, Rassenkunde und Moderne Synthese in Deutschland während der NS-Zeit", in: Rainer Brömer, Uwe Hoßfeld und Nicolaas A. Rupke (Hg.), *Evolutionsbiologie von Darwin bis heute*, Berlin 2000, S. 249–305; Reif, Junker und Hoßfeld, „The synthetic theory of evolution: general problems and the German contribution to the synthesis"; Thomas Junker und Uwe Hoßfeld, „The architects of the evolutionary synthesis in national socialist Germany: science and politics", in: *Biology and Philosophy* 17 (2002), S. 223–249; Uwe Hoßfeld und Thomas Junker, „Anthropologie und Synthetischer Darwinismus im Dritten Reich: *Die Evolution der Organismen* (1943)", in: *Anthropologischer Anzeiger* 61 (2003), S. 85–114.

Das Buch war nur drei Jahre nach dem von Julian Huxley während des Zweiten Weltkriegs herausgegebenen Mehrautoren-Werk *The New Systematics* erschienen und steht diesem in seiner Bedeutung gleichberechtigt gegenüber. Das Sammelwerk von Heberer[27] zählt neben dem Buch des Tübinger Botanikers Walter Zimmermann über *Die Vererbung 'erworbener Eigenschaften' und Auslese* (1938), der deutschen Übersetzung von Dobzhanskys Klassiker von 1937 *Die genetischen Grundlagen der Artbildung* (1939) sowie dem Werk des Münsteraner Zoologen Bernhard Rensch über *Neuere Probleme der Abstammungslehre – Die transspezifische Evolution* (1947) zu den theoretischen Meilensteinen der Synthetischen Theorie im deutschen Sprachraum. Nach Heberers Meinung hatte sich Ende der 1930er Jahre die Abstammungslehre in Deutschland in einer „merkwürdigen Lage" befunden. Die experimentelle Genetik bemühte sich einerseits, die Grundlagen für ein kausales Verstehen der Phylogenese zu erarbeiten, während die Paläontologie andererseits in unerwarteter Fülle „die historischen Archivalien der Stammesgeschichte" vermehrte.[28] Dieses gesamte neu zusammengetragene Material mußte nun auf einen gemeinsamen Nenner gebracht und trotz weltanschaulicher Probleme (das heißt: im Kampf gegen antidarwinistische Konzepte) in den Gesamtablauf der Phylogenese integriert werden. Heberer war dabei von der Notwendigkeit überzeugt, neben einer klaren und eindeutigen Stellungnahme „zu den Ergebnissen und zu der Gesamtproblematik der Abstammungslehre" eine zusammenfassende Darstellung der modernen Phylogenetik, die „seit langer Zeit im deutschen Schrifttum" gefehlt habe, vorzulegen: „Ein Einzelner allerdings konnte ein solches Buch nicht mehr schreiben!"[29]

Jeder Aufsatz des Sammelwerkes war ein in sich geschlossenes Kapitel, während alle 18 Aufsätze, aneinandergereiht, eine „folgerichtige Kette" ergaben, die sich wiederum als homogenes, transdisziplinäres Gefüge der „Vereinigung der Ergebnisse des Theoretikers und Praktikers, des Geophysikers, Paläontologen, Zoologen, Botanikers, Genetikers, Anthropologen, Psychologen und Philosophen" präsentierte.[30]

---

[27] Zur Entstehungsgeschichte des Sammelwerkes bemerkte Heberer 1951 in seiner deutschen Übersetzung von George Gaylord Simpsons Buch von 1944 *Tempo and Mode in Evolution*: „Damals, mitten im Kriege, blieben uns diese Publikationen (aus Amerika und England) unbekannt. Daß unabhängig von ihnen in Deutschland ein ähnliches synthetisches Werk entstand, beweist, daß auch hier das Streben nach einer ‚synthetischen Theorie der Evolution' bestand und die Möglichkeit zu einer solchen Synthese erkannt worden war" (George G. Simpson, *Zeitmaße und Ablaufformen der Evolution*, Göttingen 1951, S. 4). Mit dieser Übersetzung wurde das zweite bedeutende Buch (nach Dobzhanskys *Genetics and the Origin of Species* von 1937; dt. 1939) der angelsächsischen Variante der Synthetischen Theorie der Evolution dem deutschsprachigen Leserkreis zugänglich gemacht. Umgekehrt wurde hingegen 1959/ 60 nur Renschs Buch *Neuere Probleme der Abstammungslehre* (1947) durch Vermittlung von Theodosius Dobzhansky dem angloamerikanischen Leserkreis vorgestellt; es trug den Titel *Evolution above the Species Level*.

[28] Heberer (Hg.), *Die Evolution der Organismen*, ¹1943. S. IV.

[29] Ebd.

[30] Ebd., S. V; ein Anliegen, das auch Huxley in *The New Systematics* verfolgte: „It is safe to prophesy that such micro-evolutionary studies will become increasingly important in the near future. Besides this, the steady amassing of cytological, genetical, ecological, physiological, and behaviour data with an eye on their taxonomic bearings will clearly be needed. As such work proceeds, the New Systematics will gradually come into being. It will in some ways doubtless help classical taxonomy in its practical pigeonholding functions, it will give a much more detailed picture of the actual facts of the diversity of organic

Im Zeitraum von dreißig Jahren (1943–1974) erschienen von Heberers Sammelwerk drei Auflagen, die sich inhaltlich unterschieden. Der dabei von ihm gewählte theoretisch-methodologische Zugang, eine Gliederung in vier Komplexe, blieb jedoch bei allen Auflagen bis 1974 gleich:

Komplex I: Allgemeine Grundlagen, Grundlagen und Methoden, Zur allgemeinen Grundlegung;

Komplex II: Die Geschichte der Organismen;

Komplex III: Die Kausalität der Stammesgeschichte;

Komplex IV: Die Abstammung des Menschen, Die Phylogenie der Hominiden.

Insgesamt beteiligten sich 19 Wissenschaftler als Autoren an der Erstauflage, wobei es sich, von einzelnen Gegnern der Synthetischen Theorie abgesehen, um fachkompetente Vertreter der verschiedenen Wissenschaftszweige jener Zeit handelte. Dabei gelang es trotz Weltkriegs und wissenschaftlicher Isolation an Erkenntnisse und Theorien aus dem angelsächsischen Sprachraum (vgl. die Literaturverzeichnisse in Heberer 1943) anzuknüpfen. Andererseits zeichneten sich aber auch eigene Konturen der deutschsprachigen Diskussion über den Ablauf, die Ursachen usw. der Evolution ab, wie zum Beispiel das in den 1930er Jahren herrschende Mißverhältnis zwischen Genetik und Paläontologie bei der Beurteilung des Evolutionsprozesses, die Debatten um den „Typus-Begriff" und zum Kausalverhältnis von Mikro- oder Makrophylogenie (oder Mikro- und Makroevolution), das Fehlen einer Populationsgenetik usw. Mit der Herausgabe der *Evolution der Organismen* wurde erstmals in dieser Form in Deutschland der Versuch unternommen, eine Synthese des damaligen Wissensstandes verschiedener Fachdisziplinen zu erreichen, diese transdisziplinär zu verknüpfen und die Ergebnisse in einem ausgewogenen Verhältnis von theoretischer und praktischer Forschung darzustellen.

Heberers Sammelwerk stellt deshalb einen innovativen und originären Beitrag zur Geschichte der Evolutionsbiologie und Paläoanthropologie in Deutschland dar. Einerseits war es sowohl inhaltlich als auch didaktisch-methodisch originell konzipiert und grenzte sich mit diesem spezifischen Profil von bisher erschienenen Publikationen innerhalb des deutschsprachigen Schrifttums zur Evolutionsbiologie ab. Andererseits unterschied es sich in seiner Gesamtkonzeption und Strukturierung nur unwesentlich von dem eingangs erwähnten Buch von Huxley (1940), da beide Werke ja das gleiche Grundanliegen verfolgten und sich somit „unbewußt" ergänzten. Der Hauptunterschied der beiden Bücher liegt darin, daß im Gegensatz zu Huxley bei Heberer weiterführende Beiträge aus den Fachdisziplinen der (Paläo-)Anthropologie sowie der Philosophie im weiteren Sinne Aufnahme fanden und daß die damals zum Teil immer noch populären nichtdarwinistischen Theorien (wie Orthogenese, Lamarckismus, Idealistische Morphologie, Kreationismus und Saltationismus) mit wissenschaftlichen Argumenten widerlegt

---

nature and its distribution in groups and in character-gradients over the globe; it will reveal many facts and principles of great importance to general biology; and through it taxonomy will become the field of major interest for all those concerned with the study of evolution at work" (Julian Huxley, *The New Systematics*, Oxford 1940, S. 42).

wurden: „Of the contributors [...] not a single one defended Lamarckian ideas. They all accepted a more or less selectionist interpretation."[31] Diese Fokussierung auf evolutions-biologische Basisdaten und ihre Synthese mit Befunden aus den Fachgebieten *Philosophie* (Hugo Dingler), *Anthropologie* (Heberer, Wilhelm Gieseler, Otto Reche, Christian von Krogh) und *Paläontologie* (Johannes Weigelt, Ludwig Rüger) ist der prägnanteste Unterschied zu Huxleys Sammelwerk von 1940.

Aus Heberers guten Beziehungen zu den nationalsozialistischen Machthabern erklärt sich vermutlich auch die solide Druck- und Papierqualität des Werkes mitten im Krieg (trotz Papiermangels). Es ist bemerkenswert, daß *Die Evolution der Organismen*, von wenigen Ausnahmen abgesehen, frei von Aussagen im Sinne der nationalsozialistischen Ideologie ist,[32] obwohl Heberer im Vorwort bemerkte: „Das Werk ist inmitten des europäischen Freiheitskampfes geschrieben worden. Es ist aber nicht nur ein Buch der Heimat; denn mehrere Mitarbeiter haben ihre Beiträge als Soldaten verfaßt und selbst während des Fronteinsatzes die Arbeit nicht vergessen! Es sind dies W. Herre, C. v. Krogh, W. Ludwig, B. Rensch, W. Zimmermann und W. Zündorf. [...] So ist das Buch zugleich auch eine Gabe der kämpfenden Front!"[33] Daß „der ganze von Gerhard Heberer herausgegebene Band eine Mischung aus soliden wissenschaftlichen und von nationalsozialistischer Pseudowissenschaft gefärbten Beiträgen"[34] sei, unterschätzt jedenfalls seine wissenschaftliche Bedeutung und ist als Pauschalurteil unzutreffend. Es ist zu vermuten, daß Heberer als Herausgeber und der Verlag auf weltanschauliche Neutralität gedrängt haben, zumal ein Bemühen um Internationalität festzustellen ist. Ein anderer Grund mag gewesen sein, daß mit der Vorbereitung auf den Krieg ab Mitte der 1930er Jahre eine Ideologisierung und Politisierung der Wissenschaft tendenziell in den Hintergrund trat. Dies wurde bisher für die Physik, Mathematik sowie Chemie beschrieben, und eine parallele Entwicklung in der Biologie ist nicht auszuschließen.[35]

Auch in den Folgeauflagen (1954–1959, 1967–1974) behielt Heberer dann seine Themenschwerpunkte bei, wobei er aber zahlreiche inhaltliche und personelle Veränderungen vornahm. Die zweite Auflage, bereits für 1954 geplant, erschien eher zufällig

---

[31] Ernst Mayr und William B. Provine (Hg.), *The Evolutionary Synthesis. Perspectives on the Unification of Biology*, Cambridge, London [4]1998, S. 282. Vgl. ebenso Hoßfeld, *Gerhard Heberer*, 1997, S. 139, Fußnote 377.

[32] Vgl. dazu stellvertretend einige Rezensionen: *Der Biologe* (1944, S. 127–131, Peter G. Hesse); *Nationalsozialistische Monatshefte* (1944, S. 316–318, Heinz Brücher); *Volk und Rasse* (1943, S. 14–16; Hans Hoffmann) sowie *Zeitschrift für Rassenkunde* (1943, S. 100–101, Ilse Schwidetzky).

[33] Heberer (Hg.), *Die Evolution der Organismen*, [1]1943.

[34] Theodora Kalikow, „Die ethologische Theorie von Konrad Lorenz: Erklärung und Ideologie, 1938 bis 1943", in: Herbert Mehrtens und Stefan Richter (Hg.), *Naturwissenschaft, Technik und NS-Ideologie. Beiträge zur Wissenschaftsgeschichte des Dritten Reiches*, Frankfurt/ M. 1980, S. 208.

[35] Vgl. u.a. Herbert Mehrtens, „Angewandte Mathematik und Anwendung der Mathematik im nationalsozialistischen Deutschland", in: *Geschichte und Gesellschaft* 12 (1986), S. 317–347; Monika Renneberg und Mark Walker (Hg.), *Science, Technology, and National Socialism*, Cambridge 1994; Mark Walker, *German National Socialism and the Quest for Nuclear Power 1939-1949*, Cambridge 1989; Mark Walker, *Nazi Science: Myth, truth, and the German atomic bomb*, New York 1995; Ute Deichmann, *Flüchten, Mitmachen, Vergessen. Chemiker und Biochemiker in der NS-Zeit*, Berlin 2001.

1959.[36] Da „kein Anlaß [bestand], den bewährten Plan des Werkes grundsätzlich zu ändern",[37] lehnte man sich an die bewährte Gliederung von 1943 an.

Die größte inhaltliche Änderung gegenüber der Erstauflage bestand darin, daß der Beitrag von Bernhard Rensch entfiel,[38] da die Tatsache der Deszendenz aus Sicht des Herausgebers nun als allgemein akzeptiert gelten durfte. Rensch referierte statt dessen über Ontogenie und Phylogenie.[39] Es ist allerdings die Einschätzung Reifs zu teilen,[40] daß die Autoren bis auf Heberer die Synthetische Theorie weder implizit als neuartige Lösung alter evolutionärer Fragen noch explizit als eine neue Entwicklungsstufe der Evolutionstheorie wahrgenommen haben. So blieb das Buch – im Gegensatz zur Aktualität der ersten Auflage – bei weitem hinter dem internationalen Diskussionsstand des Jahres 1959 zurück. Dennoch war es in der Genese der biologischen Anthropologie und Evolutionsbiologie in der Mitte des 20. Jahrhunderts ein wichtiger theoretischer Meilenstein.

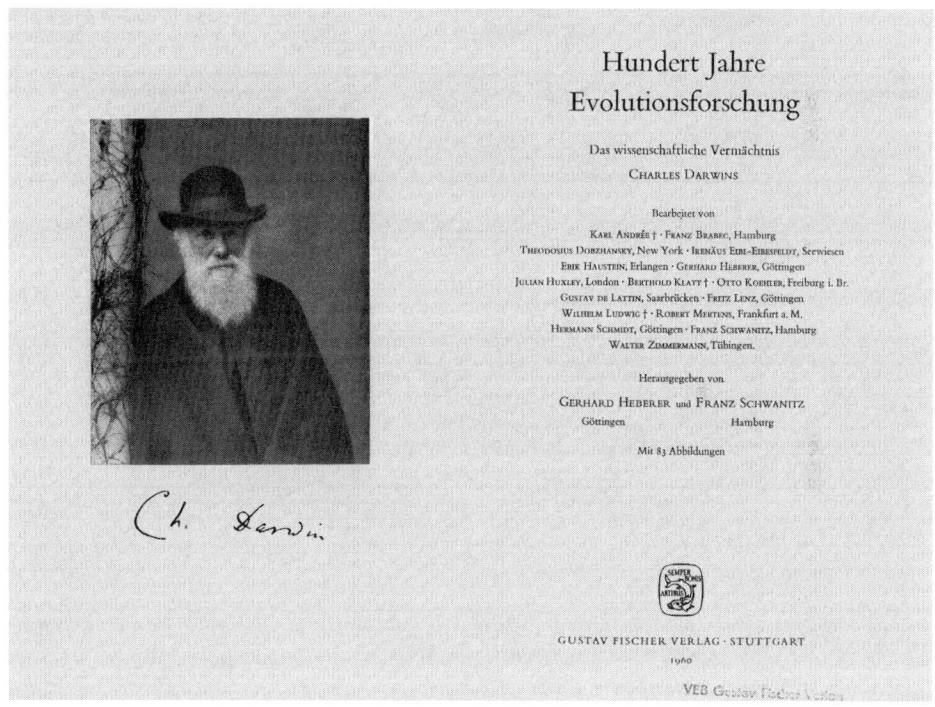

Abb. 8.3 Titelblatt. Privat

---

[36] Reif, „Deutschsprachige Evolutions-Diskussion im Darwin-Jahr 1959"; Hoßfeld, *Geschichte der biologischen Anthropologie.*

[37] Gerhard Heberer (Hg.), *Die Evolution der Organismen,* 2 Bde., Jena ²1959, S. VII.

[38] Bernhard Rensch, „Die biologischen Beweismittel der Abstammungslehre", in: Gerhard Heberer (Hg.), *Die Evolution der Organismen,* ¹1943, S. 57–85.

[39] Bernhard Rensch, „Die phylogenetische Abwandlung der Ontogenese", in: Gerhard Heberer (Hg.), *Die Evolution der Organismen* , S. 103–130.

[40] Reif, „Deutschsprachige Evolutions-Diskussion im Darwin-Jahr 1959".

Abb. 8.4 Titelblatt. Privat

Wie bereits erwähnt, wurden im deutschen Sprachraum noch zwei weitere Darwin-Festschriften veröffentlicht: In der Bundesrepublik gaben wiederum Gerhard Heberer und Franz Schwanitz *Hundert Jahre Evolutionsforschung* (Gustav Fischer Verlag, Stuttgart 1960) heraus, in der DDR edierte der Jenenser Botaniker Otto Schwarz die *Arbeitstagung zu Fragen der Evolution* (Gustav Fischer Verlag, Jena 1960).

Das Buch von Heberer und Schwanitz enthielt 17 Artikel von 16 Autoren; außer Theodosius Dobzhansky (New York) und Julian Huxley (London) stammten alle aus der Bundesrepublik. Es fällt auf, daß Rensch unter den Autoren fehlt – während Walter Zimmermann, Robert Mertens und Wilhelm Ludwig mit Beiträgen in Erscheinung treten. Die beiden Herausgeber beschränkten sich thematisch auf ihre Spezialgebiete in bezug auf Darwin (und nur auf ihn):[41] Es sollte „versucht werden, das Werk Darwins und seine grundlegende Bedeutung für die moderne Naturforschung ins Gedächtnis zurückzurufen und dabei zu zeigen, wie viel von den Erkenntnissen und den Vorstellungen des großen Genius auch heute noch Gültigkeit besitzt".[42] Kein einziger Autor thematisierte Wallace!

Am 10. April 1959 war an der Humboldt-Universität zu Berlin die „Biologische Gesellschaft in der DDR" gegründet worden, eine Organisation, die in den folgenden Jahrzehnten wichtige Impulse für die DDR-Biologie setzen sollte. Die anwesenden 192 Gründungsmitglieder hatten den Jenaer Botaniker und damaligen Rektor der Universität, Otto Schwarz, zu ihrem ersten Präsidenten (bis 1. Oktober 1963) gewählt. Nach ihrer Gründung noch dem Staatssekretariat/Ministerium für (das) Hoch- und Fachschulwesen zugeordnet, wurde die Biologische Gesellschaft am 1. Juli 1969 der Deutschen Akademie der Wissenschaften (zu Berlin) anhängig.[43] Anläßlich der internationalen Feierlichkeiten 1959 organisierte Otto Schwarz als Präsident vom 20. bis 24. Oktober 1959 in Jena eine „Arbeitstagung zu Fragen der Evolution"; es war zugleich die erste Tagung der Gesellschaft. Neben dem Gedenken an das Erscheinen von Darwins *Origin of Species* 100 Jahre zuvor hatte die Gesellschaft drei weitere Jubiläen im Blick: die Publikation von Lamarcks *Philosophie Zoologique* vor 150 Jahren, von Haeckels *Die Welträthsel* vor 60 Jahren und den 40. Todestag von Haeckel. Als Hauptziel der Veranstaltung erklärte Schwarz in seinem Vorwort die Prüfung der „Tragfähigkeit und Fruchtbarkeit des Darwinismus" auf den verschiedensten Gebieten und seine Konfrontation mit „der Weltanschauung des dialektischen und historischen Materialismus […], was nicht heißen soll, daß jeder Vortragende sich für den Marxismus erkläre".[44] Der im Anschluß an die Tagung vorgelegte Sammelband enthält 20 Aufsätze von 20 Autoren aus der DDR, der Bundesrepublik, der Tschechoslowakei, aus Ungarn, Rumänien und der UdSSR. Wissenschaftstheoretische, -historische und rein evolutionsbiologisch argumentierende Arbeiten (immer mit Bezug zu Darwin) halten sich ungefähr die Waage. Es war sicherlich nicht zu vermeiden, daß auf dieser Tagung auch einigen in der Sowjetunion damals immer noch vorhandenen Anhängern des Lyssenkoismus eine Plattform für ihre Thesen geboten wurde. Eine Möglichkeit zur öffentlichen Diskussion dieser unhaltbaren Konzepte war in der Aula der Universität nicht gegeben, so daß sie in dem Sammelband des Gustav Fischer Verlags unkommentiert zum Abdruck gelangten. Es ist hier nicht der Ort, auf die Artikel über Darwin, Haeckel, Lamarck, Cuvier oder zu einzelnen

---

[41] Franz Schwanitz, „Darwin und die Evolution der Kulturpflanzen", in: Gerhard Heberer und Franz Schwanitz (Hg.), *Hundert Jahre Evolutionsforschung,* S. 123–148; Gerhard Heberer, „Darwins Bild der abstammungs-geschichtlichen Herkunft des Menschen und die moderne Forschung", in: Heberer und Schwanitz (Hg.), *Hundert Jahre Evolutionsforschung,* S. 397–418.

[42] Ebd., S. VIII.

[43] Uwe Hoßfeld, „Traditionskultur in der Biologie", in: Uwe Hoßfeld, Tobias Kaiser und Heinz Mestrup (Hg.), *Hochschule im Sozialismus. Studien zur Geschichte der Friedrich-Schiller-Universität (1945–1990),* 2 Bde., Weimar 2007, S. 1067–1085.

[44] Otto Schwarz (Hg.), *Fragen der Evolution,* Jena 1960, S. V.

Disziplinen der Biologie inhaltlich einzugehen. Vielmehr sollen jene Textstellen besonders erwähnt werden, die sich auf den Zusammenhang von „Darwinscher Evolutionsbiologie und marxistischer Gesellschaftstheorie" sowie auf die damalige Evolutionsdis-
kussion und deren Nachwirkungen (Lyssenkoismus) beziehen; ein Thema, das im
deutschen Sprachraum bis zum Ende der 1950er Jahre eine spezielle Relevanz besaß.[45]

Als erster Autor lieferte der Moskauer Genetiker N. I. Fejginson unter dem Titel
„Kritik des modernen Neodarwinismus" eine weltanschauliche Korrektur Darwins aus
der Sicht des Lyssenkoismus, da „der Darwinschen Konzeption der Artbildung eine
flach-evolutionistische Betrachtung des Entwicklungsprozesses zugrunde liegt".[46] Immerhin habe Darwin am Ende seines Lebens erkannt, daß er „die Bedeutung des unmittelbaren Einflusses der Lebensbedingungen" (also die lamarckistischen Mechanismen) unterschätzt und die Rolle der natürlichen Zuchtwahl überschätzt habe. Auch
Fejginsons Darlegung, daß der lyssenkoistische „Neodarwinismus" und der Weismann-
sche „Neodarwinismus" identisch seien, ist schwer nachzuvollziehen. Mit Hilfe genetischer Beispiele (R. Goldschmidt, C. H. Waddington, J. L. Crosby) vertrat er die Auffassung, daß die „Mutationstheorie der Evolution"[47] in der Zeit nach Darwin auf
unüberwindliche Schwierigkeiten gestoßen sei. Als Lösung empfahl er die Anwendung
der Mitschurinschen Lehre (also des Lyssenkoismus), die „kühn", als der eigentlich
„schöpferische Darwinismus", die Entwicklung der Wissenschaft vorantreiben könne:
„Die neue Form des Idealismus und der Metaphysik (der Neodarwinismus) erhielt
schon vernichtende Schläge. Man muß auf jede Weise dazu beitragen, den Neoidealis-
mus und die Neometaphysik aus der Biologie zu vertreiben. Bei der Erfüllung dieser
Aufgabe müssen die Philosophen und Biologen, die auf den Positionen des dialektischen Materialismus stehen, ihre Anstrengungen vereinigen."[48] In dem darauffolgenden
Artikel setzte Nikolai V. Zizin (Direktor des Botanischen Gartens, Moskau) die Interpretation des Darwinismus aus der Sicht des dialektischen Materialismus fort (ohne
daß Trofim D. Lyssenko namentlich genannt würde). Dieser Thematik folgte auch
Pétre Raicu (Bukarest), der sich mit Beispielen (von Kreuzungen relativ entfernter
Pflanzenarten) sehr entschieden für Mitschurins Versuche und damit für (durch die
Umwelt gerichtete) Erbveränderungen aussprach. Die neolamarckistischen Beiträge
setzten sich fort in den Ausführungen von Marta Vojtisová (Prag) über Versuche an

---

[45] Helmut Böhme, „Einige Bemerkungen zu wissenschaftspolitischen Aspekten genetischer Forschungen
der fünfziger Jahre in der DDR im Zusammenhang mit der Lyssenko-Problematik", in: *Sitzungsberichte
der Leibniz-Soz.* 29 (1999), S. 55–79; Rudolf Hagemann, „How did East German Genetics avoid Lysenkoism?", in: *Trends in Genetics* 18 (2002), S. 320–324; Ekkehard Höxtermann, „‚Klassenbiologen' und
‚Formalgenetiker' – zur Rezeption Lyssenkos unter den Biologen der DDR", in: *Acta Historica Leopoldina* 36 (2000), S. 273–300; Uwe Hoßfeld und Lennart Olsson, „From the Modern Synthesis to Lysenkoism, and Back?", in: *Science* 297 (2002), S. 55–56; Uwe Hoßfeld und Lennart Olsson, „Documen-
ting Lysenkoism", in: *Science* 297 (2002), S. 1646–1647.
[46] N. I. Fejginson, „Kritik des modernen Neodarwinismus", in: Schwarz (Hg.), *Fragen der Evolution*,
S. 51.
[47] Fejginson, „Kritik des modernen Neodarwinismus", S. 61.
[48] Ebd., S. 70.

Geflügel (Mechanismus der Befruchtungsinkompatibilität) sowie in B. Faludis (Budapest) Bemerkungen zu einer ektogenetischen Theorie der biogenetischen Rekapitulation (der zufolge die Umwelt die ontogenetische Rekapitulation der Phylogenese während der Embryogenese steuert). Den Abschluß des Sammelbandes stellte ein Beitrag des Moskauer marxistischen Philosophen G. W. Platanov dar, der aufzeigte, was an Darwins Theorie als grundlegend für den Marxismus gelten könne und wo die Mängel seiner Theorie – aus Sicht des Marxismus – lägen: „Die Herausbildung und der Sieg des Darwinismus waren für die Ausbreitung der marxistischen Weltanschauung von hervorragender Bedeutung. Infolge ihres spontan-dialektischen Charakters löste die Lehre Darwins eine Reihe Fragen in einer Weise, die dem dialektischen Materialismus nahe kam. Daher vollzieht sich für jeden, der die Lehre Darwins kennt, der Übergang zum Marxismus leichter als für denjenigen, der in der Auffassung der Naturerscheinungen auf den Positionen der Metaphysik und des Kreationismus steht."[49] An anderer Stelle konkretisierte er: „Die Erfolge der Mitschurinschen Lehre, die in vielem der bewußten Anwendung der marxistischen Philosophie auf die wissenschaftliche Erforschung der belebten Natur zu verdanken sind, dienen ihrerseits der weiteren naturwissenschaftlichen Begründung und Entwicklung des dialektischen Materialismus."[50] Ebenso wandte sich Platanov gegen alle antimarxistischen Strömungen und verteidigte den Lyssenkoismus, ohne allerdings, wie Wolf-Ernst Reif resümiert, „auf die Schwierigkeiten einzugehen, die der (Neo-)Lamarckismus in den vorausgegangenen 100 Jahren hatte. Der Artikel ist ein Musterbeispiel marxistisch-lyssenkoistischer Argumentation und Polemik, als Informationsquelle für diese Strömung ist er jedoch nicht geeignet, da das Literaturverzeichnis relativ knapp ist."[51]

Heberers Dokumentensammlung von 1959 – wie erwähnt der dritte konkrete Beitrag zum Jubiläumsjahr – ist vielleicht der originellste Beitrag, weil er eben auch Darwins Beziehung zu Wallace thematisiert. Heberer wählte – in Anlehnung an Meyers Sammlung von 1870[52] – neun Schlüsseldokumente aus und brachte diese auszugsweise zum Abdruck, versehen mit einer immer noch lesenswerten Einleitung:

1. Charles Darwin, „Auszüge aus dem ersten Notizbuch, geschrieben vom Juli 1837 bis Februar 1838" (mit Schriftbild);
2. Charles Darwin, „Inhaltsübersicht der Skizze über seine Theorie aus dem Jahre 1844";
3. „Brief der Herren Charles Lyell und Jos. D. Hooker an die Linnean Society, London, vom 30. Juni 1858";

---

[49] G. W. Platanov, „Die philosophische Bedeutung der Lehre von Charles Darwin", in: Schwarz (Hg.), *Fragen der Evolution*, S. 223.
[50] Platanov, „Die philosophische Bedeutung der Lehre von Charles Darwin", S. 225.
[51] Reif, „Deutschsprachige Evolutions-Diskussion im Darwin-Jahr 1959", S. 377.
[52] Meyer (Hg.), *Charles Darwin und Alfred Russel Wallace. Ihre ersten Publikationen über die „Entstehung der Arten" nebst einer Skizze ihres Lebens und einem Verzeichnis ihrer Schriften.*

4. Charles Darwin, „Auszug aus einem Briefe an Professor Asa Gray vom 5. September 1857";

5. Charles Darwin, „Auszug aus einem unveröffentlichten Werke über den Artbegriff";

6. Alfred Russel Wallace, „Über die Tendenz der Varietäten, unbegrenzt von dem Originaltypus abzuweichen";

7. Alfred Russel Wallace, „Über das Gesetz, welches das Entstehen neuer Arten reguliert hat";

8. Charles Darwin, „Einleitung, Inhaltsverzeichnis und Schlußworte zu dem Hauptwerk *Über die Entstehung der Arten …* von 1844";

9. Alfred Russel Wallace, „Zur Kenntnis der Abschnitte aus Malthus' *Prinzipien der Bevölkerung*, welche die Idee der Natürlichen Auslese Darwin und mir selbst eingaben". [53]

Die Textauswahl des vorliegenden Bandes geht über die Editionen Meyers und Heberers hinaus, insofern hier neben den Ausschnitten aus Briefen an John St. Henslow nunmehr insgesamt vier zentrale Gesamttexte zur Entwicklung der Erde und der Evolution der Arten erstmals in deutscher Sprache abgedruckt und kommentiert werden.

8.2   Das Darwin-Jahr 1959 in Gesellschaften und Akademien

Das Darwin-Jubiläum wurde 1958/59 auch international von Gesellschaften und Akademien feierlich begangen. Bereits am 1. Juli 1958 feierte die Linnean Society in London mit der Enthüllung einer Ehrentafel den hundertsten Jahrestag der ersten gemeinsamen Mitteilung von Charles Darwin und Alfred R. Wallace über ihre Ansichten zur Theorie der Evolution durch natürliche Selektion. [54] Zur Hundertjahrfeier 1958 verlieh die Linnean Society dann auf einer Veranstaltung am 15. Juli 1958 Silberne Darwin-Wallace-Medaillen an 20 herausragende Wissenschaftler; wobei die Veranstaltung sowohl dem Darwin-Wallace-Jubiläum als auch dem 200. Jahrestag der Publikation der 10. Auflage des *Systema Naturae* von Carl von Linné gewidmet war. Die Ausgezeichneten waren Zoologen und Botaniker, insbesondere Taxonomen, Systematiker und Genetiker, aber auch Vertreter der Paläontologie und Biogeographie. Sieben der Geehrten kamen aus Großbritannien, vier aus den USA, zwei aus Frankreich, vier aus Schweden, je einer aus der Bundesrepublik Deutschland, Belgien und der UdSSR.

---

[53] Heberer (Hg.), *Dokumente zur Begründung der Abstammungslehre*, S. 9.
[54] Vgl. dazu Darwin-Wallace Centenary Celebrations 1958. Der Text der Tafel lautet: „Charles Darwin and Alfred Russel Wallace made the first Communication / of their views on / the origin of species / by natural selection / at a meeting of the Linnean Society / on 1st July 1858/ 1st July 1958".

Abb. 8.5 The Darwin Wallace medal of the Linnaean society (*Popular Science Monthly*, Volume 7, 1908)

Das Erscheinen von Darwins Hauptwerk *On the Origin of Species* war auch für die Leopoldina Anlass zu einer Festsitzung und zur Verleihung einer Darwin-Plakette.[55] Damit konnte die Leopoldina ihre Teilnahme am naturwissenschaftlichen Geschehen der Gegenwart in einem national und international bemerkenswerten Kontext demonstrieren sowie ein deutliches Zeichen gegen den Lyssenkoismus setzen. Mit Preisträgern aus dem anglo-amerikanischen Raum, aus Deutschland und der Sowjetunion wurde zudem der Versuch unternommen, Vertreter aus den verschiedenen Entstehungszentren der Synthetischen Theorie der Evolution international ausgewogen zu berücksichtigen. Die ausgewählten Fächer orientieren sich ebenfalls an dem für die neue Betrachtungsweise charakteristischen Fächerkanon.[56]

8.3 Ausblick

Wolf-Ernst Reif hat im Jahr 2000 resümierend auf die Bedeutung der Sammelbände, Festschriften und Reprints in der Rezeptionsgeschichte der Darwinschen Theorie hingewiesen. Sie dienen der Öffentlichkeitsarbeit zur Information gebildeter Laien, geben eine Bilanz der modernen Diskussion der Evolutionstheorie, würdigen das Lebenswerk Darwins (wobei natürlich immer wieder betont wurde, dass Darwin mit seinen theoretischen Annahmen weitgehend recht behalten habe) und führen vor, wie sich die Evolutionstheorie auf verschiedene biologische Disziplinen befruchtend ausgewirkt hat

---

[55] Michael Kaasch, Joachim Kaasch und Uwe Hoßfeld, „Verdienste in Evolutionsforschung und Genetik", in: *Acta Historica Leopoldina* 46 (2006), S. 333–427.
[56] Kaasch, Kaasch und Hoßfeld, „Verdienste", in: *Acta Historica Leopoldina* 46 (2006), S. 333–427.

(einige von ihnen entstanden im Gefolge der Evolutionstheorie neu bzw. bekamen eine neue theoretisch-methodologische Basis).

Reif fährt fort: „Es zeigt sich, daß die Vertreter der verschiedenen Generationen und Disziplinen in unterschiedlichem Maße an die alten internalistischen und neolamarckistischen Evolutionstheorien gebunden waren und daß ein radikaler Paradigmawechsel zur Synthetischen Theorie nur selten zu beobachten ist. Die Vertreter der alten Theorien äußerten sehr unterschiedliche Reserven gegenüber der Synthetischen Theorie. Diese Reserven sind alle aber letztlich auf metaphysische Überzeugungen (Bild der Natur, Bild der Evolution, Selbstverständnis des Evolutionstheoretikers, Rolle von Zufall und Determinismus im Naturgeschehen etc.) zurückzuführen, hätten also gar nicht widerlegt, sondern nur durch einen Paradigmawechsel umgekrempelt werden können."[57]

---

[57] Reif, „Deutschsprachige Evolutions-Diskussion im Darwin-Jahr 1959", S. 387–388.

Positionen der Forschung

9

An dieser Stelle ist es nicht möglich, alle Positionen und derzeitigen Forschungsleistungen auf dem Gebiet der Theorie und Geschichte der Evolutionsbiologie der letzten Jahrzehnte zu würdigen. Vielmehr sollen exemplarisch einige wenige Beispiele angeführt werden, die die Vielfalt der Trends in der Forschung aufzeigen und mit dem Thema des Buches unmittelbar in Verbindung stehen. Hauptarbeitsgebiete (insbesondere in den letzten 20 Jahren) waren im deutschen Sprachraum unter anderem:

1. die Beschäftigung mit der Geschichte, Theorie und Methodik der Synthetischen Theorie der Evolution;
2. Analysen und Forschungsprojekte zu biowissenschaftlichen Fachdisziplinen wie Evolutionäre Morphologie, Entwicklungsbiologie (Evo-Devo), biologische Anthropologie usw.;
3. die Erforschung des Antidarwinismus und der alternativen Evolutionstheorien,
4. „Evolution und Schöpfung", das heißt eine Auseinandersetzung mit den Argumenten des Kreationismus und den Thesen des „Intelligent Design" (ID);
5. die Herausgabe von Lehrbüchern, Sammelbänden, Reprints, Übersichtsdarstellungen sowie Sonderheften zum Thema „Evolution";
6. die Verankerung von Arbeitsgruppen in Fachverbänden wie beispielsweise dem Verband Biologie, Biowissenschaften und Biomedizin in Deutschland e. V. (VBio) oder der Deutschen Zoologischen Gesellschaft (DZG),
7. die Biographik einzelner Persönlichkeiten der Geschichte der Evolutions- und Entwicklungsbiologie.

9.1 Synthetische Theorie der Evolution

Seit etwa Mitte der 1990er Jahre hat im deutschen Sprachraum die Beschäftigung mit der Evolutionsbiologie einen erfreulichen Aufschwung genommen, wobei zunächst die Synthetische Theorie der Evolution im Vordergrund des Interesses stand. Ihre Entstehung ist dem russisch-amerikanischen Genetiker Theodosius Dobzhansky mit seinem

U. Hoßfeld, L. Olsson (Hrsg.), *Charles Darwin*, Klassische Texte der Wissenschaft,
DOI 10.1007/978-3-642-41961-4_9, © Springer-Verlag Berlin Heidelberg 2014

Buch *Genetics and the Origin of Species* von 1937 zu verdanken.[1] Der englische Zoologe Julian Huxley bezeichnete dann 1942 in seinem Buch *Evolution. The Modern Synthesis* den damals erzielten Konsens als „Moderne Synthese"[2] (obwohl der sowjet-russische Biologe Nikolai Bucharin auf einer dem 50. Todestag Darwins gewidmeten Sitzung bereits 1932 vom Darwinismus als „Synthetischer Theorie der Evolution" gesprochen hatte[3]). Dobzhanskys Initialzündung folgten fünf Jahre später der deutsch-amerikanische Systematiker Ernst Mayr mit dem Werk *Systematics and the Origin of Species*[4], der amerikanische Paläontologe George G. Simpson mit der Abhandlung *Tempo and Mode in Evolution*[5], der amerikanische Botaniker George L. Stebbins mit dem Werk über *Variation and Evolution in Plants*[6], die deutschen Zoologen Gerhard Heberer mit dem Sammelwerk *Die Evolution der Organismen. Ergebnisse und Probleme der Abstammungsgeschichte*[7] und Bernhard Rensch mit *Neuere Probleme der Abstammungslehre. Die transspezifische Evolution.*[8] Diese Autoren werden heute als „architects" der Modernen Synthese bezeichnet; deren Gründungszeitraum wird ungefähr auf die Jahre zwischen 1937 bis 1950 datiert.[9] Die internationale Rezeption und Aufarbeitung der Ideen der Modernen Synthese erfolgte in den letzten Jahren so asymmetrisch, dass es unter Wissenschaftlern zu einer Reihe von Missverständnissen, Fehlinterpretationen und einseitigen Sichtweisen kam. Bis in die Mitte der 1990er Jahre bestand in der wissenschaftshistorischen Analyse der Ereignisse ein Ungleichgewicht zwischen dem anglo-amerikanischen und dem deutschen bzw. sowjet-russischen Sprachraum. Ein vorläufiger „Höhepunkt" dieser Entwicklung war die Äußerung der amerikanischen Wissenschaftshistorikerin Betty V. Smocovitis in ihrem Buch *Unifying Biology. The Evolutionary Synthesis and Evolutionary Biology*: „[…] the evolutionary synthesis was primarily an American (to some extent, an Anglo-American) phenomenon."[10] Neuere Forschungen in den letzten Jahren haben ergeben, dass diese Sichtweise stark modifiziert werden muss. Neben zahlreichen Publikationen zum diesem Thema[11] haben insbesondere die 1996 in Tübingen (Gab es eine Moderne Synthese im deutschen Sprachraum?), 1997 in

---

[1] Theodosius Dobzhansky, *Genetics and the Origin of Species*, New York 1937.
[2] Julian S. Huxley, *Evolution. The Modern Synthesis*, London 1942.
[3] I. Nikolai Bucharin, „Darwinizm i Marxizm", in: P. I. Valeskaln, B. N. Tokin (Hg.), *Utschenie Ch. Darvina i marksizm-leninizm*, Moskau 1932, S. 34–61; in: Uwe Hoßfeld und Rainer Brömer (Hg.), Darwinismus und/als Ideologie, S. 127–155.
[4] Ernst Mayr, *Systematics and the Origin of Species*, New York 1942.
[5] George Gaylord Simpson, *Tempo and Mode in Evolution*, New York 1944.
[6] George L. Stebbins, *Variation and Evolution in Plants*, New York 1950.
[7] Heberer, *Probleme der Abstammungsgeschichte*.
[8] Bernhard Rensch, *Neuere Probleme der Abstammungslehre. Die transspezifische Evolution*, Stuttgart 1947.
[9] Mayr und Provine (Hg.), *The Evolutionary Synthesis*; Thomas Junker, *Die zweite Darwinsche Revolution. Geschichte des Synthetischen Darwinismus in Deutschland 1924 bis 1950*, Marburg 2004.
[10] Betty V. Smocovitis, *Unifying Biology. The Evolutionary Synthesis and Evolutionary Biology*, Princeton 1996, S. 147.
[11] Detaillierte Übersicht auf der CD-ROM in: Junker, *Die zweite Darwinsche Revolution*, sowie in Reif et al., „The Synthetic Theory", *Theory in Biosciences* 119.

Göttingen (Evolutionsbiologie von Darwin bis heute) und 1999 in Regensburg (Darwinismus und/als Ideologie) veranstalteten internationalen Workshops zur Konsensfindung beigetragen.[12]

9.2 Evolutionäre Entwicklungsbiologie (Evo-Devo)

Seit etwa 30 Jahren ist eine neue Fachdisziplin mit der Bezeichnung „Evo-Devo" („Evolution and Development") in den Fokus der Biowissenschaften und Evolutionsbiologie gerückt, eine Fachwissenschaft, die es sich zur Aufgabe gemacht hat, die Bereiche von Entwicklungsbiologie und Evolutionsbiologie (analog einer früheren Evolutionären Morphologie oder Evolutionären Embryologie) zu verbinden.[13] Ein Blick in die Biologiegeschichte zeigt, dass in der Entwicklungsbiologie die wesentlichen Fragestellungen vergangener Tage bis heute weitgehend gleichgeblieben sind, obwohl das Fach eine lange, bewegte Entwicklung nahm.[14] Die Kernfragen der Entwicklungsbiologie haben sich im Laufe der Zeit kaum geändert, nur wurden die Antworten immer präziser. Einige wesentliche Fragestellungen sind die nach der

1. *Differenzierung:* Wie entstehen aus einer Eizelle die verschiedenen Zelltypen im adulten Organismus?
2. *Morphogenese:* Wie entstehen aus den verschiedenen Zelltypen organisierte Gewebe und Organe?
3. *Wachstumskontrolle:* Woher „wissen" Zellen, wann und wie oft sie sich teilen müssen, damit Organe definierter Größe entstehen?
4. *Reproduktion:* Wie entstehen Keimzellen, um die genetische Information zur Bildung eines Organismus von Generation zu Generation weiterzugeben?
5. *Evolution und Entwicklung:* Wie führen Änderungen während der Entwicklung eines Organismus zur Entstehung und Bewahrung neuer Körperformen?

Die Erfolge der Molekulargenetik haben nun die Entstehung einer Entwicklungsgenetik befördert, die in einer neuen Synthese mit dem „synthetischen Darwinismus" (der Synthetischen Theorie der Evolution) schließlich die *Evolutionäre Entwicklungsbiologie,*

---

[12] Junker und Engels, *Die Entstehung der Synthetischen Theorie*; Brömer, Hoßfeld und Rupke, *Evolutionsbiologie von Darwin bis heute;* Hoßfeld und Brömer, *Darwinismus und/als Ideologie.*
[13] Rudolf A. Raff und Thomas C. Kaufmann, *Embryos, Genes and Evolution,* New York 1983; Rudolf A. Raff, *The Shape of Life. Genes, Development and the Evolution of Animal Form,* Chicago 1996; Scott F. Gilbert, *Developmental biology,* Sunderland 72003; Sahotra Sarkar und Jason Scott Robert, Special Issue to Evolutionary Developmental Biology, in: *Biology & Philosophy* 18 (2003), S. 209–389.
[14] Lennart Olsson und Uwe Hoßfeld, „Die Entwicklung: Die Zeit des Lebens. Ausgewählte Themen zur Geschichte der Entwicklungsbiologie", in: Ekkehard Höxtermann und Hartmut H. Hilger (Hg.), *Lebenswissen. Eine Einführung in die Geschichte der Biologie,* Rangsdorf 2007; Uwe Hoßfeld und Lennart Olsson, „Entwicklung und Evolution – ein zeitloses Thema", *Praxis der Naturwissenschaften* 57 (2008), S. 4–8.

kurz *Evo-Devo*, hervorgebracht hat. Als Grundfragen der evolutionären Entwicklungsbiologie[15] lassen sich formulieren:

1. Wie sind Ursprung und Evolution in der Embryonalentwicklung zu erklären?
2. Wie führen Modifikationen von Entwicklungsprozessen zur Herausbildung neuer Merkmale?
3. Wie ist die adaptive Plastizität der Entwicklung in der Evolution von Lebenszyklen zu erklären?
4. Wie beeinflußt die Ökologie die Entwicklung, und wie ruft sie dabei evolutionäre Veränderungen hervor?[16]
5. Was sind die entwicklungsbiologischen Grundlagen von Homologie und Analogie?

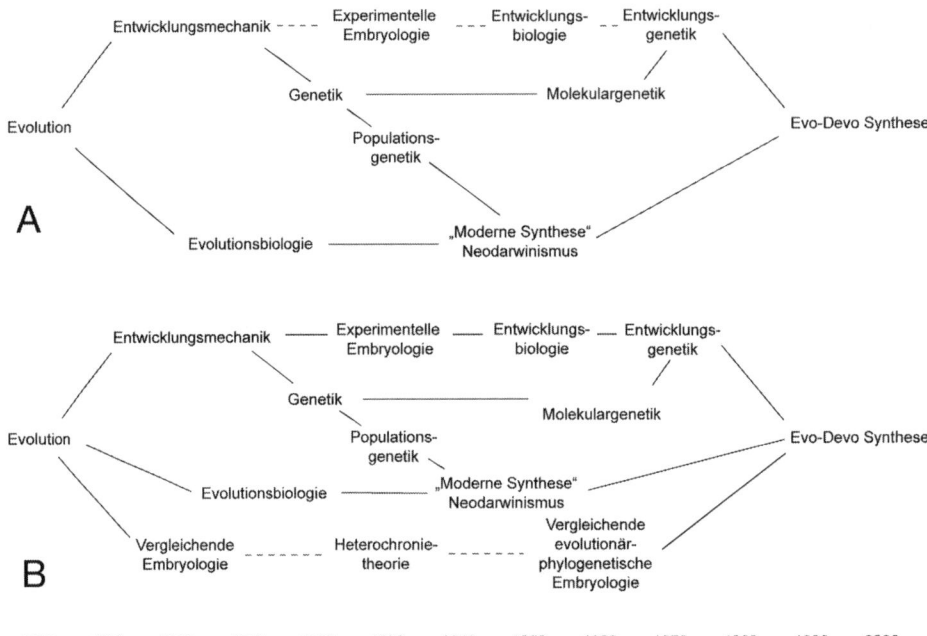

Abb. 9.1 Historische Entwicklung der Beziehungen zwischen Evolutions- und Entwicklungsbiologie. Privat

9.3   Antidarwinismus und alternative Evolutionstheorien

Ein weiterer Forschungsschwerpunkt der letzten Jahre galt der Erforschung des Phänomens des „Antidarwinismus". Wie die Historie der Evolutionsbiologie zeigt, wurden die Haupteinwände gegen die Darwinschen Theorien nicht erst Jahre oder Jahrzehnte spä-

---

[15] Brian K. Hall, „Evo-devo or devo-evo – does it matter?", in: *Evol. Develop* 2 (2000), S. 177–178.
[16] Scott F. Gilbert & David Epel (2009) „Ecological Developmental Biology".

ter, sondern gleich nach ihrer Veröffentlichung[17] von zahlreichen Gelehrten vorgetragen. So bezweifelte man beispielsweise den adaptiven Charakter der Evolution, die Allmählichkeit der evolutiven Veränderungen sowie den ungerichteten Charakter der Variation. Erklärungskonzepte, welche darwinistische Prinzipien explizit als Evolutionsmodelle ablehnten, sowie damit verwandte Argumente führten zur Entstehung von Evolutionstheorien, die eine Alternative zum Darwinismus bieten sollten.[18] Insbesondere nach Darwins Tod im Jahre 1882 führten Anhänger und Kritiker des darwinistischen Evolutionsgedankens vielfältige Auseinandersetzungen, die weit bis ins 20. Jahrhundert hineinreichen sollten. Zwischen 1859 und der Jahrhundertwende ging es den Evolutionsforschern in erster Linie um das Beweisen der Evolution und die Erstellung von Stammbäumen. Der Schwerpunkt lag also in der phylogenetischen Forschung. In der Zeit danach, etwa bis zur Begründung der Synthetischen Theorie der Evolution, standen hingegen Kausalfragen der Evolution, etwa die Problemfelder der direkten bzw. indirekten Vererbung, der Rolle von Mutation, Isolation, Selektion und geographischen Isolation oder Fragen zum Verlauf der Evolution im Vordergrund. Dabei musste die Rekonstruktion der Evolutionsgeschichte, unter anderem aufgrund der lückenhaften und manchmal auch widersprüchlichen Daten aus Paläontologie, vergleichender Anatomie und Morphologie, Biogeographie, Systematik und Genetik vorläufig und spekulativ bleiben.[19] Diese Kontroversen um den Darwinismus nährten das Selbstbewusstsein alternativer Evolutionstheorien. So galt zu Beginn des 20. Jahrhunderts die darwinistische Selektionstheorie nur als eine von zahlreichen mehr oder weniger plausiblen Vorstellungen über den Mechanismus der Evolution.[20] Hinzu kam, dass jedes Land und jeder einzelne Zweig der Biologie Traditionen, Eigenheiten und Spezifika entwickelt hatte, die sich zum Teil hemmend, zum Teil fördernd auf die nationale Entwicklung der Naturwissenschaften auswirkten.[21] Die Blütezeit solcher alternativen Evolutionstheorien war (besonders in Deutschland) das erste Drittel des 20. Jahrhunderts, in dem sie in der Wissen-

---

[17] Charles Darwin, *On the Origin of Species by Means of Natural Selection, or the Preservation of Favoured Races in the Struggle for Life*, London 1859.

[18] Georg Levit, Kay Meister und Uwe Hoßfeld, „Alternative Evolutionstheorien", in: Ulrich Krohs und Georg Toepfer (Hg.), *Philosophie der Biologie. Eine Einführung*, Frankfurt/M. 2005, S. 267–286; Kay Meister, Georg Levit, Uwe Hoßfeld und Olaf Breidbach, „Eine alternative Evolutionsbiologie", in: *Forschung. Das Magazin der Deutschen Forschungsgemeinschaft* 4 (2006), S. 10–12; Georg Levit, Kay Meister und Uwe Hoßfeld, „Alternative Evolutionary Theories. A Historical Survey", in: *Journal of Bioeconomics* 10 (2008), S. 71–96; Georgy S. Levit, Uwe Hoßfeld und Nicolaas Robin, „Le darwinisme en cause. Essai de synthèse des théories alternatives", in: *Jahrbuch für Europäische Wissenschaftskultur* 4 (2009), S. 243–266; Georgy S. Levit, Uwe Hoßfeld und Ulrich Witt, „Can Darwinism Be ‚Generalized' and of What Use Would This Be?", in: *Journal of Evolutionary Economics* 21 (2011), S. 545–562; Georgy S. Levit, und Uwe Hoßfeld, „Darwin without borders? Looking at ‚generalised Darwinism' through the prism of the ‚hourglass model'", *Theory in Biosciences* 130 (2011), S. 299–312.

[19] Stephen J. Gould, *Ontogeny and Phylogeny*, Cambridge, London 1977; ders., *The Structure of Evolutionary Theory*, Cambridge 2002.

[20] Junker und Hoßfeld, *Die Entdeckung der Evolution*.

[21] Peter J. Bowler, *Evolution. the History of an Idea*, Berkeley, Los Angeles u. a. 1989; Ernst Mayr, *The Growth of Biological Thought*, Cambridge 1982.

schaftslandschaft auftraten und konzeptionelle Reife erreichten. Orthogenese, Saltationismus, Mutationismus, Idealistische Morphologie, Nomogenese, Neolamarckismus
usw. sind nur einige von ihnen.

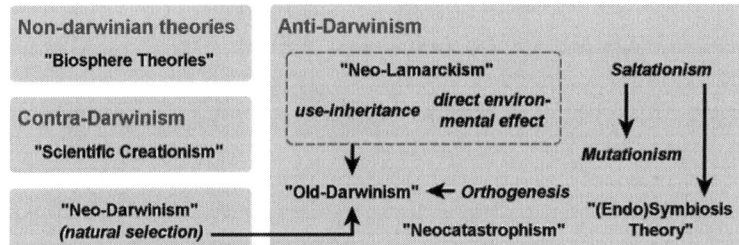

Abb. 9.2 The space of logical possibilities. Levit, G. S. & Hoßfeld, U.: Darwin without borders?
Looking at „generalised Darwinism" through the prism of the „hourglass model". *Theory Biosci.*
(2011), 130, 303

Das Verständnis solcher Theorien setzt nun aber auch eine klare Abgrenzung von den
„darwinistischen" Theorien und Modellen voraus, zu denen sie eine Alternative bieten
sollten. Das Problem der Abgrenzung einzelner Konzepte von einem Evolutionsmodell
darwinistischer Prägung schien mit der Etablierung der Synthetischen Theorie in den
1930er Jahren eine Lösung zu finden. Die Anhänger des synthetischen Ansatzes entwickel-
ten aus Einzelaspekten des darwinistischen Evolutionsgedankens eine kohärente Theorie,
welche sich auf folgende drei Eckpfeiler stützte: 1. die natürliche Selektion als wichtigsten
richtenden Faktor, 2. die Mutation und Rekombination als Grundlage der Variation, also
die Integration der Genetik, sowie 3. die geographische Isolation unter anderem als sepa-
rierenden Mechanismus.[22] Dabei diente der „*Origin-of-species*-Darwinismus" der Synthese
als argumentatives Vorbild und paradigmatischer Rahmen ihres Forschungsprogramms.
Die „Architekten der Synthese" formten einen Traditionsstrang, an dem sich ex negativo
auch die alternativen Evolutionstheorien orientierten. Freilich wurden die Theorien Darwins durch den Zusammenschluss mit der zeitgenössischen Genetik nicht nur vertieft und
präzisiert, sondern auch begrenzt; so wurde das Konzept der Vererbung erworbener Eigenschaften aus dem Darwinismus ausgeschieden. Levit et al. haben im Jahr 2005 folgende
Einteilung der alternativer Evolutionstheorien vorgeschlagen:

1. „*Kontradarwinistische Theorien* sind die Theorien, welche die fundamentalen (meta-
   methodologischen) Grundlagen des Darwinismus negieren. Hierzu gehören der ‚wissenschaftliche' Kreationismus und die idealistische Morphologie. Beide lehnen die
   fortwährende Kausalität des Evolutionsvorgangs ab. Diese Theorien sind (unabhängig
   von der Frage ihrer Wissenschaftlichkeit) aus der Geschichte der Evolutionsbiologie

---

[22] Junker, *Die zweite Darwinsche Revolution.*

nicht wegzudenken und müssen in wissenschaftshistorischer Perspektive als ein Teil des theoretischen Geschehens betrachtet werden. Den Namen ‚kontradarwinistisch‘ verdanken sie der Tatsache, dass sie den Darwinismus als kontradiktorische Theorie betrachten, da er gerade die Zufallsnatur des evolutiven Verlaufs betont.

2. *Antidarwinistische Theorien* gehen ebenso wie der Darwinismus davon aus, dass die Evolution ein kausal gesteuerter, natürlicher Vorgang ist. Jedoch werden die Evolutionsfaktoren anders interpretiert. Während der Darwinismus beispielsweise die Zufallsnatur der Variationen voraussetzt, postulieren die Anhänger der Orthogenese eine ‚Gerichtetheit‘ der Variationen. Zu den antidarwinistischen Theorien zählen neben der Orthogenese-Theorie der Saltationismus sowie der Neo-Lamarckismus.

3. *Nichtdarwinistische Theorien* schlagen einen zusätzlichen evolutionären Mechanismus vor, der parallel zu den darwinistischen Prinzipien wirken soll. Hierher gehören die Theorien, welche die Biosphäre als ein selbstregulierendes System betrachten."[23]

Es wird deutlich, dass alle alternativen Evolutionstheorien zumindest Teile des darwinistischen Ideengebäudes integrieren. Die Frage lautet in der Regel nicht, ob Selektion, Variation und Isolation stattgefunden haben, sondern in welchem Ausmaß diese Prozesse Einfluss auf die Evolution besitzen und wo und auf welcher systemischen Ebene des Formenwandels sie angreifen; außerdem, ob es Bereiche des Evolutionsgeschehens gibt, die darwinistischen Erklärungsmustern unzugänglich bleiben. Alternative Evolutionstheorien haben in der Geschichte der Evolutionsbiologie des 20. Jahrhunderts eine bedeutende Rolle gespielt. Ihre kritischen Angriffe auf den Darwinismus haben zur argumentativen Schärfung sowie zu einer präziseren Selbstdefinition des modernen Darwinismus beigetragen. Mit der endgültigen Durchsetzung der Synthetischen Theorie traten die Alternativtheorien jedoch zunehmend in den Hintergrund und standen zuletzt im Schatten eines dominierenden Forschungsprogramms.

9.4 Evolution und/oder Schöpfung

Angesichts eines wachsenden religiösen Fundamentalismus, des wiedererstarkenden Kreationismus und der „Intelligent-Design"-Bewegung in Europa (Polen, Italien, BRD, Türkei) sowie in den USA muss in diesem Zusammenhang auch die Renaissance der Religion(en) thematisiert werden; man denke an die Forderung nach einer Verankerung der Schöpfungslehre im Biologieunterricht. Neben zahlreichen Zeitschriftenaufsätzen[24] dokumentieren gerade mehrere in den letzten Jahren erschienene Sammelbände zu diesem Thema eindrucksvoll die aktuelle Bandbreite der Diskussion.[25]

---

[23] Levit, Meister und Hoßfeld, „Alternative Evolutionstheorien", S. 281–282.
[24] www.evolutionsbiologen.de.
[25] Ulrich Kutschera (Hg.), *Streitpunkt Evolution. Darwinismus und Intelligentes Design*, Münster 2004; ders. (Hg.), *Kreationismus in Deutschland. Fakten und Analysen*, Münster 2007; Erich Steitz und

Abb. 9.3 Apotheose des Entwicklungsgedanken. Zeichnung von Gabriel Max und Ernst Haeckel, Erstes Beiheft zu der Sammlung Wanderbilder, Serie I–III, 1905

Manfred Müller, *Evolution oder Schöpfung? Aspekte zum Menschenbild*; Hamburg 2006; Stephan O. Horn und Siegfried Wiedenhofer (Hg.), *Schöpfung und Evolution. Eine Tagung mit Papst Benedikt XVI. in Castelgandolfo*, Augsburg 2007; Ulrich Körtner und Marianne Popp (Hg.), *Schöpfung und Evolution – zwischen Sein und Design. Neuer Streit um die Evolutionstheorie*, Wien 2007; Joachim Klose und Jochen Oehler (Hg.), *Gott oder Darwin*, Heidelberg 2008; Christian Kummer, *Der Fall Darwin. Evolutionstheorie contra Schöpfungsglaube*, München 2009; Uwe Hoßfeld, Regina Radlbeck-Ossmann und Lennart Olsson, „Pope acknowledges Genesis is only partly historical already in 1909", in: *Annals of the History and Philosophy of Biology*, Vol. 15 (2012), S. 371; Ulrich Kutschera, *Design-Fehler in der Natur. Alfred Russel Wallace und die Gott-lose Evolution*, Berlin 2013; Uwe Hoßfeld, „Protestantismus und Monismus – Das Beispiel Ernst Haeckel", in: *Spurenlese. Kulturelle Wirkungen der Reformation*, Leipzig 2013, S. 219–241. Weiterführend vgl. ebenso www.evolutionsbiologen.de; http://de.wikipedia.org/wiki/Evolutionsbiologie.

Zu Beginn des 20. Jahrhunderts galt die darwinistische Selektionstheorie als nur eine der mehr oder weniger plausiblen Vorstellungen über den Mechanismus der Evolution.[26] Das Konzept selbst war strittig, und aufgrund fehlender Kausalanalysen gewannen auch bei den Befürwortern der Evolutionslehre weltanschauliche Positionen in der innerwissenschaftlichen Diskussion zunehmend an Bedeutung. Nach Emanuel Rádl ist es sogar dieser weltanschaulichen Positionierung überhaupt zu verdanken, dass die Evolutionslehre die kritische Periode im beginnenden 20. Jahrhundert überlebt hat.[27] Prominentes Beispiel dieser wissenschaftsinternen Ideologisierung der Evolutionslehre ist Ernst Haeckel, der mit seinem 1906 gegründeten Deutschen Monistenbund (bis 1933) eine quasireligiöse Vereinigung zur Durchsetzung der Evolutionslehre gründete und 1907 mit dem Phyletischen Museum in Jena eine der Propagierung der Evolutionslehre dienende Organisationsstätte schuf.[28] Klerikale Kreise antworteten prompt mit der Gegengründung des sogenannten Kepler-Bundes (1907–1941), der analog in Godesberg ein kreationistisches Museum gründete, das von den Nationalsozialisten aufgelöst wurde.[29] Nach dem Ersten Weltkrieg adaptierten aufgeklärte Protestanten die Ideen des Monistenbundes und verbanden sie mit einem liberalen Religionsverständnis. Der Bremer Pastor Ludwig Kalthoff war denn auch erster Vorsitzender des Bundes. Damit trat der Monistenbund in eine populäre theologische Diskussion ein. Die Fülle der zwischen 1918 und 1930 erschienenen Schriften, insbesondere von Klerikern, zeigt dabei die Intensität der Auseinandersetzung mit den weltanschaulichen Positionen der Evolutionisten, einer Auseinandersetzung, deren strukturelle und ideengeschichtliche Analyse noch weitgehend aussteht.[30] Bisher wurden nur einzelne Aspekte dieser Diskussion im Kontext von Fragen der Wissenschaftspopularisierung[31] und der populärwissenschaftlichen Publizistik untersucht. Darüber hinaus fand die Propaganda des Monistenbundes immer wieder kursorisches Interesse, insofern sie für das Klima des intellektuellen Diskurses nach 1918 charakteristisch schien. Immerhin war seine Organisation derart straff, dass ihn sich die Freimaurer-Loge „Zur aufgehenden Sonne" nach 1918 zum organisatorischen Vorbild nahm.[32]

In dieser (auch innerhalb der Wissenschaft) weltanschaulich aufgeladenen Diskussion gewannen kreationistische Positionen – insbesondere in den Reihen der deskriptiv arbei-

---

[26] Junker und Hoßfeld, *Die Entdeckung der Evolution.*

[27] Tomas Hermann und Anton Markos (Hg.), *Emanuel Rádl – Scientist and Philosopher*, Praha 2004.

[28] Martin S. Fischer, Gunnar Brehm und Uwe Hoßfeld, *Das Phyletische Museum in Jena*, Gera 2008.

[29] Heiko Weber, *Monistische und antimonistische Weltanschauung. Eine Bibliographie*, Berlin 2000; Paul Ziche (Hg.), Monismus um 1900, Berlin 2001; Hoßfeld, *Geschichte der biologischen Anthropologie; Jahrbuch für europäische Wissenschaftskultur* 3 (2007).

[30] Vgl. hierzu die 10.000 Bände umfassende Frühdarwinismusbibliothek im Ernst-Hackel-Haus in Jena.

[31] Rosemarie Nöthlich, Olaf Breidbach und Uwe Hoßfeld, „„Was ist die Natur?' Einige Aspekte der Wissenschaftspopularisierung in Deutschland", in: Matthias Steinbach und Stefan Gerber (Hg.), „*Klassische Universität" und „akademischen Provinz". Die Universität Jena von der Mitte des 19. bis in die 30er Jahre des 20. Jahrhunderts*, Jena 2005, S. 238–250.

[32] Hans-Detlef Mebes, „Freimaurerische Logenkultur und Denkfreiheit – Musterfälle ‚repressiver' Toleranz bis zur Monismus-Bewegung", in: *Jahrbuch für europäische Wissenschaftskultur* 3 (2007), S. 273–351.

tenden Morphologen, Botaniker und in der deutschsprachigen Paläontologie – an Gewicht.[33] Der teilweise selbst antidarwinistisch argumentierende schwedische Biologiehis-
toriker Erik Nordenskiöld formulierte noch 1926 in seiner *Geschichte der Biologie*, dass
diese „mit der Feststellung der Auflösung des Darwinismus abschließen [könne]".[34]

Der Kreationismus geht von der Annahme aus, dass die biologische Vielfalt nicht
durch natürliche Ursachen, sondern durch Einwirkung übernatürlicher Kräfte entstanden sei. Charakteristisch für kreationistisch geprägte Theorien sind nicht mehr hinter-
fragbare Begründungen. Zu unterscheiden sind dabei ein wissenschaftlicher und ein
dogmatischer Kreationismus. Der wissenschaftliche Kreationismus, der im Zuge der
kritischen Diskussion der Evolutionslehre schon vor 1900 sich etablierte und diskutiert
wurde, erlangte in den letzten Jahren im Rahmen einer eingehenderen Aufarbeitung der
Theoriediskussion im Vorfeld der sogenannten synthetischen Theorie besondere Aufmerksamkeit.[35] Daneben, zum Teil aber eng verzahnt mit dieser innerwissenschaftlichen
Strömung, besteht ein dogmatischer Kreationismus, der sich als Glaubensaussage ebenfalls schon vor 1900 etabliert hatte, sich aber wissenschaftlicher Aussagen und wissenschaftlicher Darstellungsformen nur bedient, um fundamentalreligiöse Positionen zu
verteidigen.[36] Dabei sind die Übergänge zwischen den beiden Varianten fließend, und
dementsprechend war es bisher problematisch, in rein systematischer Betrachtung Kriterien für eine wissenschaftliche Beurteilung kreationistischer Thesen aufzustellen. Die
wissenschaftlichen Kreationisten negieren weder einen evolutiven Prozess noch die Aussagekraft der paläontologischen Ergebnisse. Jedoch werden bestimmte „Kardinalpunkte"
des evolutiven Fortschritts mit übernatürlichen Einflüssen erklärt.[37] Damit wird eine der

---

[33] Olaf Breidbach, „The former synthesis – Some remarks on the typological background of Haeckel's
ideas about evolution", in: *Theory in Biosciences* 121 (2002), S. 280–296; ders., „Post-Haeckelian Comparative Biology – Adolf Naef's Idealistic Morphology", in: *Theory in Biosciences* 122 (2003), S. 174–
193; Georg S. Levit und Kay Meister, „The History of Essentialism vs. Ernst Mayr's ,Essentialism Story':
A Case Study of German Idealistic Morphology", in: *Theory in Biosciences* 124 (2006), S. 281–307;
Georg S. Levit und Lennart Olsson, „,Evolution on Rails': Mechanisms and Levels of Orthogenesis", in:
Annals for the History and Philosophy of Biology 11 (2006), S. 97–136; Georg S. Levit und Uwe Hoßfeld,
„The Forgotten ,Old-Darwinian' Synthesis: The Theoretical System of Ludwig H. Plate (1862–1937)",
in: *Internationale Zeitschrift für Geschichte und Ethik der Naturwissenschaft, Technik und Medizin* 14
(2006), S. 9–25; Kay Meister, „Metaphysische Konsequenz – Die idealistische Morphologie Edgar
Daques", in: *Neues Jahrbuch für Geologie und Paläontologie, Abhandlungen* 235 (2005a), S. 197–233;
ders., „Wilhelm Troll (1897–1978) – Tradierung idealistischer Morphologie in den deutschen botanischen Wissenschaften des 20. Jahrhunderts", in: *History and Philosophy of the Life Sciences* 27 (2005b),
S. 221–247; ders., „Anti-Darwinismus in der Paläontologie des 20. Jh. – Die idealistische Morphologie
Oskar Kuhns (1908–1990)", in: *Jahrbuch für Europäische Wissenschaftsgeschichte* 2 (2006a), S. 11–34;
ders., „Alternative Synthese in einer ,Kritischen Biologie'? – Die idealistische Morphologie Adolf
Naefs", in: *Verhandlungen zur Geschichte und Theorie der Biologie* 12 (2006b), S. 177–208.
[34] Erik Nordenskiöld, *Die Geschichte der Biologie. Ein Überblick*, Jena 1926, S. 586.
[35] Junker und Hoßfeld, *Die Entdeckung der Evolution*.
[36] Kutschera, *Streitpunkt*; ders., *Kreationismus in Deutschland*; Ron L. Numbers, *The Creationists: The
Evolution of Scientific Creationism*; London, 1992; ders., *Darwinism comes to America*, Cambridge 1998;
Michael Ruse, *Darwin and Design: Does Evolution have a Purpose?*, Cambridge 2004; ders., *The Evoluti-
on-Creation Struggle*, Cambridge 2005.
[37] Kutschera, *Kreationismus in Deutschland*.

grundlegendsten Annahmen des Darwinismus, nämlich die einer natürlichen Entstehung des Lebens, angezweifelt. Einflussreiche Vertreter kreationistischer Evolutionstheorien im 20. Jahrhundert waren der Wittenberger Ornithologe und Pfarrer Otto Kleinschmidt sowie der Erlanger Zoologe Albert Fleischmann.

Kurz vor dem Darwin-Jahr 2009 erhielt diese Debatte mit dem Erscheinen des Buches *The God Delusion*[38] von dem streitbaren britischen Evolutionsbiologen Richard Dawkins – einer Art Generalangriff auf Glauben und Religion – neuen Zündstoff. Wie sein amerikanischer Kollege, der Philosoph Daniel Dennett, macht auch Dawkins seit einigen Jahren keinen Hehl aus der Tatsache, dass er jedwede Religion verachtet und ablehnt. Wer im heutigen wissenschaftlichen Zeitalter noch an Gott glaube, leide unter einer Art von psychotischem Wahn, gegen den es nur ein Heilmittel gebe: Wissenschaft und mit ihr eine naturalistische Aufklärung. Somit kommen – hundert Jahre nach dem Jenaer Biologen Ernst Haeckel, dem selbsternannten „Gegenpapst"[39], der 1899 in seinem Buch *Die Welträthsel*[40] Gott als „gasförmiges Wirbelthier" interpretierte – nach dem Wiedererwachen der Religion auch deren Gegner wieder lautstark zu Wort (bei Haeckel waren es die Monisten; bei Dawkins sind es die neuen Atheisten, die „brights" – Menschen mit einem naturalistischen Weltbild). Dawkins hat sich freilich nicht nur als Religionsverächter hervorgetan, sondern als brillanter Bestsellerautor von evolutionsbiologischen Büchern, die im Zehnjahresrhythmus erscheinen (*Das egoistische Gen* 1976, *Der blinde Uhrmacher* 1986, *Gipfel des Unwahrscheinlichen. Wunder der Evolution* 1996), weltweite Anerkennung erworben und so Evolution und darwinistisches Denken wieder in eine breite Öffentlichkeit getragen.

9.5 Weitere Trends

Zum Schluss sei nur noch auf einige weitere Entwicklungen hingewiesen, welche die (aktuelle) Bandbreite der Diskussion dokumentieren.

So rückte in der Darwin-Biographik (auch im Umfeld des Jubiläums 2009) dessen allgemeine Bedeutung innerhalb der Geschichte der Evolutionsbiologie wieder in den Mittelpunkt (stellvertretend sei hier auf die letzten Arbeiten von Ernst Mayr verwiesen)[41]; Horst Bredekamp interessierte sich für Darwins Korallen und deren Einfluss auf Stammbäume[42], Julia Voss untersuchte Darwins Bildwelten[43], und Eve-Marie Engels

---

[38] Richard Dawkins, *Der Gotteswahn*, Berlin 2007.
[39] Internationaler Freidenker-Kongreß in Rom 1904.
[40] Ernst Haeckel, *Die Welträthsel*, Bonn 1899.
[41] Ernst Mayr, *Das ist Evolution*, München 2003; Ernst Mayr, *Konzepte der Biologie*, Stuttgart 2005.
[42] Horst Bredekamp, *Darwins Korallen*, Berlin 2005.
[43] Julia Voss, *Darwins Bilder. Ansichten der Evolutionstheorie 1837–1874*, Frankfurt/M. 2007.

stellte erstmals einen umfassenden Zusammenhang zwischen Darwin und der Philosophie[44] her.

Auch neu konzipierte Ausstellungen, etwa im Phyletischen Museum in Jena anlässlich seines 100jährigen Bestehens[45], oder die Ausstellung „Evolution in Aktion"[46] im
Naturkundemuseum in Berlin setzen neue Maßstäbe nicht nur in der Visualisierung von
Evolutionsbiologie, sondern auch in der Stärkung von Öffentlichkeitsarbeit und außer-
schulischem Lernen.

Ebenso bedeutsam sind die seit 2001 nunmehr in mehreren Auflagen und in deutscher Sprache erschienenen Lehrbücher zur Evolutionsbiologie.[47] Damit wurde es möglich, die Evolutionsbiologie wieder an einigen Universitäten und Hochschulen im Fächerkanon zu verankern.

Schließlich sei an dieser Stelle an die Gründung der AG Evolutionsbiologie innerhalb
des Verbandes Biologie, Biowissenschaften und Biomedizin in Deutschland e. V. (Vbio,
jetzt AK Evolutionsbiologie)[48] sowie der Studiengruppe Evolutionsbiologie innerhalb der
Deutschen Zoologischen Gesellschaft (DZG) erinnert.

Nach dem „Darwin-Jahr" 2009 (150 Jahre *Origin of Species*, 200. Geburtstag) folgte
schließlich 2013 ein sog. „Wallace-Jahr", anlässlich des 100. Todestages des britischen
Gelehrten. Hier ist es insbesondere Matthias Glaubrecht und Ulrich Kutschera zu danken, mit Ihren Büchern erstmals in deutscher Sprache umfassende Abhandlungen (Biographie, Werkanalyse) zu A. R. Wallace vorgelegt zu haben. Zudem erschien unter der
Herausgeberschaft von Ulrich Kutschera und Uwe Hoßfeld ein Special Issue „Alfred
Russel Wallace (1823–1913): The forgotten co-founder of the Neo-Darwinian theory of
biological evolution" der Zeitschrift *Theory in Biosciences* 132 (2013).

---

[44] Eve-Marie Engels, *Charles Darwin*, München 2007.
[45] Fischer et al., *Das Phyletische Museum*.
[46] Matthias Glaubrecht, Annette Kinitz und Uwe Moldrzyk, *Als das Leben Laufen lernte. Evolution in Aktion*, München 2007.
[47] Volker Storch, Ulrich Welsch und Michael Wink, *Evolutionsbiologie*, Berlin, Heidelberg ²2007, ³2013; Ulrich Kutschera, Evolutionsbiologie, Stuttgart ³2008.
[48] Ulrich Kutschera und Uwe Hoßfeld, „Zehn Jahre Arbeitskreis (AK) Evolutionsbiologie im Deutschen Biologenverband", in: *Rudolstädter Naturhistorische Schriften* 18 (2012), S. 19–26.

Bearbeitet von Rita Schwertner

3   Prof. *Henslow]* John Stevens Henslow (1796–1861), Geistlicher, Botaniker, Mineraloge; Lehrer Darwins in Cambridge. Er empfahl Darwin, den ersten Band von Charles Lyells *Principles of Geology* (1830; siehe S. 3) mit auf die Reise zu nehmen In diesem Buch begründet Lyell, gestützt auf J. Hutton und K. E. A. van Hoff, den Aktualismus, also die Lehre, der zufolge die gleichen geologischen Prozesse, Kräfte, Klimafaktoren wie in der Vergangenheit auch heute wirksam sind und zu allmählichen Veränderungen führen. Damit erhielt die Geologie eine wichtige Grundlage, um in der Erforschung aktueller Vorgänge Zusammenhänge zu erkennen und Schlussfolgerungen zu ziehen.

3   *Gastropoden]* Schnecken. Von Beginn seiner Sammeltätigkeit an vergleicht Darwin seine Sammelobjekte mit bereits bekannten Formen und versucht Einordnungen vorzunehmen und Schlüsse zu ziehen.

3   *Caryophyllia]* Nelkenkorallen, Kreiselkorallen, Gattung der Steinkorallen, die kreisel- oder becherförmige Einzelpolype bilden; weltweit verbreitet und bereits aus dem Karbon bekannt. Darwins Beobachtungen weichen hier nach eigenem Bekunden von früheren Beschreibungen ab.

3   *Oktopus]* Achtarmiger Tintenfisch; hier nach Darwins Beobachtung mit der Fähigkeit, sich der Farbe des Bodens anzupassen.

3   *Felsen St. Paul]* Die Sankt-Peter-und-Sankt-Paul-Felsen liegen mitten im Atlantischen Ozean fast auf halber Strecke zwischen Südamerika und Afrika. Die Gruppe besteht aus elf Felsnadeln, die sich um eine größere Insel gruppieren. Wie auch schon auf den Kapverdischen Inseln interessierte sich Darwin hier in besonderem Maße für die Geologie. Er fand dort u. a. eine Serpentinformation vor (vgl. den folgenden Eintrag). Bereits sehr früh wurde von Forschern angenommen, dass die Gruppe vulkanischen Ursprungs sei. Eine der ersten wissenschaftlichen Untersuchungen stammt von Charles Darwin, der sich 1832 für einige Tage an den Felsen aufhielt und korrekt beobachtete, dass es dort Gesteine gab, die weder vulkanischen noch metamorphen Ursprungs waren. Das Gestein stammt nach neueren Untersuchungen aus dem Erdmantel. – Als Leitfaden für seine geologischen Erkundungen diente Darwin von Beginn seiner Reise an Lyells Werk *Principles of Geology. Being an attempt to explain the former changes of the earth's surface by Reference to causes now in operation*, 3 Bde., London 1830–1833. Darwin war darauf bedacht,

U. Hoßfeld, L. Olsson (Hrsg.), *Charles Darwin*, Klassische Texte der Wissenschaft,
DOI 10.1007/978-3-642-41961-4_10, © Springer-Verlag Berlin Heidelberg 2014

die Beschaffenheit von Gesteinen und Fossilien sowie die Schichtungsverhältnisse so genau wie möglich zu notieren. Als Darwin auf der *Beagle* reiste, war die Katastrophentheorie noch vorherrschend, zu deren Anhängern auch Darwins Lehrer Sedgwick gehörte. Lyells *Principles* stellten diese Theorie in Frage. Darwin erhielt durch dieses Werk eine Einführung in die uniformitaristische Geologie und wurde mit Lyells Argumenten gegen Lamarcks Evolutionstheorie konfrontiert.

4 *Serpentinformation]* Gesteinsbildung aus Serpentinit, so genannt wegen der oft schlangenartigen Musterung, auch Schlangenstein genannt; magnesiumhaltiges Silicat-Mineral, meist grün bis grünlich-schwarz, tritt als Blätter- oder Faserserpentin auf. Es handelt sich um ein durch Hydratation aus ultrabasischen Steinen hervorgegangenes vulkanisches Gestein.

4 *Abrothos]* Eigentlich Abrolhos, Inselgruppe ca. 70 km vor der Atlantikküste der brasilianischen Provinz Bahia, etwa in Höhe der Stadt Caravelas, bestehend aus kleinen Inseln vulkanischen Ursprungs und zahlreichen Riffen.

4 *Rio Macao]* Nördlich von Rio de Janeiro. Hier sammelte Darwin Süßwasser- und Landtiere und fand zu seiner Überraschung viele kleine noch unbekannte Käferarten (vgl. die folgenden Einträge).

4 *Hydropori]* Hydroporinae, artenreiche Gattung kleiner Schwimmkäfer (unter 6 mm), Adephaga.

4 *Hygroti]* wahrscheinlich Hygrobiidae = Feuchtkäfer, Gattung der Hydroporinae, Adephaga.

4 *Hydrobii]* größere Arten der Familie Hydrophilidae = Wasserkäfer.

4 *Pselaphi]* früher Pselaphidae, heute Pselaphinae = Palpenkäfer, zu den Kurzflügelkäfern gehörend, Polyphaga.

4 *Staphylini]* Staphylinidae = Kurzflügelkäfer, Polyphaga.

4 *Curculiones]* Curcolinidae = Rüsselkäfer, Polyphaga.

4 *Bembidia]* Bembidiini = Laufkäfer, Adephaga, meist kleine, zierliche, sehr flinke Arten, die an feuchten Orten leben. Die Käfersystematik ist bis heute wenig einheitlich. Wegen der hohen Artenzahlen (über 350.000) und der vielen Bearbeiter wird die Zahl der Familien weiterhin erhöht, besonders auch bei den Kurzflügelkäfern.

4 *Noterus]* Noteridae = Schwimmkäfer, von denen Darwin ebenfalls gleich mehrere Arten auf den Abrolhos fand.

4 *Dic. Class.]* Dictionnaire Classique d'Histoire Naturelle, 17 Bde., Paris 1822–1831.

4 *die Pegmatit- und Gneisschichten]* Pegmatite sind großkörnige, helle, magmatische Ganggesteine, die aus einer an flüchtigen Bestandteilen reichen Restschmelze entstanden sind. Gneis ist ein hauptsächlich aus den Mineralien Feldspat, Quarz und Glimmer bestehendes metamorphes Gestein, das sich bei hohen Temperaturen und hohem Druck bildet. – Metamorphose in der Geologie ist ein zusammenfassender, wahrscheinlich zuerst von Lyell 1833 verwendeter Begriff für alle Veränderungen, die Gesteine unter Beibehaltung des festen Zustandes durch Einwirkungen erleiden, die nicht an der Erdoberfläche stattfinden; Verwitterungsvorgänge und völliges Aufschmelzen gehören also nicht dazu, auch die graduell schwächere Diagenese wird davon unterschieden. Als Metamorphose werden in der Geologie all die Vorgänge bezeichnet, denen Sedimente oder magmatische Gesteine durch hohen Druck und/oder hohe Temperaturen unterliegen, wobei eine deutliche Schieferung ausge-

bildet wird. Metamorphose findet in der Regel bei Gebirgsbildungsprozessen tief in der Erdkruste statt. Erst seit Anfang des 19. Jahrhunderts trugen Geologen Beobachtungsmaterial zusammen, aus dem sich dann Teile der Erdgeschichte rekonstruieren und Vorgänge in der Erdkruste entschlüsseln ließen.

4   *dieselbe Richtung wie [...] in Kolumbien]* Dieser Zusammenhang ist heute geologisch nicht begründbar.

4   *Humboldt]* Alexander von Humboldt (1769–1859), Naturwissenschaftler. Darwin bezieht sich hier vor allem auf seine geographischen Arbeiten, die, neben weiteren Werken, auf Humboldts Südamerikareise (1799–1804) zurückgingen.

4   *Arachnidae]* Spinnen.

4   *Planarien]* Strudelwürmer.

4   *einige marine Arten derselben Gattung]* Gemeint sind im Meer lebende Arten.

4   *Oscillatoria]* Schwingalgen, Gruppe der Cyanobakterien, die das Wasser verfärben.

4   *Rio Negro]* „Schwarzer Fluss", im Oberlauf Guainia, größter linker Nebenfluss des Amazonas, ca. 2200 km lang.

5   *Rio Plata]* Spanischer Name für den fast 300 km langen und teilweise über 200 km breiten gemeinsamen Mündungstrichter der großen südamerikanischen Ströme Paraná und Uruguay. In diesem Gebiet richtete Darwin seine besondere Aufmerksamkeit auf geologische Fundstätten, an denen er zahlreiche außergewöhnliche Funde machte (vgl. S. 5). Dabei konnte er die wichtige Entdeckung machen, dass eine Reihe fossiler Säugetiere Ähnlichkeiten mit heute noch lebenden aufwies.

5   *Tarsi und Metatarsi einer Cavia]* Fußwurzelknochen und Mittelfußknochen eines Meerschweinchens.

5   *Megalonyx oder Megatherium]* Elefantengroßes eiszeitliches Riesenfaultier bzw. Riesengürteltier aus der Familie der Zahnarmen (Edentata, vgl. den folgenden Eintrag), wurde als erstes fossiles südamerikanisches Säugetier beschrieben (Cuvier 1796); am Ende des Pleistozän (das heißt vor mehr als 10.000 Jahren) ausgestorben. Bedeutende Fundstätten in Patagonien. Heute gelten Megalonyxfunde nur aus Nordamerika als bestätigt. – Darwin stellt hier einen Bezug zu noch heute in Südamerika lebenden Gürteltieren her. Er folgert aus seinen vielfältigen Beobachtungen, dass in der Vergangenheit die gleichen biologischen Prozesse abgelaufen sein müssen.

5   *Edentata]* Zahnarme, in Süd- und Nordamerika vorkommend; zu ihnen zählen Ameisenbären, Faultiere und Gürteltiere. Da an den Fundstätten ihrer fossilen Reste gleichzeitig Meeresmuscheln zu finden waren, die heutigen Arten entsprechen, fragte sich Darwin, wie es zum Aussterben so vieler Arten kommen konnte und wie ihre Aufeinanderfolge zu erklären sei.

5   *Mr. MacLeay]* William Sharp Mac Leay (1792–1865), Zoologe, Entomologe; verwaltete die Insektensammlungen des British Museum und legte eigene Sammlung an. Er entwickelte bei der Klassifikation der Käferfamilie Scarabidae ein System von „Verwandtschaftskreisen", das später auf das Vogelsystem übertragen wurde.

5   *Amphibien]* Lurche.

5   *eine schöne Bipes]* (Bipes biporus), ein kleines Reptil aus der Gattung der Handwühlen. Damals konnte man in der Systematik noch nicht genau zwischen Reptilien und Amphibien unterscheiden.

5   *Trigonocephalus]* Reptil, sogenannter Eckenkopf, Vorderkopf mit Schildern, hat
    keine Klapper und gleicht im übrigen den anderen Giftschlangen.

5   *Crotalus und Viperus]* Klapperschlange und Viper.

5   *Unter den pelagischen Krebstieren]* Also den Krebsen, welche die landferne Hoch-
    seeregion bewohnen. Die hier gelagerten pelagischen Sedimente sind nicht mehr di-
    rekt vom Festland abhängig. Das Pelagial (Freiwasserraum) wird nach den unter-
    schiedlich belichteten Zonen eingeteilt.

5   *Zoophyten]* Bezeichnung für festsitzende Hohltiere, heute Coelenteraten.

5   *Flustra]* Kreiswirbler, Gattung der Moostierchen (als Beispiel für Zoophyten). Dar-
    win nahm an, dass sie mit den Manteltieren verwandt sein könnten, wobei er fast als
    einziges gemeinsames Merkmal den durchsichtigen Körper fand.

5   *Salpa]* Salpen = Feuerwalzen, Gruppe der Manteltiere.

6   *Zoea]* Krebslarve, eine bei der Mehrzahl der Dekapoden (Crustacea) auftretende und
    direkt aus dem Ei schlüpfende „Larve".

6   *Erichthus]* Erichthuslarve nennt man ein Larvenstadium, das von bestimmten Heu-
    schreckenkrebsen (Stomatopoda) durchlaufen wird und sich wesentlich von Larven
    anderer Gattungen unterscheidet.

6   *Dekapode]* Zehnfüßer, Krebs.

6   *Cephalopoden]* Kopffüßer; zu ihnen gehören etwa Tintenfische.

6   *Tribus der Korallentiere]* Großgruppe in der zoologischen Systematik. Die Meeres-
    tierwelt war zu dieser Zeit noch kaum erforscht, so dass eine Zuordnung der zahlrei-
    chen Arten und Larvenformen kaum möglich war. Die wissenschaftliche Meeresbio-
    logie entwickelte sich intensiv erst ab der Mitte des 19. Jahrhunderts.

6   *Terebratula]* Gruppe der ausgestorbenen Brachiopoden (Armfüßer), glattschalig,
    ausschließlich marin, hauptsächlich in der Schelfzone, aber auch in großen Tiefen,
    von Darwin in einer Schicht Glimmersandstein gefunden. – Wegen ihrer Bedeutung
    als Leitfossilien fand Darwin es sehr interessant, die Funde mit den ältesten in Euro-
    pa zu vergleichen. Als Leitfossilien oder Indexfossilien werden tierische oder
    pflanzliche Versteinerungen von kurzlebigen Arten oder Gattungen bezeichnet, die
    in weiter Verbreitung vorkommen und möglichst weitgehend unabhängig von der
    Schicht sind, in der sie lagern. Leitfossilien aus tieferliegenden Schichten sind in der
    Regel älter; nach dieser Überlegung konnte eine Altersfolge der Sedimentgesteine
    aufgestellt werden. Damit sind solche Fossilien für einen bestimmten Zeitabschnitt
    leitend. Das Prinzip der Leitfossilien hatte der Landvermesser William Smith um
    1800 erkannt und begründete 1817 die Stratigraphie. Die enge Wechselwirkung von
    Biologie und Geologie wird hier besonders deutlich.

6   *Entrochiten]* So nannte man früher Fragmente der Stiele fossiler Crinoideen (See-
    lilien und Haarsterne), man hielt sie für eine eigene Gattung von Versteinerungen.

7   *Schnittpunkt der Megatherium- und der patagonischen Kliffe]* Schon ein kurzer
    Aufenthalt an den patagonischen Kliffen lässt Darwin anhand der Schichtenfolge
    der Gesteine erkennen, dass *Patagonien* „eindeutig erst in jüngerer Zeit aus dem
    Wasser emporgestiegen sein" muss (siehe S. 7).

7   *Patagonien]* Teil Südamerikas, der sich südlich der Flüsse Rio Colorado (Argentini-
    en) und Rio Bio Bio (Chile) und nördlich der Magellanstraße erstreckt.

7 *Patagonien muss eindeutig erst in jüngerer Zeit aus dem Wasser emporgestiegen sein]*, da die obere, weit aus dem Wasser ragende Schicht aus Muschelschalen jüngeren Datums ist (wie Darwin aufgrund der Farbe und von Brennversuchen feststellt). Inspiriert wurde er offensichtlich wiederum von Lyell, der mit Hilfe eigener Sammlungen fossiler Muscheln umfangreiche Vergleiche mit lebenden Formen ziehen konnte und unter anderen dadurch zu seinem Aktualitätsprinzip inspiriert wurde. Darwin interessierten in Patagonien besonders die abwechselnden Sediment- und fossilführenden Schichten der terrassenförmigen Ebenen.

7 *Mastodon]* Eine ausgestorbene Gruppe von Rüsseltieren, die über alle Kontinente verteilt (Ausnahme: Australien) im Quartär und Tertiär lebte. Der Name Mastodon wurde 1817 von Cuvier geprägt. Größte Landsäugetiere des Jungtertiärs, formenreiche Unterordnung der Rüsseltiere.

7 *Aguti]* Agoutidae; „einer, wie ich glaube, Amerika eigentümlichen Tiergattung"; zu den Meerschweinchenartigen der Nagetierordnung gehörend, die in Mittel- und Südamerika beheimatet sind. Später fand R. Owen heraus, dass verschiedene fossile Formen heute lebenden sehr ähnlich sind, und bestätigte damit Darwins Vermutung, „daß eines aus derselben Gattung zur selben Zeit lebte wie das Megatherium".

8 *Porphyrkiesel]* Gerölle aus dem vulkanischen Erstarrungsgestein Porphyr, bei denen einzelne größere Kristalle (Einsprenglinge) in feinkörniger, dichter oder glasiger Masse liegen, vor allem bei Gang- und Oberflächengesteinen. Darwin beschäftigte sich detailliert mit den verschiedenen Übergangsformen zwischen den Gesteinen und versuchte ihre Entstehung zu ergründen (Prüfung gradualistischer Vorstellungen während der geologischen Erkundungen, spätere Übertragung auf die Biologie).

8 *Ammonit]* Ausgestorbene Gruppe ausschließlich mariner Kopffüßer, verwandt mit den Tintenfischen, von Darwin im Schiefer in Feuerland gefunden.

8 *Capt. King]* Philipp Parker King (1793–1856), Kommandant der ersten Beagle-Expedition (1826–1830).

8 *Flustra]* Gattung der Moostierchen, das Blätter-Moostierchen bildet lappenförmige, bis ca. 20 cm vom Substrat aufragende Kolonien, ab 5 m Tiefe auch in der Nordsee und westlichen Ostsee. Bestimmte Moostierchen werden auch als „Korallen" bezeichnet, weil sie soviel Kalk abscheiden, dass die Kolonie das Aussehen von Steinkorallen bekommt (vgl. S. 6).

8 *Struthio Ostrea]* Straußenart, neben der Darwin eine weitere Art vermutet, von der er einzelne Körperteile besitzt. Heute wird der 1833 von ihm in Patagonien entdeckte Zwergnandu (Pterocnemia pennata) auch Darwin-Nandu genannt. Er bewohnt die Andenhochflächen und lebt außerhalb der Brutzeit in Gruppen von 50 bis 60 Tieren.

9 *Miozän]* Zeitabschnitt des Jungtertiärs (23,8 Mio. bis ca. 5,1 Mio. Jahre vor heute). Lyell hatte das Tertiär aufgrund seiner umfangreichen Muschelvergleiche in Eozän (Zeitabschnitt des Alttertiärs: 54,9 Mio. bis ca. 33,7 Mio. Jahre vor heute), Miozän und Pliozän (5,1 Mio. bis ca. 1,8 Mio.) eingeteilt. Die Zahlen beziehen sich auf die gegenwärtigen Vorstellungen zu den Zeitspannen; damals ging man von wesentlich kürzeren Zeiträumen aus. Heute unterteilt man das Tertiär zusätzlich in Paläozän und Oligozän. Darwin bezieht sich auch bei der Betrachtung von Fossilien der „großen patagonischen Formation" auf Lyell.

9   *Sertularia]* Sertulariidae, zu den Leptomedusen gehörend. Darwin stieß beim Versuch der Beschreibung verschiedener Polypen auf Schwierigkeiten und bezeichnete die Klassifizierung der Korallen durch Lamarck und Cuvier (vgl. S. 9) als künstlich; Sertularien wurden damals noch zu den Korallen gerechnet.

9   *Lamouroux]* Jean Vincent Felix Lamouroux (1776–1825), Naturhistoriker.

9   *Lamarck, Cuvier]* Jean Baptiste de Lamarck (1744–1829), Zoologe; Georges Cuvier (1769–1832), Zoologe.

9   *Linné]* Carl von Linné (1707–1778), Botaniker; führte binomiale Nomenklatur ein.

9   *Lobularia [Alcyonium]]* Gemeint ist mit hoher Wahrscheinlichkeit Lobophyllia (eine Mäanderkoralle).

9   *Savigny]* Marie Jules César Lelorgne de Savigny (1777–1851), Zoologe und Botaniker.

9   *Gemmula einer Halimeda]* Gemmula: ungeschlechtlich entstandenes Dauerstadium, eigentlich bei Schwämmen des Süßwassers und einigen marinen Formen der Küstenregion; Halimeda: benannt nach einer Meernymphe, heute als Grüne Großalge beschrieben, zur Familie der Coccidaceae gehörig. Darwin konnte den von ihm so benannten Fund noch nicht genau zuordnen (vgl. S. 6).

9   *Sir J. Narborough]* Sir John Narborough (gest. 1688), Marineoffizier; publizierte 1694 einen Bericht über eine gescheiterte Forschungsmission in den Pazifik.

9   *Chiloe]* Nach Feuerland die zweitgrößte Insel Chiles.

10   *Lucanidae]* Hirschkäfer.

10   *Cambridge Philosophical Transactions]* James Francis Stephens, „Description of Chiasognarthus Grantii. A New Lucanideous Insect Forming the Type of an Undescribed Genus", in: *Transactions of the Philosophical Society of Cambridge* 4 (1883), S. 209–217.

10   *Brekzien]* Verfestigtes Trümmergestein, dessen Bruchstücke eckig-kantig ausgebildet sind. Als Primärbrekzie bezeichnet man verfestigtes Schuttsediment.

10   *Rio Maypo]* heute Rio Maipo, Fluß in Zentral-Chile in der Hauptstadtregion und der Region Valparaiso (ca. 250 km lang), entspringt am Fuße des Vulkans Maipo.

10   *M. Gay]* Claude Gay Mouret (1800–1873), Botaniker.

10   *Eozän und Miozän]* Vgl. S. 9.

10   *litorale]* den Küstenbereich betreffend; Litoralzone = Uferzone, der durchlichtete Bereich des Benthals, das heißt des Bodenbereichs von Seen und Meeren (auch Fließgewässern) bis zur Kompensationszone, in der so viel organische Substanz auf- wie abgebaut wird. Die dortige Lebensgemeinschaft aus Pflanzen und Tieren wird als „Benthos" bezeichnet.

11   *Glimmerschiefer]* regionales metamorphes Gestein, bestehend aus Glimmern Feldspaten und Quarz, wobei die hellen Minerale Feldspat und Quarz in schieferungsparallelen Lagen (Gängen) angereichert sein können.

11   *Diptera und Hymenoptera]* Insektengruppen; Zweiflügler (z. B. Schwebefliegen) und Hautflügler (z. B. Wespen).

11   *Pselaphus]* Palpenkäfer.

11   *Anaspis]* (artenreiche Gattung): Polyphaga, „Wirlkäfer".

11   *Latridius]* Latridiidae; Polyphaga, Moderkäfer.

11 *Leiodes]* Leiodidae; Polyphaga, Nestkäfer im weiteren Sinne, mit den sehr artenreichen Kurzflüglern verwandt.

11 *Cercyon]* Hydrophiloidea/Hydrophiloidae; Polyphaga, Wasserkäfer.

11 *Elmis]* Elmidae; Hakenkäfer, Polyphaga, aquatisch.

11 *Carabi]* Laufkäfer.

11 *Gattung nacktkiemiger Mollusken]* Weichtiere.

11 *Balanidae, die kein eigentliches Gehäuse besitzen]* Gemeint sind Seepocken, festsitzende Krebse, bei denen Beine und Scheren zu sogenannten Rankenfüßen umgebaut sind, mit denen sie Nahrung aus dem Meerwasser herausfiltern; der Weichkörper ist von einem meist kugelförmigen Kalkgehäuse umschlossen. Darwin beschreibt hier eine spezielle Form der Balanidae, die winzige Hohlräume in den Schalen von Concholapas (vgl. S. 11) bewohnen, als Neuheit.

11 *Concholapas]* Eigentlich Concholepas, einschalige Napfschnecke, zu den Purpurschnecken gehörend, mit festem, dickschaligen Gehäuse, dem Leben im kräftig bewegten Wasser der Felsküsten Südamerikas gut angepasst.

11 *Uspellata]* Eigentlich Uspallata, Andenpass zwischen Mendoza (Argentinien) und Santiago (Chile).

11 *Masse eines porphyrischen Konglomerats, das auf Granit ruht]* Diese Formation ist typisch für Chile. Darwin versucht die sich ihm bietenden vielfältigen Naturbilder aus den angenommenen Entstehungs- und Umwandlungsprozessen der Gesteine zu erklären. Ein Konglomerat ist ein grobklastisches Sediment, das aus einem während der Diagenese durch ein Bindemittel verfestigten Schotter hervorgegangen ist, also gerundete Geröllkomponenten besitzt.

12 *Bildung zahlreicher antiklinaler und synklinaler Schluchten]* Schluchtenbildung entlang von geologischen Sattel- und Muldenstrukturen.

12 *Tonschiefer]* Schwach metamorphes Gestein, durch Druck- und Temperaturveränderungen aus Schieferton hervorgegangen (durch die Umbildung lockerer Sedimente sowie durch Druck, Temperatur und chemische Vorgänge verfestigtes Gestein).

13 *Puquenas-Pass]* Westlicher Kordillerenpass zwischen Chile und Argentinien.

13 *Gryphea]* Ausgestorbene Muschelgattung, verwandt mit Auster.

13 *Ostrea]* Auster.

13 *Turritella]* Turritellidae, Turmschnecken, zu den Nadelschnecken gehörend, mit schlankem, oft unregelmäßig gewundenem Gehäuse, unterhalb der Gezeitenzone lebend.

13 *Ammoniten]* Ausschließlich fossilüberlieferte Cephalopoda (Kopffüßer), großer Formenreichtum, über 1500 Gattungen. Wegen der großen Evolutionsgeschwindigkeit und ihrer morphologischen Vielfalt wird ihnen eine Rolle als Leitfossilien zugesprochen (Verbreitung: Devon und Kreide), ihre Schale war leichter gebaut als die von Nautilus.

13 *kleine Bivalven]* Muscheln, Weichtiere, deren Körper von zwei Mantellappen umhüllt wird, die Schalenklappen ausscheiden; die Schalen bestehen überwiegend aus Calciumcarbonatschichten verschiedener Kristallisationsformen. Das Verhaltensinventar ist einfacher als bei anderen Weichtieren; überwiegend festsitzende Lebensweise auf oder im Sediment im Süßwasser, auch in großen Tiefen. Hohe Bestandsdichten werden in Bänken erreicht, wegen ihrer spezifischen Ansprüche werden

viele Arten als Leitformen für Biozönosen benutzt, das heißt für Lebensgemein-
schaften verschiedener Tier- und Pflanzenformen, die gleiche oder ähnliche Um-
weltbedingungen verlangen.

13 *Terebratula?]* Vgl. S. 6.

13 *Protogen]* Begriff heute ungebräuchlich, vermutlich ein Pegmatit.

13 *submarine Lava]* Unterseeische Lava.

13 *Schichten eines brekzierten Pechsteins]* Vermutlicher Auswurf von vulkanischem
Pechstein aus verfestigtem Schutt, dessen Bruchstücke eckig-kantig ausgebildet sind
und der keine Feldspatvertreter führt.

14 *schneeweiße Säulen [...] aus grobkristallisiertem Kalziumkarbonat]* Grobkörniger
Marmor?

14 *wie Lots Frau]* Vgl. 1. Mos. 19, 26.

14 *augitischer Lava]* Magmatisches Gestein, das vorwiegend Augite, eine Untergruppe
der Silikatmineralien, enthält, Schichten eines brekzierten Pechsteins (vgl. S. 13).

14 *verkieselte Bäume]* Bäume, deren organische Substanz durch Siliziumdioxid ersetzt
wurde, wobei die Holzstruktur sichtbar bleibt.

15 *M. Gay]* Vgl. S. 10.

15 *Bericht nach Paris geschickt]* Darwin verweist auf: Alexandre Brongniart, „Rapport
fait à l'Academie Royale des Sciences, sur les travaux de M. Gay", in: *Annales des
Sciences Naturelles* 28 (1833), S. 26–35.

17 *Struktur von Laguneninseln]* Heute Lagunenriff oder Atoll genannt (den Begriff
„Atoll" kannte Darwin noch nicht). Darwin hatte eine Klasse von Riffen beobachtet,
die er „umschließend" nannte, weil sie einen Ring um bergige Inseln bilden. Dabei
ist ein flaches inneres Wasserbecken (Lagune) über einer heute überfluteten Insel
von nach außen steil abfallenden, die Lagune ringförmig umgebenden Riffen – bis
auf Riffkanäle – vollkommen umgeben. Einzelne Korallentürme können bis dicht
unter die Wasseroberfläche anwachsen. Darwin konnte aus seinen Beobachtungen
die Entstehung von Atollen erklären, die häufig aus Saumriffen, die vulkanische Inseln umschließen, hervorgehen. Die Insel wird im Laufe der Zeit durch Erosion abgetragen und versinkt unter dem Meeresspiegel. Durch Absinken des Meeresbodens
(oder Ansteigen des Meeresspiegels) kann ein Atoll entstehen.

17 *die lamellenförmigen Korallen]* Gruppe der Steinkorallen. – 1 engl. Faden =
1,829 m.

17 *Balbi]* Gasparo Balbi ist ein venezianischer Händler des 16. Jahrhunderts, der über
seine Handelsreisen nach Indien Erfahrungsberichte verfasste; vgl. „Gasparo Balbi's
voyage to Pegu, and observations there gathered from his own Italian Relation
[1579]", in: John Pinkerton (Hg.), *A General Collection of the Best and Most Inte-
resting Voyages and Travels*, Bd. 9, London 1811, S. 395–405.

17 *Die Riffe dieser drei Klassen]* Darwin ordnet hier die verschiedenen Riffformen –
das umschließende Riff (heute: Atoll), das Barriereriff (an der Kante des Kontinen-
talschelfs zur Tiefsee) und das Saumriff – nach Merkmalen; der Unterschied liegt
für ihn in der Entfernung des Riffs zum Land. Er interpretiert diese Riffformen als
Entwicklungsreihe und widmet sich auch den Übergangsformen. Aufgrund eigener
Beobachtungen und derer Balbis (vgl. S. 17) distanziert sich Darwin von der Auffassung, Korallen errichteten ihre Skelette auf den Rändern submariner Krater. Sei-

ne Theorie (die alle Strukturformen berücksichtigt) geht davon aus, dass sich das Land samt den Riffen durch das Wirken geologischer Prozesse langsam senkt und die korallenbildenden Polypen nach oben aufstocken (bis auf das Niveau des Wasserspiegels). Darwin hatte bereits in Südamerika Hebungs- und Senkungsprozesse als Folge geotektonischer Prozesse beobachtet und ging von Etappen kontinuierlicher Senkung des Untergrundes aus. – Obwohl die damals bekannten Mächtigkeiten mit eustatischen Meeresspiegelschwankungen zu erklären gewesen wären, bestätigen die heutigen auf Bohrungen beruhenden Kenntnisse im Prinzip die Kombination Darwins.

18 *Gedanke, der erstmals von Mr. Lyell vorgetragen wurde]* Charles Lyell (1797–1875), Geologe, Evolutionsbiologe. Darwin bezieht sich hier auf dessen *Principles of Geology. Being an Attempt to Explain the Former Changes of the Earth's Surface by Reference to Causes Now in Operation*, 3 Bde., London 1830–1833. Darwin stellt hier Überlegungen zur Wahrscheinlichkeit genereller Senkungen an. Gemäß Lyells Annahme verlaufen die Hebungs- und Senkungsprozesse des Bodens sehr langsam, ohne die darauf erbauten Gebäude zwangsläufig zu zerstören. In Anknüpfung daran sieht er die Senkung aufgrund seiner Beobachtungen als notwendig an und entwickelt die Vorstellung, dass Korallen bei Senkungserscheinungen des Bodens Senkungen durch höheres Wachstum ausgleichen. Da das optimale Korallenwachstum und damit die Riffbildung an günstige Wassertemperaturen, Reinheit, Salzgehalt, Durchlüftung und Durchlichtung geknüpft ist, der Korallenkalk aber in größere Tiefen reicht (ca. 500 m), nimmt Darwin an, dass die Korallen gezwungen waren, immer weiter in die Höhe zu bauen.

18 *Zoophyten]* Vgl. S. 5.

18 *Keeling Island]* Die Kokosinseln, im australischen Außengebiet, bestehen aus zwei Atollen, die sich im Abstand von über 20 Kilometern gebildet haben. In der dortigen Lagune führt Darwin u. a. umgestürzte Bäume als Beleg für eine vermutete Senkung an und bringt das Absinken von Keeling Island mit dem Anstieg Sumatras aufgrund schwerer Erdbeben in Zusammenhang. Die Keeling Islands sind für ihn Gradmesser für die Bewegung des Grundes des Indischen Ozeans.

18 *Vanikoro]* Teil der Salomon-Inseln im Südwestpazifik. Seine Struktur deutet auf eine Senkung in jüngerer Zeit (der Theorie zufolge) aufgrund von Erdbeben.

19 *Springflut]* Tritt auf, wenn Mond, Erde und Sonne in einer Linie stehen (bei Vollmond und Neumond). Dann wirken die Anziehungskräfte von Sonne und Mond in die gleiche Richtung, und die Flutberge verursachen eine besonders hohe Flut.

19 *Population]* In der Biologie die Gesamtheit der Tiere oder Pflanzen eines begrenzten Gebietes, hier als Fortpflanzungsgemeinschaft aufgefasst. Darwin stellt wiederum ausgehend von Lyell Überlegungen an, „ob bestimmte Gruppen von Lebewesen, wie sie für kleinere Orte typisch sind, die Überreste einer ehemals großen Population sind, oder ob sie nicht vielmehr als eine neue, gerade entstehende gelten müssen". Nach Barrett handelt es sich hier um den ersten veröffentlichten Hinweis Darwins auf seine Überzeugung von der Evolution der Arten (vgl. Paul H. Barrett (Hg.), *The Collected Papers of Charles Darwin*, Chicago 1977, S. 48). – Das Populationsdenken war für Darwin schon sehr früh maßgebend. Wichtiger Bestandteil seiner Theorie war die individuelle Variabilität der Art, als Population aufgefasst,

eine damals noch nicht übliche Vorstellung. Die theoretische Fundierung des Populationskonzepts erfolgte erst im 20. Jahrhundert im Zusammenhang mit der Genetik.

21 *Glen Roy]* Glen = schottische Bezeichnung für ein glazial überformtes Tal, hier nach dem Fluß Roy benannt, an dessen Hängen meterbreite, parallel verlaufende markante Uferlinien erkennbar sind, die über längere Zeiträume während der Gletscherschmelzen nach der letzten großen Eiszeit entstanden sind; „Parallel Roads of Glen Roy". Die „Parallelstraßen" waren ein zentrales Forschungsthema der frühen Geologie und haben ihre Entwicklung durch die intensiven Auseinandersetzungen in ganz besonderer Weise geprägt. Darwin kannte bereits detaillierte Untersuchungen zu dieser Problematik; bei seinem Besuch in Schottland 1838 wollte er jedoch die entsprechenden Theorien überprüfen und weitere Erklärungen finden. Er ging davon aus, dass die Linien marinen Ursprungs seien, da er seine in Südamerika gemachten Forschungen übertragen zu können glaubte. Seine Annahme wurde bereits 1840 von Louis Agassiz mit dessen Glazialtheorie widerlegt.

21 *Sir Thomas Lauder Dick und Dr. MacCulloch]* Thomas Dick Lauder (1784–1848), geologisch interessierter Schriftsteller; der erwähnte Vortrag wurde am 2. März 1818 unter dem Titel „On the Parallel Roads of Lochaber" gehalten. John MacCulloch (1773–1855), Geologe, Chemiker; ders., „On the parallel roads of Glen Roy", in: *Transactions of the Geological Society* IV (1817), S. 314–392.

21 *Schelfe]* Auch Kontinentalschelf; Bezeichnung für den flachen, küstennahen Meeresboden, der bis zu 200 m unter dem Meeresspiegel liegt. Der Begriff wurde erst 1907 von dem deutschen Geographen Otto Krümmel aus dem Englischen *(shelf)* übernommen und kann als Küstenflachmeer umschrieben werden. Darwin nahm zuerst die physische Beschaffenheit der Region, unterstützt durch Messungen mit dem Höhenbarometer, sehr genau in Augenschein.

21 *alluvialer Ablagerungen]* Schwemmlandboden, entstanden durch jüngste Ablagerungen des Wassers in Niederungen, Tälern und an Küsten.

24 *Transactions of the Edinburgh Royal Society, Bd. IX, S. 11.]* Thomas Dick Lauder, „On the Parallel Roads of Lochaber", in: *Transactions of the Royal Society of Edinburgh* IX (1818), S. 1 ff. Eine der für Darwin maßgebenden Arbeiten, an die er immer wieder anknüpft. Er folgert hier, dass die Bildung der Schelfe aus der Zeit stammt, „als sie noch Strände waren".

25 *Meal Roy sowie zwischen dem Upper und dem Lower Glen Roy].* Im Gegensatz zu MacCulloch beobachtet Darwin, dass die Sedimente der oberen Schelfe nur graduell verschieden von denen der Flanken der Täler sind.

25 *Geological Transactions, Bd. IV (First Series), S. 320–338 und 387.]* John MacCulloch, „On the parallel roads of Glen Roy", in: *Transactions of the Geological Society* IV (1817), S. 314–392.

25 *Edinburgh Royal Transactions, Bd. IX, S. 12.]* Thomas Dick Lauder, „On the Parallel Roads of Lochaber", in: *Transactions of the Royal Society of Edinburgh* IX (1818), S. 1 ff. Die Anmerkungen 4 und 5 auf dieser Seite sind offenbar vertauscht (vgl. S. 21 und 24).

25 *Gneis]* Vgl. S. 4.

26 *Sir George MacKenzie (London and Edinburgh Philosophical Magazine, Dezember 1835)]* George Stuart Mackenzie (1780–1848), Mineraloge; ders., „On the The-

ory of the Parallel Roads of Glen Roy", in: *The London and Edinburgh Philosophical Magazine and Journal of Science* VII (Third Series), December 1835, S. 433–436.

26 *Tal des Spey]* Der Spey, einer der größten Flüsse Schottlands, entspringt zwischen Creag Meagaidh und den Monadhliath-Bergen und folgte den kaledonischen Verwerfungen in einem breiten Flusstal schon vor der letzten Eiszeit. Während des Tertiärs, als sich das Muster der schottischen Flüsse ausbildete, bewegten sich Gletscher in den Flusslauf, worauf große Sandmengen sedimentiert wurden, die bis heute umgeschichtet werden. Darwin stellt hier Gedankenexperimente an, die von Bemerkungen Sir Lauders zum Glen Roy ausgehen.

26 *am Anfang des Tals des Spean]* Hierfür gilt Gleiches wie für S. 26.

27 *Kilfinnin]* Heute Kilfinnan, am Kaledonischen Kanal gelegen.

27 *Kaledonischer Kanal]* Teilweise künstlich geschaffener Kanal, der unter Einbeziehung der natürlichen Seen Loch Ness, Loch Oich, Loch Lochy die Ost- und Westküste Schottlands verbindet. Etwa 100 km lang, 1822 fertiggestellt. Der Kanal verläuft in der großen Talfurche des Glen More.

28 *Sir David Brewster]* 1781–1868, Physiker, Begründer des *Edinburgh Philosophical Journal*; betrieb optische Forschungen und Gerätebau.

28 *Tarf Water]* Schottischer Fluß, nur wenige Kilometer lang, fließt in südöstlicher Richtung und mündet bei Tarfside in den North Esk River. Darwin befasst sich hier intensiv mit Engstellen und nimmt an, dass es sich um Landengen im eigentlichen Sinn, nämlich solche zwischen ausgetrockneten Meeresarmen handelt.

28 *die Entdeckung von Schelfen oberhalb der Höhe, in der sie bisher beobachtet wurden]* Dies wertet Darwin als bedeutsam für die Theorie ihres Ursprungs und schildert ausführlich seine eigene, auch praktische Auseinandersetzung mit den Sachverhalten im Gelände.

28 *Kilfinnin]* Vgl. S. 27.

29 *Messungen mit dem Höhenbarometer]* Auch Altimeter, erfunden um 1696 von Johann Jacob Scheuchzer (1672–1733) (Calvinist, ein sehr vielseitiger Gelehrter, unter anderem Meteorologe). Es handelt sich um ein Gerät, mit dem die Höhe eines Objektes über einer definierten Höhe oder Referenzfläche gemessen werden kann. Die Höhenmessung erfolgt mittels des am Meßort herrschenden Luftdrucks; physikalische Grundlage ist das Gesetz von Boyle-Mariotte.

29 *Sir David Brewster]* Vgl. S. 28.

29 *Truim]* Kleiner Fluß im Nordosten Schottlands in einer von erosiven Kräften stark gezeichneten Gegend, Zufluss des Spey.

33 *das freie Spiel der Phantasie]* Hier wird explizit deutlich, wie Darwin vorgeht. Das „freie Spiel der Phantasie" gilt als geflügeltes Wort für die Annahme, dass auf diesem Wege „Urbilder" erzeugt werden können, die Ausgangsmaterial für neue Ideen sein können.

33 *Geological Transactions, Bd. IV, S. 378.]* Vgl. S. 25.

39 *Rippeln]* Regelmäßige, wellige Oberfläche auf einer Sedimentfläche.

39 *Mr. Blackadder]* Alexander Blackadder, ein Bauingenieur und Freund Lyells.

41 *Strathmore and Great Glen of Scotland]* Strathmore, übersetzt etwa „Großes Tal",
gelegen im östlichen Zentralschottland, etwa 90 km lang und 20 km breit, geformt
durch glaziale Aktivitäten während der Eiszeiten.

42 *Mr. Smith aus Jordanhill]* James Smith (1782–1867), Geologe.

42 *Edinburgh New Philosophical Journal, Bd. XXV, S. 376.]* James Smith, „On the
Last Changes in the relative Levels of the Land and Sea in the British Islands", in:
Edinburgh New Philosophical Journal XXV (1838), S. 376 ff.

42 *Die emporgehobenen Muscheln in Banff wurden von Mr. Prestwich beobachtet,
[siehe] Proceedings of the Geological Society, Mai 1837]* Joseph Prestwich (1812–
1896), Geologe; ders., „On some recent elevations of the Coast of Banffshire; and
on a deposit of clay, formerly considered to be lias", in: *Proceedings of the Geological Society of London* 2 (1837).

42 *Reste grober sublitoraler Formationen]* Ständig vom Wasser bedeckte Bereiche der
Küste unterhalb der Niedrigwasserlinie.

42 *Mr. Malcolmson]* John Grant Malcolmson (1803–1844), Chirurg und Geologe.

42 *mariner Testacea]* Beschalte Amöben oder Schalenamöben, zur Ordnung der Wurzelfüßer gehörend, einzellige Organismen mit ungekammerter Schale, diese besteht
aus einer organischen Matrix, die bei den meisten Arten mit Fremdpartikeln (Diatomeenschalen, Sandkörnern) oder selbstgebildeten Hartteilen (Kieselplättchen)
verstärkt wird; häufig werden Stacheln gebildet.

42 *beschrieb Mr. Smith mehrere ehemalige Strände zwischen dem heutigen und einer
großen, 30 bis 40 Fuß hohen Terrasse]* Solche Terrassen sind entweder als Schotterterrasse oder als Erosionsterrasse denkbar.

42 *Proceedings of the Geological Society, 1838, S. 669.]* John Grant Malcolmson, „On
the Occurrence of Wealden Strata at Linksfield, near Elgin; on the Remains of Fishes in the Old Red Sandstone of that neighbourhood; and on raised beaches along
the Adjacent coast", in: *Proceedings of the Geological Society of London* 2 (1838),
S. 669.

42 *Edinburgh Philosophical Journal, S. 388.]* Vgl. S. 42.

43 *Mr. Lyell in seinen Elements of Geology, Kap. V.]* Charles Lyell, *Elements of Geology*, London 1838.

45 *am 7. März 1838, vor der Geological Society verlesenen Abhandlung]*, Charles
Darwin, „On the connexion of certain volcanic phænomena, and on the formation of
mountain-chains and volcanos, as the effects of continental elevations", in: *Proceedings of the Geological Society of London* 2 (1838), S. 654–660.

45 *Strata]* (geologische) Schichten.

47 *des Muckul-Passes]* Diesen Pass hat Darwin nicht selbst aufgesucht; vgl. S. 28.

47 *auf dem Berg (Tombhran) gegenüber der Stelle, wo sich das Glen Turet mit dem
Glen Roy verbindet]* Siehe Tafel I, in diesem Band, S. 22.

48 *Priel]* Vielverzweigte Rinne der Gezeitenströme, von denen das Watt durchzogen
ist.

49 *Mr. Murchison]* Roderick Impey Murchison (1792–1871), Geologe.

49 *Mr. Smith]* Vgl. S. 42.

49 *Forfarshire]* Zu Darwins Zeiten gebräuchlicher Name für den heutigen Verwaltungsbezirk Angus an der Ostküste Schottlands.

49 *Edinburgh New Philosophical Journal, Bd. XXV, S. 380.]* Vgl. S. 42.

49 *Transactions of the Royal Society, 1836, S. 11 und 15]* Charles Lyell, „The Bakerian Lecture. On the proofs of a gradual rising of the land in certain parts of Sweden", in: *Philosophical Transactions of the Royal Society of London* 125 (1835), S. 1–38.

49 *Mr. Lyell war so freundlich, mir hierzu die folgenden Beobachtungen mitzuteilen]* In Darwins Briefwechsel findet sich in jener Zeit kein Dokument, welches diesen Text enthielte. Vermutlich verweist Darwin hier auf ein persönliches Gespräch.

49 *Mytilus edulis]* Miesmuschel.

49 *Cardium edule]* Herzmuschel.

49 *Cyprina islandica]* Veralteter Gattungsname der Islandmuschel, in Atlantik und Nordsee beheimatete Plattkiemenmuschel mit rundlich-eiförmigen, gewölbten Schalenklappen (bis 13 cm lang); gräbt sich flach in den Sand ein.

49 *Saxicava rugosa]* Steinbohrermuschel, gehört zu den Felsenbohrern; die Schalenoberfläche ist glatt oder konzentrisch gestreift, sie bewohnt Spalten und Löcher in weichem Gestein, kosmopolitisch.

50 *Philosophical Journal, Bd. XXV, S. 380 und 391]* Vgl. S. 42.

51 *Meal-derry]* Ein markanter (Aussichts-)Punkt auf der untersten der drei „Parallel Roads" in Schottland.

51 *Isthmen]* Landengen.

51 *Mr. MacLean]* Ein Bauingenieur, der Dick Lauder bei seinen Untersuchungen unterstützte.

52 *Kapitän FitzRoy]* Robert FitzRoy (1805–1865), brit. Marineoffizier, Kommandant der zweiten *Beagle*-Expedition (1831–1836).

52 *Edinburgh Transactions, Bd. IX, S. 35]* Vgl. S. 24.

52 *Tidenhub]* Differenz zwischen Niedrig- und Hochwasser; er ist auf offener See gering und wächst in Annäherung an die Küste infolge von Stauwirkung am Festland. In geringerem Maße reagieren auch die anderen Teile der Wasserhülle der Erde und in noch geringerem Maße die Gesteinsverbände der festen Erde (Erdgezeiten). Für jeden irdischen Beobachtungspunkt kommt es täglich zu ein- oder zweimaliger Hebung und Senkung des Meeresspiegels.

52 *Kaledonischer Kanal]* Vgl. S. 27.

53 *Denudation]* Entblößung, im Sinne einer flächenhaften Abtragung der Festlandsoberfläche.

53 *Scoresby]* William Scoresby (1789–1857), Geistlicher und Forschungsreisender.

53 *Berg aus Quarzgestein in Südamerika (in der Sierra Ventana)]* den Darwin einer besonders gründlichen Untersuchung unterzogen hatte. Er suchte hier Kiesel in der Umgebung des Muttergesteins und fand Quarz an der Küste Bahia Blancas. Das machte ihm klar, dass sich die Gerölle zur selben Zeit wie eine große Kalkformation im Meer absetzten. Die gezackten Formen des Quarzes sind auf die Wirkung der Ozeanwellen zurückzuführen.

54 *Mr. Lyells Principles of Geology]* Vgl. S. 3. Darwin verweist an späterer Stelle (S. 64) jedoch auf die 1837 erschienene, im Untertitel leicht abweichende fünfte Auflage des Werkes.

55 *nord-nordwestlich (magnetisch) vom Gipfel des Ben Erin]* Darwin weist hier auf die Tatsache hin, dass der magnetische Pol im Norden nicht mit dem geographischen

Nordpol übereinstimmt. Deshalb – und weil die Magnetfeldlinien nicht ideal verlaufen – zeigt der Kompass nicht exakt nach Norden.

55 *barometrischer Messung]* Vgl. S. 29.

55 *lithologische Beschaffenheit]* Meint die Eigenschaften und die Anordnung der Gesteine.

56 *Sir James Hall (Edinburgh Royal Transactions, Bd. VII, S. 143) schreibt]* James Hall (1761–1832), Geologe, Chemiker; ders., „On the revolutions of the earth's surface", in: *Transactions of the Royal Society of Edinburgh* VII (1815), S. 139–211. Sir James Hall hatte um 1800 erste geologische Experimente zur Metamorphose von Gesteinen durchgeführt, an die Lyell und Darwin anknüpften.

57 *„Periode der erratischen Blöcke"]* Der Begriff wurde 1850 von Brongniart geprägt; auch „Periode der Findlinge". Es handelt sich um ortsfremde Felsblöcke in Gebieten ehemaliger Vereisung, die durch Gletscher oder Inlandeis oft hunderte Kilometer weit an die Fundorte transportiert wurden. Sie sind daher Indizien für die Ausdehnung und Herkunft von Eismassen. Schon 1835 hatte Lyell eine Theorie aufgestellt, nach der eiszeitliche Ablagerungen von marinen Eisschollen transportiert wurden („Drifttheorie"). Dieser Theorie hing auch Darwin an. Sie wurde jedoch 1875 von Alfred Torrell widerlegt, der nachweisen konnte, dass die erratischen Blöcke durch Gletschereis bewegt und abgeschliffen worden sind. – Louis Agassiz führte 1840 den Begriff „Eiszeit" in die wissenschaftliche Literatur ein.

58 *Im Tagebuch meiner Fahrt mit der Beagle]* Vgl. *Charles Darwin's Diary of the Voyage of H. M. S. Beagle*, hg. von N. Barlow, Cambridge 1933 (= *The Works of Charles Darwin*, hg. von Peter H. Barrett und R. B. Freeman, Bd. 1, London 1986).

58 *„Revolutions which have affected the surface of the earth"]* *Der Titel des Aufsatzes wird von Darwin ungenau zitiert; tatsächlich lautet er wie im Kommentar zu S. 56 angeführt.*

58 *Aufsätze der Herren Charpentier, Venetz und Agassiz]* Jean de Charpentier (1786–1855), Geologe; Ignaz Venetz (1788–1859), Glaziologe, Ingenieur; Jean Louis Rodolphe Agassiz (1807–1873), Zoologe, Geologe, Glaziologe.

58 *M. Sefström]* Nils Gabriel Sefström (1787–1845), Chemiker und Mineraloge.

58 *Professor Hitchcock]* Edward Hitchcock (1793–1864), Geologe und Geistlicher.

60 *Sir Lauders Abhandlung beigefügten Tafeln (Edinburgh Transactions, Bd. IX)]* Vgl. S. 21; die genannten Abbildungen sind dem vorliegenden Band an gegebener Stelle beigefügt, wobei die ursprüngliche Zählung beibehalten wurde.

62 *die Hand der Natur]* Im Sinne von schöpferisch handelnde Natur.

62 *der Stein vieler antiker Bauten zerfällt und zerbröckelt]* Darwin kannte die Forschungen Charles Lyells, in denen dieser anhand von Schneckenfunden an antiken Tempelsäulen die Hebung und Senkung des Meeresbodens dokumentierte und dabei auf den Erhaltungszustand des Tempels hinweist.

63 *Obelisken]* Vierkantige, sich nach oben verjüngende Pfeiler mit pyramidenförmiger Spitze.

62 *Phillips interessante Abhandlung in: Geological Proceedings, Bd. I, April 1831, S. 323.]* John Phillips (1800–1874), Geologe; ders., „On some effects of the atmosphere in wasting the surfaces of buildings and rocks", in: *Proceedings of the Geological Society of London* 1 (1831), S. 323–324.

63 *Achtzehn-Zoll-Nivellierinstrument, hergestellt von Jones]* Wurde von Sir Lauder Dick genutzt, um die Horizontalität der Schelfe zu ermitteln. W. und S. Jones waren Instrumentenbauer aus London.

63 *Depressionswinkel]* Der Winkel zwischen Horizontebene eines Aufnahmesystems und dem Strahl zum beobachteten Objekt. Er ist ein Maß für die Entfernung vom System. Bei der Vermessung erscheint der Horizont stets als Ebene. Ein Neigungswinkel, der entsprechend der Erdkrümmung zu erwarten wäre, ist mit normalen Messgeräten nicht zu erkennen und demnach auch nicht zu messen.

64 *das betroffene Gebiet erstreckt sich von Gottenburgh bis Torneo und von dort weiter bis zum Nordkap]* Darwin zieht aus den von Lyell vorgetragenen Fakten die Schlussfolgerung, dass weiträumige Landstriche Skandinaviens äußerst gleichmäßig angehoben wurden. In der Ära der kaledonischen Gebirgsbildung gab es mehrere Faltungsphasen, wobei es ebenfalls zu gleichmäßigen Anhebungen kam.

63 *Der Verfasser schreibt (Bd. XXV, S. 388)]* Vgl. S. 42.

64 *Buch II, Kap. XVII, „On the gradual rise of the land in Sweden"]* Gemeint ist ein Abschnitt in: Charles Lyell, *Principles of Geology. Being an Inquiry how far the former changes of the earth's surface are referable to causes now in operation*, 4 Bde., London [5]1837.

64 *Transactions of the Royal Society, Teil I, 1835, S. 33.]* Vgl. S. 49.

64 *ein Fuß]* Entspricht ca. 30,48 cm.

64 *die Ebenen von La Plata]* Vgl. S. 5.

66 *Mr. P. Scropes]* George Julius Poulett Scropes (1797–1876), Geologe.

66 *wenn die Erdkruste auf zahllosen vertikalen Ebenen aufbricht]* Darwin diskutiert hier geotektonische Mechanismen und ihre Wirkungen.

66 *kürzlich (am 7. März 1838) in einer vor der Geological Society verlesenen Abhandlung]* Vgl. S. 45.

67 *Isothermen]* Linien gleicher Temperatur.

67 *Wo sich die plutonische und die metamorphe Formation treffen]* Ort, an dem vulkanisch oder magmatisch gebildetes und metamorphes Gestein beliebigen Typs aneinandergrenzen. Die plutonistische Lehre besagt, dass die wichtigsten Gestaltungskräfte der Erde aus dem Erdinneren („Zentralfeuer") kommen und dass davon die Prozesse der Härtung und Verfestigung der Gesteine, ihre Faltung und Zerbrechung, die Bildung der Gebirge und das Aufsteigen des Schmelzflusses herleitbar sind.

67 *Schlussfolgerungen aus den in Südamerika beobachteten Phänomenen]* Im speziellen sieht Darwin seine Annahme einer „geringfügigen zusätzlichen Konvexität" des flüssigen Erdkerns bestätigt.

68 *Sir John Herschel]* John Frederik William Herschel (1792–1871), Astronom, Physiker, Chemiker.

68 *Principles of Geology (5. Auflage), Buch II, Kap. XVII, S. 311.]* Vgl. S. 64.

68 *Cabinet Cyclopedia, Astronomy, S. 120.]* John Frederik William Herschel, „A Treatise on Astronomy", in: Dionysius Lardner (Hg.), *The Cabinet Cyclopædia*, London 1833.

68 *Playfair]* John Playfair (1748–1819), Mathematiker, Geologe, Physiker.

68 *Illustrations of the Huttonian Theory]* John Playfair, *Illustrations of the Huttonian Theory of the Earth*, Edinburgh 1802. Dieses Werk propagierte die Theorie seines

Freundes James Hutton (1726–1795), der als einer der Begründer des Aktualismus gilt. Der Gedanke, dass alle Veränderungen allmählich „in kleinen Schritten" vor sich gehen, wurde zuerst 1795 von Hutton formuliert („Gradualismus").

69 *Sphäroiden]* Rotationsellipsoid.

69 *Mr. Albert Way]* (1805–1874), Freund Darwins, Antiquar.

71 *Alfred Wallace]* Alfred Russel Wallace (1823–1913), Vermesser, Privatgelehrter. Forschungsreisen in das Amazonasgebiet (1848–1852) und zum Malaiischen Archipel (1854–1862). Dort studierte er die Pflanzen- und Tierwelt und fragte sich, wie die Mannigfaltigkeit in der Natur zustande kommt. Er machte wichtige tiergeographische Beobachtungen und fand das Selektionsprinzip als Ursache für den Artwandel.

71 *J. D. Hooker]* Joseph Dalton Hooker (1817–1911), Botaniker; bearbeitete Darwins botanische Sammlungen.

71 *Linnean Society]* Noch bestehende biologische Gesellschaft mit Sitz in London (gegründet 1788). Charles Darwin gehörte ihr seit 1854 an.

72 *Professor Asa Gray in Boston]* Asa Gray (1810–1888), Botaniker, Anhänger von Darwins Abstammungslehre.

72 *Ternate]* eine indonesische Insel der Molukken (vulkanisch), mit der Stadt Ternate.

72 *J. J. Bennett]* John Joseph Bennett (1801–1875), Botaniker.

73 *De Candolle]* Auguste Pyramus de Candolle (1778–1841), Botaniker, bedeutender Morphologe und Systematiker, der sich auch mit Pflanzengeographie befasste. Darwin folgte bei der Entwicklung seiner Ideen de Candolles Beschreibung des Krieg in der Natur sowie der Malthusschen Lehre.

73 *1826–1828 in La Plata]* Darwin führt diese Dürrekatastrophe, bei der Millionen Rinder umkamen und sich die Mäuse außergewöhnlich stark vermehrten, als anschauliches Beispiel für die Tendenz zu rascher Vermehrung unter veränderten äußeren Bedingungen sowie für die spätere Rückkehr zum üblichen Niveau an. Hieran anknüpfend äußert Darwin seine Überlegungen zu den Faktoren und schwer zu überschauenden Wechselwirkungen, die dafür sorgen, dass die Zahl der Organismen trotz Schwankungen, über einen längeren Zeitraum gesehen, in der Regel in etwa konstant bleibt.

74 *Malthus' Werk über den Menschen]* Thomas Robert Malthus (1766–1834), Geistlicher und Politökonom; Darwin spielt hier auf sein Werk *An Essay on the Principle of Population, as it effects the future Improvement of Society, with Remarks on the Speculations of Mr. Godwin, M. Condorcet, and other Writers* (1798, anonym, 1803 erweiterte Ausgabe) an. Schon bevor Darwin 1838 Malthus' Buch las, hatte er aufgrund der beobachteten Tatsache der unterschiedlichen Angepasstheit der Organismen prinzipiell auch eine natürliche Selektion angenommen. Bereits 1837 hatte Darwin eine Theorie des Artenwandels ausgearbeitet, auf die er Malthus' Ideen anwenden konnte. Von Malthus übernahm Darwin den wesentlichen Gedanken, dass jede biologische Art eine starke Tendenz zur Vermehrung hat, die größer ist als die Vermehrung der Nahrungsmittel. Zusammen mit der Beobachtung, dass sich die Zahl der Individuen meist nur wenig verändert, schloss Darwin auf den „Kampf ums Dasein".

75 *die relativen Populationsanteile]* Das heißt, das Verhältnis der Arten in einem Gesamtbestand ändert sich bei geringfügiger Änderung der äußeren Bedingungen nur wenig; bei wenigen Bewohnern (etwa auf einer Insel) und stetiger Verbesserung der Bedingungen können die Bewohner bald weniger gut angepasst sein, was wiederum dazu führen kann, dass die Organisation der am stärksten betroffenen Lebewesen im Generationsverlauf, ähnlich wie im domestizierten Zustand, verformbar ist. – Mit der Anwendung des Populationsdenkens auf den „Kampf ums Dasein" hatte Darwin die Selektion als Triebkraft der Evolution erkannt. „Kampf ums Dasein" ist also kein Kampf auf Leben und Tod, sondern eine Konkurrenz um den (relativ) größten Fortpflanzungserfolg. – Drei entscheidende Beobachtungen waren es, auf deren Grundlage Darwin zu dem Schluss auf die Existenz eines „Kampfes ums Dasein" kam: (a) Wenn sich alle Individuen einer Art erfolgreich fortpflanzen könnten, würde die Populationsgröße exponentiell anwachsen. (b) Die Populationsgröße einer betrachteten Art bleibt im Durchschnitt unverändert. (c) Die Verfügbarkeit von Ressourcen ist begrenzt. Diese drei Beobachtungen aus der Populationsbiologie verband Darwin mit zwei Beobachtungen aus der Genetik: (1) Alle Arten haben die Tendenz, unter günstigen Umweltverhältnissen mehr Nachkommen zu erzeugen, als für den Ersatz der Elterngeneration notwendig wäre (exponentielles Wachstum). (2) Die Individuen einer Art unterscheiden sich in bestimmten Eigenschaften, das heißt, kein Individuum gleicht exakt dem anderen; jede Population hat eine große Variabilität, und diese Variabilität hat eine genetische Grundlage.

75 *bessere Chancen im Kampf ums Überleben]* Die besseren Chancen werden immer diejenige Individuum haben, die durch Variation besser an die neuen Bedingungen angepasst sind, und diejenigen ihrer Nachkommen, die diese Variation geerbt haben.

75 *was binnen weniger Jahre Bakewell bei den Rindern und Western bei den Schafen bewirkt hat]* Robert Bakewell (1725–1795), Landwirt und Züchter; Charles Callis Western (1767–1844), Politiker, Züchter. Darwin geht davon aus, dass, über viele Generationen gerechnet, die natürliche Selektion auf der einen und der Tod auf der anderen Seite ähnliche Wirkungen zeigen sollten wie die Selektion und Zucht bei Haustieren innerhalb weniger Jahre.

76 *Kampf der Männchen um die Weibchen]* Darwin nennt diesen Kampf als zweite Kraft der Selektion neben dem natürlichen Mittel der Selektion, durch das die am besten angepassten Organismen am Leben bleiben. Er vergleicht das Ergebnis dieser zweiten, nicht so rigorosen Selektion in der Natur mit dem, was Landwirte durch gelegentlichen Einsatz ausgesuchter Männchen erzielen.

76 *Down]* Down House, in dem Dorf Downe (Kent); ca. 15 Meilen südlich von London: Darwins langjähriger Landsitz, heute Museum.

76 *das vom Menschen angewandte Prinzip der Selektion, das heißt, die Auslese von Individuen mit erwünschten Eigenschaften]* Darwin geht auch hier auf die praktische Bedeutung der gezielten und gelegentlichen Auslese ein; er stand mit zahlreichen Züchtern im Austausch über solche Fragen. Das von ihnen gesammelte Wissen führte ihm die große Variabilität der Arten vor Augen. Die natürliche Selektion ist nur auf der Grundlage dieser Variabilität vorstellbar.

77 *Die Selektion wirkt einzig durch die Akkumulation geringfügiger oder größerer, durch äußere Bedingungen verursachter Variationen]* Auf diese Weise (durch Akkumulation von Variationen) passt der Mensch Lebewesen seinen Bedürfnissen an.

77 *bei der Natürlichen Selektion (der Titel meines Buches)]* Gemeint ist Darwins *On the Origin of Species by Means of Natural Selection, or the Preservation of Favoured Races in the Struggle for Life*, London 1859. Es erschien am 24. November und stellt einen Auszug aus einem Manuskript für ein geplantes, weit umfangreicheres Werk dar, das den Titel „Natural Selection" tragen sollte, jedoch zu Darwins Lebzeiten nicht mehr veröffentlicht wurde. Teile erschienen 1868 unter dem Titel *The Variation of Animals and Plants under Domestication*. Den überwiegenden Teil publizierte jedoch erst Robert C. Stauffer unter dem Titel: *Charles Darwin's Natural Selection; being the second part of his big species book written from 1856–1858*, Cambridge 1975.

77 *W. Herbert]* William Herbert (1778–1847), Geistlicher; betrieb ornithologische und botanische Forschungen.

78 *die kumulative Tätigkeit der natürlichen Selektion]* In ihr sieht Darwin den Mechanismus, über den Modifikationen bis zu einem vorteilhaften Ausmaß gesteigert werden können (hier sind Einflüsse der Naturteleologie spürbar).

78 *Mistel]* = Mispel, als Beispiel für besondere Anpassungsfähigkeit.

78 *Natura non facit saltum]* Lat. „natura non facit saltus", „die Natur macht keine Sprünge". Dieses Kontinuitätsprinzip findet sich, in dieser Form, schon bei Gottfried Wilhelm Leibniz (um 1700).

78 *das Prinzip der Divergenz]* Dieses Prinzip der Vielfalt – „Ein Ort kann mehr Leben beherbergen, wenn er von sehr unterschiedlichen Formen bewohnt wird" – spielt nach Darwins Meinung für die Entstehung der Arten eine wichtige Rolle.

79 *Varietäten]* Begriff von Carl von Linné (1707–1778) für die Untereinheiten der Art. Damit wurden Varianten, also Abweichungen vom „Typus" einer Art bezeichnet, daran anschließend die verschiedensten individuellen Definitionen von Varietäten und Rassen. Wallace will – wie schon aus der Überschrift hervorgeht – zeigen, dass ein allgemeines Prinzip in der Natur „bewirkt, daß viele Varietäten die Form der elterlichen Art überdauern und nun ihrerseits fortlaufend Varietäten zeugen, die immer weiter vom Originaltypus abweichen". Er geht davon aus, dass im Gegensatz dazu bei domestizierten Tieren die Varietäten tendenziell zu ihrer Ursprungsform zurückkehren.

79 *Das Leben wilder Tiere ist ein Kampf ums Dasein]* Wie Darwin verwendet auch Wallace den Ausdruck *struggle for life* („Kampf ums Überleben"). Auch er hatte sich mit Malthus' Werk auseinandergesetzt.

84 *Entwicklungsprogression und fortlaufende Formdiversifizierung [...], die das Überleben der Tiere im Naturzustand gewährleisten]* Wallace Überlegung besteht darin, dass, wenn über Generationen hinweg immer die Besten überleben, die Art fortlaufend verbessert werden müsste.

84 *Rasse]* Wallace führt aus, dass diejenige Rasse, die bisher ihr Überleben am besten sichern konnte, späterhin (etwa aufgrund veränderter äußerer Bedingungen) dazu nicht unbedingt in der Lage sein muss. Er will zeigen, dass bestimmte Varietäten länger überleben können als die ursprüngliche Form.

85 *Ökonomie der Rasse]* Engl. *economy* = Anordnung, Aufbau, Bauplan. Wallace ist der Überzeugung dass beim wilden Tier jede Möglichkeit zur Verbesserung der Körperteile genutzt wird, wie es die Gegebenheiten erfordern.

85 *Variationen, die einem wilden Tier im Wettstreit mit seinen Artgenossen und Über-lebenskampf deutliche Nachteile bringen würden, fallen bei einem domestizierten Tier nicht ins Gewicht]* Denn laut Wallace stehen nur beim wilden Tier sämtliche Fähigkeiten und Kräfte im Dienste des Überlebens. Bei ihm spielt im Gegensatz zu Darwin die Züchtung für die Erklärung der Grundlagen der Evolution keine Rolle.

85 *Lamarcks Hypothese, die fortschreitenden Veränderungen der Arten seien das Er-gebnis des Bemühens der Tiere, die Entwicklung ihrer Organe zu optimieren]* Wallace hält diese Hypothese für überflüssig, weil das Wirken der entsprechen Naturprinzipien für die Erklärung der Veränderungen ausreiche. Auch Darwin beur-teilt Lamarck kritisch, wobei er sich andererseits auf ihn stützt.

86 *Fliehkraftregler einer Dampfmaschine]* Feinregulator, der die Arbeitsgeschwindig-keit der Maschine konstant hält.

86 *Professor Owen]* Richard Owen (1804–1892), Geologe, Zoologe, Anatom.

Glossar

Abstammungslehre – Synonym für die von Charles Darwin und Alfred R. Wallace begründete Deszendenztheorie.

Aktualismus – Lehre, nach der sich die Erd- und Naturgeschichte stets nach den gleichen, heute noch zu beobachtenden Ursachen vollzogen hat.

Biologischer Artbegriff – Arten sind Gruppen sich untereinander fortpflanzender natürlicher Populationen, die reproduktiv von anderen solcher Gruppen isoliert sind.

Darwinismus – Theorien, die von einer natürlichen Entstehung der Arten ausgehen und sie durch die Prinzipien gemeinsame Abstammung, (graduelle) Evolution und natürliche Auslese erklären. Die Selektion muss dabei der wichtigste, aber nicht der ausschließliche Evolutionsfaktor sein, der zur Anpassung führt.

Deismus – Anschauung, der zufolge Gott nach der Schöpfung keinen Einfluss mehr auf die Welt genommen hat.

Diversifizierung – Ein von Darwin 1859 eingeführter Begriff, der das Verschiedenwerden aufgespaltener Abstammungslinien im Verlauf von Generationsfolgen beschreibt.

Domestikation – Vorgang der Überführung von Wildtieren in den Haustierstand.

Embryologie – Wissenschaftliche Disziplin, die sich mit der Ontogenese (Individualentwicklung), speziell der Embryonalentwicklung, beschäftigt.

Evolution – Stufenweise Höher- und Weiterentwicklung eines Systems; durch das Fossilmuster dokumentierte historische Tatsache in der Biologie, die andauert.

Evolutionsbiologie – Grund- und Generaldisziplin der Biologie; analysiert den Prozess der Entstehung und stammesgeschichtlichen Entwicklung (Phylogenese) der Organismen.

Essentialismus – Typologisches Denken.

Fitness (Eignung) – Maß für die durchschnittliche Fähigkeit eines Organismus mit einem bestimmten Genotypus zu überleben und sich zu reproduzieren.

Fossilien – Versteinerungen einst lebender Organismen.

Geologie – Teilgebiet der Naturwissenschaft, das sich mit der Entstehung des Aufbaus und der Geschichte der Erde befasst.

U. Hoßfeld, L. Olsson (Hrsg.), *Charles Darwin*, Klassische Texte der Wissenschaft, DOI 10.1007/978-3-642-41961-4, © Springer-Verlag Berlin Heidelberg 2014

Gradualismus – Evolutionstheorie, die einen Wandel durch kleine Schritte annimmt. Gegensatz: Saltationismus.

Idealistischer Artbegriff – Arten sind Gruppen von Organismen, die am selben ideellen Wesen (der Art) teilhaben und von diesem bestimmt werden.

Katastrophentheorie – Theorie, nach der katastrophale Ereignisse in der Geschichte der Erde zur teilweisen oder völligen Auslöschung von Flora und Fauna geführt haben.

Lamarckismus – Theorie der Vererbung erworbener Eigenschaften.

Makroevolution – Entstehung von neuen Gattungen, Familien usw.; auch als transspezifische Evolution bezeichnet.

Migration – Wanderung von Organismen.

Mikroevolution – Evolution innerhalb einer Art und bis zu einer neuen Art; auch als infraspezifische Evolution bezeichnet.

Mimikry – Schutzfärbung bzw. Anpassung von Tieren in Form und Färbung entsprechend der Umwelt.

Morphologie – Formenlehre, die sich mit der Körpergestalt, dem Aufbau und den Lageverhältnissen der Organe von Lebewesen befasst.

Morphologischer Artbegriff – Arten sind Gruppen von Organismen, die gemeinsame morphologische Merkmale aufweisen.

Natürliche Auslese – Das nicht vom Zufall bestimmte Überleben und der Fortpflanzungserfolg eines kleinen Prozentsatzes der Individuen einer Population, die zu diesem Zeitpunkt im Besitz von Merkmalen sind, die ihre Fähigkeit, zu überleben und sich fortzupflanzen, steigern.

Neo-Darwinismus – Darwinsche Evolutionstheorie, jedoch unter Ablehnung der Vererbung erworbener Eigenschaften.

Nominalistischer Artbegriff – Arten sind rein menschliche Konstruktionen, denen in der Natur nichts entspricht.

Nische – Konstellation von Umweltfaktoren, in die eine Art hinein passt oder die sie braucht, um überleben und sich erfolgreich fortpflanzen zu können.

Ontogenese – Die individuelle Entwicklung eines Organismus.

Orthogenese – These, der zufolge die Evolution stammesgeschichtlicher Linien in einer bestimmten Richtung durch ein inneres Prinzip bestimmt wird.

Paläontologie – Untersuchung der Mechanismen der Fossilisation, Beschreibung und Klassifizierung von Fossilien.

Phylogenese – Der historische Ablauf der Evolution der Organismen.

Population – Gesamtheit von Individuen mit einem gemeinsamen Genpool.

Saltationismus – Theorie, die von einer sprunghaften Entstehung neuer Arten oder noch stärker verschiedener Typen ausgeht (Gegensatz: Gradualismus).

Selektionismus – Theorie, nach der adaptive Veränderungen in der Evolution das Ergebnis natürlicher Auslese sind.

Sexualität – Die Fortpflanzung von Organismen, wenn sie durch die Vereinigung zweier haploider Gameten erfolgt.

Speziation – Bildung neuer Arten durch Aufspaltung.

Synthetischer Darwinismus (Synthetische Evolutionstheorie, Moderne/Evolutionäre Synthese) – Zwischen 1930 und 1950 entstandene Evolutionstheorie, in der die Selektionstheorie mit Erkenntnissen der Genetik (Mutation) und der Systematik (geographische Isolation) verbunden wurde.

Systematik – Wissenschaft, die die Vielgestaltigkeit der Organismen untersucht.

Taxonomie – Theorie und Praxis des Klassifizierens von Organismen.

Teleologie – Lehre von der Zielgerichtetheit oder Zweckorientierung natürlicher Phänomene.

Teleonomie – Kausale Erklärung des zielstrebigen Verhaltens und zweckmäßigen Aufbaus von Organismen.

Typologie – Typenlehre; Vorstellung, dass die Mannigfaltigkeit der Gestalten der Organismen auf einen oder wenige morphologische Typen zurückgeführt werden kann.

Uniformitarismus – Vor allem von Charles Lyell vertretene Theorie, nach der alle geologischen Veränderungen unabhängig davon sind, mit welcher Geschwindigkeit sie ablaufen. Vgl. Katastrophentheorie.

Urzeugung – Die Entstehung von Leben aus unbelebter Materie.

Vererbung erworbener Eigenschaften – Theorie, dass Veränderungen des Phänotypus eines Organismus das genetische Material modifizieren können und auf die Nachkommen übertragen werden (= Lamarckismus).

Vitalismus – Lehre, nach der die Lebenserscheinungen einer besonderen Lebenskraft zu verdanken sind.

Zoogeographie – Teilgebiet der Biogeographie, das sich mit der Verbreitung der Tiere auf der Erde und deren Ursachen befasst.

Biographischer Abriss und Zeittafel

Charles Darwin

1809	12. Februar: Charles Robert Darwin wird in Shrewsbury geboren.
1817	15. Juli: Tod der Mutter Susannah.
1825	Studium der Medizin an der Universität Edinburgh. Erste wissenschaftliche Arbeiten und Kontakt mit dem Lamarckisten Robert Edmond Grant.
1827	Abbruch des Medizinstudiums.
	15. Oktober: Immatrikulation in Theologie am Christ's College in Cambridge.
1828	Übersiedlung nach Cambridge. Erster Kontakt mit dem Theologen und Botanikprofessor John Stevens Henslow.
1831	Abschluss seines Theologiestudiums als Bachelor of Arts. Erste geologische Exkursion mit dem Geologieprofessor Adam Sedgwick nach Nord-Wales.
	27. Dezember: Darwin nimmt als „unbezahlter Naturforscher" an der *Beagle*-Expedition teil.
1832–	
1835	Zahlreiche Exkursionen an der argentinischen und chilenischen Küste sowie auf der Insel Galapagos.
1836	2. Oktober: Rückankunft in England.
1837	Umzug Darwins nach London. Auswertung seiner Sammlung. Korrespondenz mit Charles Lyell, John Herschel, Alexander von Humboldt, Richard Owen und John Gould.
1838	Februar: Berufung zum Sekretär der Geologischen Gesellschaft.
	Darwin liest Thomas Robert Malthus' Essay *On the Principle of Population*.
1839	29. Januar: Heirat mit seiner Kusine Emma Wedgwood.
	Journal and Remarks (Darwins erstes Buch, ein wissenschaftlicher Bericht über seine Reise).
	27. Dezember: Geburt des ersten Kindes, William Erasmus (gest. 1914).
1840	*Zoology of the Voyage of H. M. S. „Beagle".*
1841	2. März: Geburt des zweiten Kindes, Anne Elizabeth (gest. 1851).

1842 *Structure and Distribution of Coral Reefs.*
Umzug der Familie nach Down in Kent.
23. September: Geburt des dritten Kindes, Mary Eleanor (gest. 1842).

1843 Beginn der Zusammenarbeit mit dem Botaniker Joseph Dalton Hooker.
23. September: Geburt des vierten Kindes, Henrietta Emma (gest. 1929).

1844 Darwin verfasst einen 230seitigen Essay über Arten- und Abstammungstheorie.
Geological Observations on the Volcanic Islands.

1845 9. Juli: Geburt des fünften Kindes, George Howard (gest. 1912).
Journal of Researches (2. Auflage des Reiseberichts).

1846 *Geological Observations on South America.*

1847 8. Juli: Geburt des sechsten Kindes, Elizabeth (gest. 1925).

1848 16. August: Geburt des siebten Kindes, Francis (gest. 1925).
13. November: Tod des Vaters Robert Waring.

1849 Darwins Gesundheitszustand verschlechtert sich; Aufenthalt im Wasserkurort Malvern.

1850 15. Januar: Geburt des achten Kindes, Leonard (gest. 1943).

1851 13. Mai: Geburt des neunten Kindes, Horace (gest. 1928).
A Monograph of the Fossil Lepadidae.
A Monograph of the Sub-class Cirripedia.

1853 Darwin wird von der Royal Society mit der „Royal Medal" ausgezeichnet.
The Balanidae, or Sessile Cirripedes.
A Monograph of the Fossil Balanidae and Verrucidae of Great Britain.
Eine Freundschaft mit Thomas Henry Huxley entwickelt sich.

1856 6. Dezember: Geburt des zehnten Kindes, Robert Waring (gest.1858).

1858 1. Juli: Vorstellung der nahezu übereinstimmenden Evolutionstheorien Wallace' und Darwins auf einer Sitzung der Linnean Society (bei der beide abwesend sind).

1859 24. November: Die 1. Auflage von *On the Origin of Species* (1250 Exemplare) erscheint.

1860 2. Auflage von *On the Origin of Species* (3000 Exemplare).
A Naturalist's Voyage (3. Auflage des Reiseberichts).

1861 3. Auflage von *On the Origin of Species* (2000 Exemplare).

1862 *On the Various Contrivances by which British and Foreign Orchids are Fertilised by Insects.*
Ehrendoktor der Medizin und Chirurgie der Universität Breslau.

1864 30. November: Darwin erhält von der Royal Society die Copley-Medaille.

1866 4. Auflage von *On the Origin of Species* (1250 Exemplare).

1867 *On the Movements and Habits of Climbing Plants.*

1868 *The Variation of Animals and Plants under Domestication.*
Ehrendoktor der Medizin und Chirurgie der Universität Bonn.

1869 5. Auflage von *On the Origin of Species* (2000 Exemplare).

1871 24. Februar: *The Descent of Man, and Selection in Relation to Sex.*

1872 6. Auflage von *On the Origin of Species* (3000 Exemplare).
The Expression of the Emotions in Man and Animals.

1875   *Insectivorous Plants.*
        Ehrendoktor der Medizin der Universität Leiden.
1876   *The Effects of Cross and Self Fertilisation in the Vegetable Kingdom.*
1877   *The different Forms of Flowers on Plants of the same Species.*
        Ehrendoktor der Jurisprudenz der Universität Cambridge.
1879   *The Life of Erasmus Darwin.*
1880   *The Power of Movement in Plants* (gemeinsam mit Francis Darwin).
1881   *The Formation of Vegetable Mould, through the Actions of Worms.*
1882   19. April: Tod in Down.

Alfred Russel Wallace

1823 8. Januar: Alfred Russel Wallace wird in Usk (Monmouthshire) geboren.

1844 Arbeitet als Zeichenlehrer an der Kollegiats-Schule in Leicester. Wallace liest über die Reisen Alexander von Humboldts und Darwins. Erster Kontakt mit Henry Walter Bates.

1848 Aufbruch zu einer Amazonas-Expedition.
Weitreichende Vogel-, Fisch-, Insekten- und Pflanzensammlung.

1852 Rückreise nach England.
6. August: Schiffsunglück und der Verlust einer Vielzahl von Notizen, Zeichnungen und Sammlungen.
1. Oktober: Ankunft in England.

1853 *Palm Trees of the Amazon.*
A Narrative of Travels on the Amazon and Rio Negro.

1854 Aufbruch der „Ein-Mann-Expedition" durch den Malaiischen Archipel.
Ausgedehnte Sammlung von 125.660 Tieren.

1855 *On the Law which has Regulated the Introduction of New Species.*

1856 Wallace und Darwin stehen im Briefkontakt.

1858 Wallace schickt seinen Aufsatz „On the Tendency of Varieties to Depart Indefinitely From the Original Type" an Darwin.
1. Juli: Vorstellung der nahezu übereinstimmenden Evolutionstheorien Wallace' und Darwins auf einer Sitzung der Linnean Society (bei der beide abwesend sind).

1859 *On the Zoological Geography of the Malay Archipelago.*

1862 Rückkehr nach London.
Charles Darwin lädt Wallace nach Down ein.

1864 *The Origin of Human Races Deduced From the Theory of „Natural Selection".*

1866 1. März: Heirat mit Annie Mitten, Tochter des Botanikers William Mitten.
The Scientific Aspect of the Supernatural.

1869 *The Malay Archipelago.*

1870 *The Limits of Natural Selection as applied to Man.*
Contributions to the Theory of Natural Selection.

1874 *A Defence of Modern Spiritualism.*

1876 *The Geographical Distribution of Animals.*

1880 *Island Life.*

1889 *Darwinism: An Exposition of the Theory of Natural Selection with Some of its Applications.*

1903 *Man's Place in the Universe.*

1905 *My Life: A Record of Events and Opinions.*

1908 1. Juli: Wallace erhält die „Darwin-Wallace Medal" der Linnean Society.
Dezember: Die Royal Society ehrt Wallace mit der Copley-Medaille. Die Krone verleiht Wallace den Verdienstorden.

1913 7. November: Tod in Old Orchard.

Auswahlbibliographie

Gesamtausgaben

Charles Darwin's Works, Bde. I–XV, New York 1910.
The Collected Papers of Charles Darwin, 2 Bde., hg. von P. H. Barrett, Chicago 1977
Ch. Darwin's gesammelte Werke, übersetzt von J. Victor Carus. Autorisirte deutsche
Ausgabe. 16 Bde. [enthält sämtliche von Darwin veröffentlichen Schriften sowie
Briefe], Stuttgart 1874–1888, ²1899.

Darwins Buchveröffentlichungen

1. Zoologische und geologische Berichte von der Expedition der H. M. S. „Beagle"

*Narrative of the Surveying Voyages of Her Majesty's Ships „Adventure" and „Beagle" be-
tween the years 1826 and 1836, Describing their Examination of the Southern Shores
of South America, and the „Beagle's" Circumnavigation of the Globe*, Bd. 3: *Journal
and Remarks, 1832–1836*, London 1839 [= 1. Auflage des Reiseberichts].
– *Journal of Researches into the Natural History and Geology of the Countries Visited
During the Voyage of H. M. S. „Beagle" Round the World, Under the Command of
Capt. Fitz-Roy, R. N.* Corrected with Additions, London 1845 [= 2. Auflage des Rei-
seberichts].
– *A Naturalist's Voyage*, London 1860 [= 3. Auflage des Reiseberichts].
Zoology of the Voyage of H. M. S. „Beagle", Edited and Superintended by Charles Darwin.
– Part I: *Fossil Mammalia*, by Richard Owen, With a Geological Introduction, by
Charles Darwin, London 1840.
– Part II: *Mammalia*, by George R. Waterhouse, With a Notice of their Habits and
Ranges, by Charles Darwin, London 1839.
– Part III: *Birds*, by John Gould, London 1841.

– Part IV: *Fish*, by Rev. Leonard Jenyns, London 1842.
– Part V: *Reptiles*, by Thomas Bell, London 1843.
The Structure and Distribution of Coral Reefs. Being the First Part of the Geology of the Voyage of the „Beagle", London 1842.
– Revised, London ²1874.
Geological Observations on the Volcanic Islands, visited during the Voyage of H. M. S. „Beagle". Being the Second Part of the Geology of the Voyage of the „Beagle", London 1844.
– *Geological Observations on the Volcanic Islands and Parts of South America visited during the Voyage of H. M. S. „Beagle",* London ²1876.
Geological Observations on South America. Being the Third Part of the Geology of the Voyage of the „Beagle", London 1846.

2. Weitere Veröffentlichungen

Questions about the Breeding of Animals, London 1839.
A Monograph of the Fossil Lepadidae. Or, Pedunculated Cirripedes of Great Britain, London 1851.
A Monograph of the Sub-class Cirripedia, with Figures of all the Species.
The Lepadidae. or Pedunculated Cirripedes, London 1851.
The Balanidae. or Sessile Cirripedes. The Verrucidae etc., London 1854.
A Monograph on the Fossil Balanidae and Verrucidae of Great Britain, London 1854.
On the Origin of Species by Means of Natural Selection, or the Preservation of Favoured Races in the Struggle for Life, London 1859.
–, London ²1860.
–, with Additions and Corrections, London ³1861.
–, with Additions and Corrections, London ⁴1866.
–, with Additions and Corrections, London ⁵1869.
–, with Additions and Corrections, London ⁶1872.
– *Ueber die Entstehung der Arten im Thier- und Pflanzen-Reich durch natürliche Züchtung, oder Erhaltung der vervollkommneten Rassen im Kampfe um's Daseyn.* Nach der zweiten [englischen] Auflage mit einer geschichtlichen Vorrede und andern Zusätzen des Verfassers für diese deutsche Ausgabe aus dem Englischen übersetzt und mit Anmerkungen versehen von Dr. Heinrich Georg Bronn, Stuttgart 1860; reprographischer Nachdruck, hg. und mit einer Einleitung versehen von Thomas Junker, Darmstadt 2008.
– *Ueber die Entstehung der Arten durch natürliche Zuchtwahl, oder die Erhaltung der begünstigten Rassen im Kampfe um's Dasein.* Nach der letzten englischen Ausgabe [übersetzt und] wiederholt durchgesehen von J. Victor Carus, Stuttgart ⁸1899; reprographischer Nachdruck der 9. unveränderten Auflage 1920, hg. und eingeleitet von Gerhard H. Müller, Darmstadt 1992.

On the Various Contrivances by which British and Foreign Orchids are Fertilised by Insects, London 1862.

– *The Various Contrivances by which Orchids are Fertilised by Insects*, London [2]1877.

„On the Movements and Habits of Climbing Plants", in: *Journal of the Linnean Society of London (Botany)* 9 (1867).

– *The Movements and Habits of Climbing Plants*, London [2]1875.

–, London [3]1882.

The Variation of Animals and Plants under Domestication, 2 Bde., London 1868.

–, Revised, London [2]1875.

The Descent of Man, and Selection in Relation to Sex, 2 Bde., London 1871.

–, Revised and Augmented, London [2]1874.

– *Die Abstammung des Menschen und die geschlechtliche Zuchtwahl*, 2 Bde., übersetzt von J. Victor Carus, Stuttgart 1871; durchgesehene Auflage [in einem Band], Stuttgart [6]1902; reprographischer Nachdruck der 6. Auflage, Wiesbaden [3]1966.

The Expression of the Emotions in Man and Animals, London 1872.

–, Edited by Francis Darwin, London [2]1890.

Insectivorous Plants, London 1875.

–, Revised by Francis Darwin, London [2]1888.

The Effects of Cross and Self Fertilisation in the Vegetable Kingdom, London 1876.

–, London [2]1878.

The different Forms of Flowers on Plants of the same Species, London 1877.

–, London [2]1880.

The Power of Movement in Plants, By Charles Darwin, Assisted by Francis Darwin, London 1880.

The Formation of Vegetable Mould, through the Action of Worms, with Observations on their Habits, London 1881.

–, Corrected by Francis Darwin, London [2]1882.

Wallace' Buchveröffentlichungen

Palm Trees of the Amazon and Their Uses, London 1853.

A Narrative of Travels on the Amazon and Rio Negro, With an Account of the Native Tribes, and Observations on the Climate, Geology, and Natural History of the Amazon Valley, London 1853.

–, Moderately Revised, Deletes Appendix on Indian Languages, London, New York u. a. [2]1889.

–, London, New York u. a. [3]1890.

–, London, New York u. a. [4]1892.

Travels on the Amazon and Rio Negro, New York [5]1900.

The Malay Archipelago. The Land of the Orang-utan and the Bird of Paradise. A Narrative of Travel With Studies of Man and Nature, 2 Bde., London 1869.

–, London ^{2}1869.

–, Lightly Revised, London, New York ^{3}1872.

–, London, New York ^{4}1872.

–, London, New York ^{5}1874.

–, London, New York ^{6}1877.

–, London, New York ^{7}1880.

–, London, New York ^{8}1883.

–, London, New York ^{9}1886.

–, Lightly Revised, London, New York ^{10}1891.

Der Malayische Archipel. Die Heimath des Orang-Utan und des Paradiesvogels. Reiseerlebnisse und Studien über Land und Leute, 2 Bde., Braunschweig 1869.

Die Tropenwelt nebst Abhandlungen verwandten Inhaltes, Braunschweig 1879.

Contributions to the Theory of Natural Selection. A Series of Essays, *London, New York 1870.*

–, With Corrections and Additions, London, New York ^{2}1871.

The Geographical Distribution of Animals. With A Study of the Relations of Living and Extinct Faunas as Elucidating the Past Changes of the Earth's Surface, 2 Bde., London 1876.

Tropical Nature, and Other Essays, London, New York 1878.

Australasia. Edited and Extended by Alfred R. Wallace, with Ethnological Appendix by A. H. Keane, London 1879.

–, London ^{2}1880.

–, Moderately Revised, London ^{3}1883.

–, London ^{4}1884.

–, London ^{5}1888.

Island Life. Or, The Phenomena and Causes of Insular Faunas and Floras, Including a Revision and Attempted Solution of the Problem of Geological Climates, London 1880.

–, Heavely Revised Edition, London, New York ^{2}1892.

–, Heavely Revised Edition, London, New York ^{3}1902.

On Miracles and Modern Spiritualism. Three Essays, London 1881.

–, London ^{2}1881.

–, Revised, with Chapters on Apparitions and Phantasms, and a New Preface, London ^{3} 1896.

Land Nationalisation. Its Necessity and Its Aims. Being a Comparison of the System of Landlord and Tenant With That of Occupying Ownership in Their Influence on the Well-being of the People, London 1882.

–, London ^{2}1882.

–, Lightly Revised, London ^{3}1883.

–, New ed., Lightly Revised, Social Science Series, No. 57. London, New York 1892.

–, London, New York ⁴1906.

–, London, New York ⁵1909.

–, London ⁶1912.

Bad Times. An Essay on the Present Depression of Trade, Tracing It to Its Sources in Enormous Foreign Loans, Excessive War Expenditure, the Increase of Speculation and of Millionaires, and the Depopulation of the Rural Districts. With Suggested Remedies, London, New York 1885/86.

Darwinism. An Exposition of the Theory of Natural Selection. With Some of Its Applications, London, New York 1889.

–, Lightly Revised, London, New York ²1889.

–, Heavely Revised London, New York ³1901.

–, *Der Darwinismus. Eine Darlegung der Lehre von der natürlichen Zuchtwahl und einiger ihrer Anwendungen*, Braunschweig 1891.

Natural Selection and Tropical Nature. Essays on Descriptive and Theoretical Biology, New Edition with Corrections and Additions. London, New York 1891.

The Wonderful Century. Its Successes and Its Failures, London, New York 1898.

–, London, New York ²1898.

–, London, New York ³1899.

–, London, New York ⁴1901.

The Wonderful Century. The Age of New Ideas in Science and Invention, Revised and Largely Re-written, London ⁵1903.

–, London ⁶1905.

–, London ⁷1908.

Studies Scientific and Social [a collection of essays], 2 Bde., London, New York 1900.

Man's Place in the Universe. A Study of the Results of Scientific Research in Relation to the Unity or Plurality of Worlds, London 1903.

–, New York ²1903.

–, New York ³1904.

–, Lightly Revised, with New Chapter entitled: „An Additional Argument Dependent on the Theory of Evolution", London ⁴1904.

–, London, Bombay ⁵1905.

–, London, Bombay ⁶1907.

–, London, Bombay ⁷1908.

–, *Des Menschen Stellung im Weltall. Eine Studie über die Ergebnisse wissenschaftlicher Forschung in der Frage nach der Einzahl oder Mehrzahl der Welten*, Berlin 1903.

My Life. A Record of Events and Opinions, 2 Bde., London 1905.

–, Condensed and Revised, London ²1908.

Is Mars Habitable? A Critical Examination of Professor Percival Lowell's Book „Mars and Its Canals". With an Alternative Explanation, London 1907.

Notes of a Botanist on the Amazon and Andes, 2 Bde., Original Material by Richard Spruce, Edited and Condensed by Alfred Russel Wallace, London 1908.

The World of Life. A Manifestation of Creative Power, Directive Mind and Ultimate Purpose, London 1910.

–, London ²1911.

–, London ³1911.

–, London ⁴1911.

–, London ⁵1911.

Social Environment and Moral Progress, London, New York u. a. 1913.

The Revolt of Democracy, London, New York u. a. 1913.

Fishes of the Rio Negro, Organization, Introductory, Text and Translation by Mônica de Toledo-Piza Ragazzo, São Paulo 2002.

Biographisches zu Charles Darwin

Darwin, Charles, *Mein Leben 1809–1882*, hg. von Nora Barlow, Frankfurt/M. 2008.

Beer, Gavin Rylands de, *Charles Darwin. Evolution by Natural Selection*, London, New York u. a. 1963.

Bowlby, John, *Charles Darwin. A New Life*, New York, London 1992.

Bowler, Peter J., *Charles Darwin. The Man and His Influence*, Cambridge 1996.

Browne, Janet E., *Charles Darwin Voyaging. Vol I. of a Biography*, London 1995.

Burkhardt, Frederick (Hg.), *Charles Darwin. „Nichts ist beständiger als der Wandel"*, Frankfurt/M. 2008.

Desmond, Adrian J., und James Carrick Moore, *Darwin*, Reinbek bei Hamburg ²1994.

Engels, Eve-Marie, *Charles Darwin*, München 2007.

Engels, Eve-Marie (Hg.), *Charles Darwin und seine Wirkung*, Frankfurt/M. 2009.

Glaubrecht, Matthias, *„Es ist, als ob man einen Mord gesteht"* – ein Tag im Leben des Charles Darwin. Ein biografisches Porträt, Freiburg 2009.

Heberer, Gerhard, *Charles Darwin. Sein Leben und sein Werk*, Stuttgart 1959.

Hemleben, Johannes, *Darwin*, Reinbek bei Hamburg 1968.

Hösle, Vittorio, und Christian Illies, *Darwin*, Bamberg ²2005.

Howard, Jonathan, *Darwin. Eine Einführung*, Stuttgart 1996.

Jahn, Ilse, *Charles Darwin*, Köln 1982.

Schmitz, Siegfried, *Charles Darwin. Ein Leben. Autobiographie, Briefe, Dokumente*, Düsseldorf 1983.

Neffe, Jürgen, *Darwin. Das Abenteuer des Lebens*, München 2008.

Oberschelp, Malte, *Charles Darwin*, Freiburg i. Br. 2009.

Voss, Julia, *Charles Darwin zur Einführung*, Hamburg 2008.

Biographisches zu Alfred Russel Wallace

Berry, Andrew (Hg.), *Infinite Tropics. An Alfred Russel Wallace Anthology*, London, New York 2002.

Camerini, Jane R., „Evolution, Biogeography, and Maps. An Early History of Wallace's Line", in: *Isis* 84 (1993), S. 700–727.

–, „Wallace in the Field", in: *Osiris* 11 (1996), S. 44–65.

– (Hg.), *The Alfred Russel Wallace Reader. A Selection of Writings from the Field*, Baltimore, London 2002.

Clements, Harry, *Alfred Russel Wallace. Biologist and Social Reformer*, London 1983.

Colp jr., Ralph, „I will Gladly do my Best. How Charles Darwin Obtained a Civil List Pension for Alfred Russel Wallace", in: *Isis* 83 (1992), S. 3–26.

Cope, Edward Drinker, *Alfred Russel Wallace*, New York 1891.

Cottler, Joseph, *Alfred Wallace. Explorer-Naturalist*, Boston 1966.

England, Richard, „Natural Selection Before the Origin. Public Reactions of Some Naturalists to the Darwin-Wallace Papers (Thomas Boyd, Arthur Hussey, and Henry Baker Tristram)", in: *Journal of the History of Biology* 30 (1997), S. 267–290.

Fagan, Melinda B., „Wallace, Darwin, and the Practice of Natural History", in: *Journal of the History of Biology* 40 (2007), S. 601–635.

Fichman, Martin, „Wallace. Zoogeography and the Problem of Land Bridges", in: *Journal of the History of Biology* 10 (1977), S. 45–63.

Fichman, Martin, *Alfred Russel Wallace*, Boston 1981.

–, *An Elusive Victorian: The Evolution of Alfred Russel Wallace*, Chicago 2004.

George, Wilma B., *Biologist Philosopher. A Study of the Life and Writings of Alfred Russel Wallace*, London 1964.

Glaubrecht, Matthias, *Am Ende des Archipels. Alfred Russel Wallace*, Berlin 2013.

Hoßfeld, Uwe, „The travels of Jena Zoologists in the Indo-Malayan region", in: *Proceedings of the California Academy of Sciences* 55, Suppl. II (2004), S. 77–105.

Hoßfeld, Uwe und Lennart Olsson (2013), „ The prominent absence of Alfred Russel Wallace at the Darwin anniversaries in Germany in 1909, 1959 and 2009 ", in: *Theory in Biosciences* 132 (2013), S. 251–257.

Kottler, Malcolm Jay, „Alfred Russel Wallace, the Origin of Man, and Spiritualism", in: *Isis* 65 (1974), S. 145–192.

Kutschera, Ulrich, *Design-Fehler in der Natur. Alfred Russel Wallace und die Gott-lose Evolution*, Berlin 2013.

Kutschera, Ulrich und Uwe Hoßfeld, „Alfred Russel Wallace (1823–1913): The forgotten co-founder of the Neo-Darwinian theory of biological evolution", in: *Theory in Biosciences* 132 (2013), S. 207–214

Levit, Georgy S., Uwe Hoßfeld und Lennart Olsson, „Russia embraced Wallace's works", in: *Nature* 503 (2013), S. 39

Levit, Georgy S. und Sergey V. Polatayko, „At home among strangers: Alfred Russel Wallace in Russia", in: *Theory in Biosciences* 132 (2013), S. 289–297.

Marchant, James, *Alfred Russel Wallace: Letters and Reminiscenes*, 2 Bde., London 1916.

McKinney, H. Lewis, *Wallace and Natural Selection*. New Haven, London 1972.

Oosterzee, Penny van, *Where Worlds Collide. The Wallace Line*, Ithaca, London 1997.

Raby, Peter, *Alfred Russel Wallace. A Life*, Princeton, London 2001.

Shermer, Michael, *In Darwin's Shadow. The Life and Science of Alfred Russel Wallace. A Biographical Study on the Psychology of History*, New York 2002.

Slotten, Ross A., *The Heretic in Darwin's Court. The Life of Alfred Russel Wallace*, New York 2004.

Smith, Charles H. (Hg.), *Alfred Russel Wallace. An Anthology of His Shorter Writings*, Oxford 1991.

– (Hg.), *Alfred Russel Wallace. Writings on Evolution. 1843–1912*, 3 Bde., Bristol 2004.

Wallace, Alfred Russel, *My Life. A Record of Events and Opinions*, 2 Bde., London 1905.

Whitmore, Timothy Charles (Hg.), *Wallace's Line and Plate Tectonics*, Oxford 1983.

Williams-Ellis, Amabel, *Darwin's Moon. A Biography of Alfred Russel Wallace*, London, Glasgow 1966.

Wilson, John G., *The Forgotten Naturalist. In Search of Alfred Russel Wallace*, Victoria 2000.

Darwinismus und Darwinsche Revolution

Altner, Günter (Hg.), *Der Darwinismus. Die Geschichte einer Theorie*, Darmstadt 1981.

Ayala, Francisco José, *Darwin's Gift. To Science and Religion*, Washington 2007.

Bauer, Joachim, *Das kooperative Gen. Abschied vom Darwinismus*, Hamburg 2008.

Baumunk, Bodo-Michael, und Jürgen Rieß (Hg.), *Darwin und Darwinismus. Eine Ausstellung zur Kultur- und Naturgeschichte*. Eine Publikation des Deutschen Hygiene-Museums, Berlin 1994.

Bayrhuber, Horst, Astrid Faber und Reinhold Leinfelder (Hg.), *Darwin und kein Ende*, Seelze 2011.

Bowler, Peter J., *The Eclipse of Darwinism. Anti-Darwinian Evolution Theories in the Decades Around 1900*, Baltimore, London 1983.

Browne, Janet, *Darwin's Origin of Species*, London 2006.

Burkhardt, Frederick, *Charles Darwin. The Beagle Letters*, Cambridge 2008.

Dawson, Gowan, *Darwin, Literature and Victorian Respectability*, Cambridge 2007.

Dupré, John, *Darwins Vermächtnis*, Frankfurt am Main 2009.

Engels, Eve-Marie, und Thomas Glick (Hg.), *The Reception of Charles Darwin in Europe*. 2 Bde., London 2008.

Engels, Eve-Marie, Oliver Betz, Heinz- R. Köhler und Thomas Potthast (Hg.), *Charles Darwin und seine Bedeutung für die Wissenschaften*, Tübingen 2011.

Gayon, Jean, *Darwinism's Struggle for Survival. Heredity and the Hypothesis of Natural Selection*, Cambridge 1998.

Glass, Bentley, Owsei Temkin und William L. Straus Jr. (Hg.), *Forerunners of Darwin. 1745–1859*, Baltimore, London 1959.

Glick, Thomas F. (Hg.), *The Comparative Reception of Darwinism*, Chicago, London 1988.

Grene, Marjorie (Hg.), *Dimensions of Darwinism*, Cambridge, Paris 1983.

Himmelfarb, Gertrude, *Darwin and the Darwinian Revolution*, London 1959.

Hodge, Jonathan, und Gregory Radick (Hg.), *The Cambridge Companion to Darwin*, Cambridge 2003.

Hoßfeld, Uwe, „Quo vadis ‚Darwin-Industry'? Tendenzen und Trends im Darwin-Jahr 2009", in: *Archiv für das Studium der Neueren Sprachen und Literaturen* 161 (2009), S. 330–344.

Hull, David L., *Darwin and His Critics. The Reception of Darwin's Theory of Evolution by the Scientific Community*, Cambridge 1973.

Jones, Steve, *Darwins Garten*, München 2009.

Kitcher, Philip, *Mit Darwin leben*, Frankfurt a. M. 2009.

Kohn, David (Hg.), *The Darwinian Heritage*, Princeton 1985.

Ospovat, Dov, *The Development of Darwin's Theory. Natural History, Natural Theology, and Natural Selection. 1838–1859*, Cambridge 1981.

Richards, Robert John, *Darwin and the Emergence of Evolutionary Theories of Mind and Behavior*, Chicago, London 1987.

Ruse, Michael, *The Darwinian Revolution*, Chicago 1979.

–, *Taking Darwin Seriously. A Naturalistic Approach to Philosophy*, Oxford 1986.

–, *The Darwinian Revolution. Science Red in Tooth and Claw*, Chicago ²1999.

–, *Darwinism and Its Discontents*, Cambridge 2006.

–, und Robert J. Richards, *The Cambridge Companion to the „Origin of Species"*, Cambridge 2009.

Sarasin, Philipp, *Darwin und Focault*, Frankfurt am Main 2009.

Smith, Jonathan, *Charles Darwin and Victorian Visual Culture*, Cambridge 2006.

Tort, Patrick, *Pour Darwin*, Paris 1997.

Wuketits, Franz M., *Darwin und der Darwinismus*, München 2005.

Wyhe, John van, *Charles Darwin's Shorter Publications*, Cambridge 2009.

–, *Darwin in Cambridge*, Cambridge 2009.

Geschichte und Theorie der Evolutionsbiologie

Asmuth, Christoph, Hans Poser, *Evolution. Modell Methode Paradigma*, Würzburg 2007.

Bowler, Peter J., *Evolution. The History of an Idea*, Berkeley 2003.

Brömer, Rainer, Uwe Hoßfeld und Nicolaas A. Rupke (Hg.), *Evolutionsbiologie von Darwin bis heute*, Berlin 2000.

Burda, Hynek und Sabine Begall (Hg.), *Evolution. Ein Lese-Lehrbuch*, Heidelberg 2009.

Cain, Joe und Michael Ruse (Eds.), *Descended from Darwin. Insights into the History of Evolutionary Studies, 1900–1970*, Philadelphia 2009.

Cela-Conde, Camilo J., und Francisco José Ayala, *Human Evolution. Trails from the Past*, Oxford 2007.

Di Gregorio, Mario A., *From Here to Eternity. Ernst Haeckel and Scientific Faith*, Göttingen 2005.

Dreesmann, Daniel, Dittmar Graf und Klaudia Witte (Hg.), *Evolutionsbiologie. Moderne Themen für den Unterricht*, Heidelberg 2011.

Elsner, Norbert, Hans-Joachim Fritz, Robbert Gradstein und Joachim Reiter (Hg.), *Evolution. Zufall und Zwangsläufigkeit der Schöpfung*, Göttingen 2009.

Engels, Eve-Marie (Hg.), *Die Rezeption von Evolutionstheorien im neunzehnten Jahrhundert*, Frankfurt/M. 1995.

Futuyama, Douglas, *Evolution. Easy reading Edition*, Heidelberg 2007.

Geus, Armin, und Ekkehard Höxtermann (Hg.), *Evolution durch Kooperation und Integration. Zur Entstehung der Endosymbiosetheorie in der Zellbiologie. Faksimiles, Kommentare und Essays*, Marburg 2007.

Ghiselin, Michael T., *Metaphysics and the Origin of Species*, Albany 1997.

Gilbert, Scott F., *Developmental Biology*, Sunderland [7]2003.

Gilbert, Scott F. und Epel, David, *Ecological Developmental Biology – Integrating Epigenetics, Medicine and Evolution*, Sunderland 2009.

Gould, Stephen Jay, *The Structure of Evolutionary Theory*, Cambridge 2002.

Horn, Stephan Otto, Siegfried Wiedenhofer (Hg.), *Schöpfung und Evolution – Eine Tagung mit Papst Benedikt XVI. in Castel Gandolfo*, Augsburg 2007.

Hoßfeld, Uwe, und Rainer Brömer (Hg.), *Darwinismus und/als Ideologie*, Berlin 2001.

– und Lennart Olsson, „From the Modern Synthesis to Lysenkoism, and back?", in: *Science* 297 (2002), S. 55–56.

– und Lennart Olsson, „The Road From Haeckel. The Jena Tradition in Evolutionary Morphology and the Origin of ‚Evo-Devo'", in: *Biology & Philosophy* 18 (2003), S. 285–307.

–, Lennart Olsson und Olaf Breidbach (Hg.), „Carl Gegenbaur and Evolutionary Morphology", Special Issue *Theory in Biosciences* 122 (2003).

–, „Reflexionen zur Paläoanthropologie in der deutschsprachigen evolutionsbiologischen Literatur der 1940er bis 1970er Jahre", in: Bernhard Kleeberg, Tilmann Walter und Fabio Crivellari (Hg.), *Urmensch und Wissenschaften. Eine Bestandsaufnahme*, Darmstadt 2005, S. 59–88.

–, *Ernst Haeckel*. Biographienreihe absolute, Freiburg i. Br. 2009.

–, *Biologie und Politik. Die Herkunft des Menschen*, Erfurt 2011, [2]2012, 2013 russ. Ausgabe (Biologija i Politika. Proiskhozhdenije cheloveka).

Höxtermann, Ekkehard, Joachim Kaasch und Michael Kaasch (Hg.), *Von der „Entwicklungsmechanik" zur Entwicklungsbiologie*, Berlin 2004.

–   und Hartmut H. Hilger (Hg.), *Lebenswissen. Eine Einführung in die Geschichte der Biologie*. Rangsdorf 2007.

Jones, Stephen, Robert D. Martin und David R. Pilbeam, *The Cambridge Encyclopedia of Human Evolution*, Cambridge 1994.

Junker, Thomas und Uwe Hoßfeld, „The Architects of the Evolutionary Synthesis in National Socialist Germany. Science and Politics", in: *Biology and Philosophy* 17 (2002), S. 223–249.

–   und Eve-Marie Engels (Hg.), *Die Entstehung der Synthetischen Theorie. Beiträge zur Geschichte der Evolutionsbiologie in Deutschland 1930–1950*, Berlin 1999.

Junker, Thomas, *Die zweite Darwinsche Revolution. Geschichte des Synthetischen Darwinismus in Deutschland 1924 bis 1950*, Marburg 2004.

–, *Die Evolution des Menschen*, München [2]2008.

–, *Die 101 wichtigsten Fragen – Evolution*, München 2011.

–   und Uwe Hoßfeld, *Die Entdeckung der Evolution*, Darmstadt [2]2009.

–   und Sabine Paul, *Der Darwin-Code. Evolution entschlüsselt unser Leben*, München 2009.

Kaasch, Michael, Joachim Kaasch und Uwe Hoßfeld, „„Für besondere Verdienste um Evolutionsforschung und Genetik'. Die Darwin-Plakette der Leopoldina 1959. Vorträge und Abhandlungen zur Wissenschaftsgeschichte", in: *Acta Historica Leopoldina* 46 (2006), S. 333–427.

Keller, Evelyn Fox, und Elisabeth A. Lloyd (Hg.), *Keywords in Evolutionary Biology*, Cambridge, London 1992.

Kleesattel, Walter, *Die Evolution*, Stuttgart 2010.

Kolchinsky, Eduard I., *Biologija Germanii i Rossii-SSSR v uslovijakh sozoal'no-polititcheskikh krizisov pervoj poloviny XX veka*, St. Petersburg 2006.

–, und Anastasia A. Fedotova (Eds.), *Charles Darwin and Modern Biology, Proceedings of the International scientific conference „Charles Darwin and modern biology" (September 21–23, 2009)*, Saint Petersburg 2010.

–, *The Architects of Modern Evolutionary Synthesis. A Volume of Essays*, St. Petersburg 2012.

Kutschera, Ulrich, und Karl J. Niklas, „The Modern Theory of Biological Evolution. An Expanded Synthesis", in: *Naturwissenschaften* 91 (2004), S. 255–276.

Kutschera, Ulrich, *Evolutionsbiologie*, Stuttgart [3]2008.

–, *Tatsache Evolution: Was Darwin nicht wissen konnte*, München 2009.

Lefèvre, Wolfgang, *Die Entstehung der biologischen Evolutionstheorie*, Frankfurt/M. u. a. 1984.

Levit, Georg S., Uwe Hoßfeld und Lennart Olsson, „The Integration of Darwinism and Evolutionary Morphology. Alexej Nikolajevich Sewertzoff (1866–1936) and the Developmental Basis of Evolutionary Change", in: *Journal of Experimental Zoology* 302 B (2004), S. 343–354.

–, Uwe Hoßfeld und Lennart Olsson, „From the ‚Modern Synthesis' to Cybernetics. Ivan Ivanovich Schmalhausen (1884–1963) and his Research Program for a Synthesis of Evolutionary and Developmental Biology", in: *Journal of Experimental Zoology* 306B (2006), S. 89–106.

–, Michal Simunek und Uwe Hoßfeld, „Psychoontogeny and Psychophylogeny: The Selectionist Turn of Bernhard Rensch (1900–1990) through the Prism of Panpsychistic Identism", in: *Theory in Biosciences* 127 (2008), S. 297–322.

–, und Uwe Hoßfeld, „From Molecules to the Biosphere: Nikolai V. Timoféeff-Ressovsky's (1900–1981) Research Program within the Totalitarian Landscapes", in: *Theory in Biosciences* 128 (2009), S. 237–248.

–, Uwe Hoßfeld und Ulrich Witt, „Can Darwinism Be ‚Generalized' and of What Use Would This Be?", in: *Journal of Evolutionary Economics* 21 (2011), S. 545–562.

–, und Uwe Hoßfeld, „Darwin without borders? Looking at ‚generalised Darwinism' through the prism of the ‚hourglass model'", in: *Theory in Biosciences* 130 (2011), S. 299–312.

–, Eduard I. Kolchinsky, Ulrich Kutschera, Uwe Hoßfeld und Lennart Olsson (Eds.), *Evoliutzionnyj Sintez: granizy, perspektivy, alternativy (The Evolutionary Synthesis: Limits, Perspectives, Alternatives)*, St. Petersburg 2013.

Love, Allen C., „Evolutionary Morphology. Innovation and the Synthesis of Evolutionary and Developmental Biology", in: *Biology & Philosophy* 18 (2003), S. 309–334.

Mayr, Ernst, und William B. Provine (Hg.), *The Evolutionary Synthesis. Perspectives on the Unification of Biology*, Cambridge, London 1980.

Mayr, Ernst, *The Growth of Biological Thought*, Cambridge, London 1982; dt. *Die Entwicklung der biologischen Gedankenwelt. Vielfalt, Evolution und Vererbung*, Berlin/Heidelberg/New York/Tokyo 1984.

–, *One Long Argument. Charles Darwin and the Genesis of Modern Evolutionary Thought*, Cambridge 1991; dt. *… und Darwin hat doch recht. Charles Darwin, seine Lehre und die moderne Entwicklungsbiologie*, München/Zürich 1994.

–, *Das ist Evolution*. München 2003.

Meyer, Axel, *Evolution ist überall*, Wien 2008.

Meier, Heinrich, Ernst Mayr, Richard Dawkins und Ilya Prigogine, *Die Herausforderung der Evolutionsbiologie*, München 1992.

Numbers, Ron L., *The Creationists. The Evolution of Scientific Creationism*. London 1992.

Olson, Wendy M., und Brian K. Hall, *Keywords and Concepts in Evolutionary Developmental Biology*, Cambridge 2003.

Olsson, Lennart, Uwe Hoßfeld und Olaf Breidbach (Hg.), „From Evolutionary Morphology to the Modern Synthesis and ‚Evo-Devo‘. Historical and Contemporary Perspectives. Special Issue“, in: *Theory in Biosciences* 124 (2006).

–, Uwe Hoßfeld und Olaf Breidbach (Eds.), Special Issue „Between Ernst Haeckel and the Homeobox: the role of developmental biology in explaining evolution“, *Theory in Biosciences* 128 (2009).

–, Georgy S. Levit und Uwe Hoßfeld, „Evolutionary Developmental Biology: Its Concepts and History with a Focus on Russian and German Contributions“, in: *Naturwissenschaften* 97 (2010), S. 951–969.

Preuß, Dirk, Uwe Hoßfeld und Olaf Breidbach (Hg.), *Anthropologie nach Haeckel*, Stuttgart 2006.

Raff, Rudolf A., *The Shape of Life. Genes, Development and the Evolution of Animal Form*, Chicago 1996.

Rheinberger, Hans-Jörg, *Epistemologie des Konkreten. Studien zur Geschichte der modernen Biologie*, Frankfurt/M. 2006.

Richards, Robert J., *„The Tragic Sence of Life“. Ernst Haeckel and the Struggle over Evolutionary Thought*, Chicago 2008.

Ridley, Mark, *Evolution*, Oxford 1993.

Ruse, Michael, *Monad to Man. The Concept of Progress in Evolutionary Biology*, Cambridge, London 1996.

–, *Darwin and Design. Does Evolution have a Purpose?*, Cambridge 2004.

–, *The Evolution – Creation Struggle*, Cambridge 2005.

Schmalhausen, Ivan I., *Die Evolutionsfaktoren*. Kommentierter Reprint der dt. Fassung, hg. von Uwe Hoßfeld, Lennart Olsson, Georg S. Levit & O. Breidbach, Stuttgart 2010.

Schrenk, Friedemann, *Die Frühzeit des Menschen. Der Weg zum Homo sapiens*, München 2003.

Shanahan, Timothy, *The Evolution of Darwinism. Selection, Adaptation and Progress in Evolutionary Biology*, Cambridge 2004.

Sommer, Volker, *Von Menschen und anderen Tieren. Essays zur Evolutionsbiologie*, Stuttgart 2000.

Steps, Marco; Uwe Hoßfeld, Lennart Olsson, Georg S. Levit und Michal Simunek, *Wilhelm Roux's Archives of Developmental Biology, 1894 – 2004. An author index, introductory essays, and classical papers*, Praha 2011.

Storch, Volker, Ulrich Welsch und Michael Wink, *Evolutionsbiologie*, Berlin, Heidelberg [2]2007, [3]2013.

Sommer, Marianne und Philipp Sarasin (Eds.), *Evolution: Ein interdisziplinäres Handbuch*, Stuttgart 2010.

Timoféeff-Ressovsky, Nikolaj V., Nikolaj N. Voroncov und Aleksej V. Jablokov, *Kurzer Grundriß der Evolutionstheorie*, Jena 1975.

Tort, Patrick (Hg.), *Dictionnaire du Darwinisme et de l'évolution*, Paris 1996.

Wuketits, Franz M., *Evolution. Die Entwicklung des Lebens*, München 2000.

Geologie und Paläontologie

Bowler, Peter J., *Fossils and Progress. Palaeontology and the Idea of Progressive Evolution in the Nineteenth Century*, New York 1976.

Desmond, Adrian, *Archetypes and Ancestors. Palaeontology in Victorian London. 1850–1875*, London 1982.

Gillen, Con, *Geology and Landscapes of Scotland*, Harpenden 2003.

Herbert, Sandra, *Charles Darwin, Geologist*. Ithaca, London 2005.

Hölder, Helmut, *Geologie und Paläontologie in Texten und ihrer Geschichte*, Freiburg, München 1960.

–, *Kurze Geschichte der Geologie und Paläontologie*, Berlin 1989.

Levit, Georgy S. & Uwe Hoßfeld, „A bridge-builder: Wolf-Ernst Reif and the Darwinisation of German palaeontology", in: *Historical Biology: An International Journal of Paleobiology* 25 (2013), S. 297–306.

Rudwick, Martin J. S., „Darwin and Glen Roy. A ‚Great Failure' in Scientific Method", in: *Stud. Hist. Philos. Sci.* 5 (1974), S. 97–185.

–, „Darwin and the World of Geology (Commentary)", in: Kohn, David (Hg.), *The Darwinian Heritage*, Princeton 1985, S. 511–518.

–, *The Great Devonian Controversy. The Shaping of Scientific Knowledge among Gentlemanly Specialists*, Chicago, London 1985.

Rupke, Nicolaas A., *The Great Chain of History. William Buckland and the English School of Geology (1814–1849)*, Oxford 1983.

Secord, Jim A., „The Discovery of a Vocation. Darwin's Early Geology", in: *Brit. Journ. Hist.* 24 (1991), S. 133–157.

Stoddart, David Ross, „Darwin, Lyell, and the Geological Significance of Coral Reefs", in: *Brit. Journ. His. Sci.* 9 (1976), S. 199–218.

Namensregister

Printed by Publishers' Graphics LLC